普通高等教育“十一五”规划教材·园林园艺系列

园林艺术概论

罗言云　主编
陈红武　乔丽芳　副主编

化学工业出版社
·北京·

本书共十章，在内容结构上主要分为三大部分：第一部分主要阐述园林学科的基本内容和发展历史；第二部分着重阐述园林规划设计的基本理论、原理和方法，包括中国古典园林赏析、园林设计的形式美法则和造景手法、园林设计的基本要素、构图设计及构成要素等内容；第三部分主要介绍园林艺术在实际中的运用，包括绘图语言与设计程序、园林空间设计、城市景观规划设计，最后简要介绍了园林、景观与文化的关系。

全书深入浅出、简明扼要。既可作为园林、园艺、环境艺术、景观、建筑等专业的师生教学用书，也可作为相关专业的技术人员参考书。

图书在版编目（CIP）数据

园林艺术概论/罗言云主编．—北京：化学工业出版社，2010.1（2025.2重印）
普通高等教育“十一五”规划教材·园林园艺系列
ISBN 978-7-122-07250-4

Ⅰ.园…　Ⅱ.罗…　Ⅲ.园林艺术-高等学校-教材
Ⅳ.TU986.1

中国版本图书馆CIP数据核字（2009）第225963号

责任编辑：尤彩霞　　装帧设计：关　飞
责任校对：陈　静

出版发行：化学工业出版社（北京市东城区青年湖南街13号　邮政编码100011）
印　　装：北京建宏印刷有限公司
787mm×1092mm　1/16　印张14½　字数379千字　2025年2月北京第1版第9次印刷

购书咨询：010-64518888　　售后服务：010-64518899
网　　址：http://www.cip.com.cn
凡购买本书，如有缺损质量问题，本社销售中心负责调换。

定　　价：32.00元

版权所有　违者必究

《园林艺术概论》编写人员

主　　编：罗言云（四川大学生命科学学院园林系）

副 主 编：陈红武（西北农林科技大学园艺学院）

　　　　　乔丽芳（河南科技学院园林学院）

编写人员：赵　滢（西北农林科技大学园艺学院）

　　　　　乔丽芳（河南科技学院园林学院）

　　　　　殷举英（四川大学生命科学学院园林系）

　　　　　陈　泓（安徽大学艺术学院）

　　　　　董晓璞（延安大学生命科学学院园林教研室）

　　　　　王珊珊（河南科技大学艺术与设计学院）

　　　　　张毅川（河南科技学院园林学院）

　　　　　罗言云（四川大学生命科学学院园林系）

　　　　　陈红武（西北农林科技大学园艺学院）

前言

改革开放三十年来，我国取得了举世瞩目的成绩，随着社会、经济、文化的不断发展，我国的城市面貌也发生了翻天覆地的变化，城市化进程逐步加快，城市建设成为我国“十一五”规划的重要内容。作为城市建设的重要组成部分之一，园林行业近年来受到广泛关注与重视，建设生态园林城市，营造优美、适宜的人居环境成为社会普遍关注的焦点。

我国的古典园林在世界造园史上占有举足轻重的地位，中国园林被誉为“世界园林之母”，但是我国的现代园林发展历经曲折，缺少完善的理论体系，无法形成鲜明的自我特色。理论教育的缺乏导致园林人才的稀缺，从而阻碍了我国园林行业的发展。尽管近十年来，我国各大专科院校纷纷开设园林专业，大力发展园林教育，但是仍然无法满足社会对园林人才日益扩大的需求。

为了及时反映我国城市园林建设的需求和变化，同时也为了满足随着园林行业的发展而产生的对专业知识和专业技术人才培养的现实需要，我们编写了这本《园林艺术概论》教材。本书注重时效性与创新性，将理论知识与实际案例相结合，专业系统地介绍了园林学科的相关知识，便于学生掌握学科体系，从而达到将理论融入实践的目的。

本书深入浅出、简明扼要，在内容结构上主要分为三大部分：第一部分主要阐述园林学科的基本内容和发展历史；第二部分着重阐述园林规划设计的基本理论、原理和方法；第三部分主要介绍园林艺术在实际中的运用。全书共十章，第一章由乔丽芳编写；第二章、第三章由陈红武编写；第四章由王珊珊编写；第五章由赵滢编写；第六章由陈泓编写；第七章由董晓璞编写；第八章由殷举英编写；第九章由张毅川编写；第十章由罗言云编写，同时四川大学园林系的硕士研究生汪静、杨宇秋、张晶晶等同学参加了本书的校对工作。全书由罗言云统稿和审校。

在本书的编写过程中，得到了一些国内外同仁的关怀、帮助和指教，在此表示深深的谢意。本书配有电子课件，如有需要，请发邮件至 cipedu@163. com 索取，或者登陆化学工业出版社教学资源网 www. cipedu. com. cn 免费下载。

由于编者水平有限，虽力求条理清楚，简洁规范，但难免存在不足之处，恳请各位专家、同仁和读者批评指正，在此一并表示感谢。

编者

2009 年 12 月

目　录

第一章　绪　论

随着城市化进程的加快、人口的高度聚集和经济的迅猛发展，城市环境问题日益突出，成为制约经济发展、影响人类生活的严峻问题。由于人口迅猛增长和对自然资源的不断消耗，人类社会的未来受到严重威胁。在此严峻局面下，既要保持生存环境不受破坏，自然资源不浪费，又要满足当代的经济发展需求，就需要有一种与自然系统、自然演变进程和人类社会发展密切联系的特殊的新知识、新技术和新经验，这种新的专业，就是由美国 Landscape Architecture 之父——Frederick. L. Olmsted（奥尔姆斯特德）在 1858 年提出来的 LANDSCAPE ARCHITECTURE（L. A.）。中国（包括政府、学会、行业、大学的专业设置）早在 20 世纪 80 年代，已经把 Landscape Architecture 这一专业名称译成："风景园林"。

第一节　基本概念

一、园林相关概念

（一）园林

园林是指在一定的地域运用工程技术和艺术手段，通过改造地形（或进一步筑山、叠石、理水），种植树木花草，营造建筑和布置园路等途径创作而成的美的自然环境和游憩境域。园林包括庭园、宅园、小游园、花园、公园、植物园、动物园等，随着园林学科的发展，还包括森林公园、风景名胜区、自然保护区或国家公园的游览区以及休养胜地。

（二）LA 的释意

俞孔坚将 LA 定义为：景观设计学是关于景观的分析、规划布局、设计、改造、管理、保护和恢复的科学和艺术，是一门建立在广泛的自然科学和人文与艺术学科基础上的应用学科。

（三）园林规划

园林规划从宏观上讲，是指对未来园林绿地发展方向的设想安排。主要任务是按照国民经济发展需要，提出园林绿地发展的战略目标、性质、发展规模、发展方向、景观结构、功能布局、空间布局、主要内容、基础设施和投资规模等。

（四）园林设计

园林设计是在一定的地域范围内，运用园林艺术和工程技术手段，通过改造地形（或进一步筑山、叠石、理水），种植树木、花草，营造建筑和布置园路等途径创作而建成的美的自然环境和生活、游憩境域的过程。园林设计是使园林的空间造型满足游人对其功能和审美要求的相关活动。园林设计的最终目的是要创造出景色如画、环境舒适、健康文明的游憩境域。

园林设计主要关注园林绿地的细部的设计，包括：出入口、功能分区、景观分区、景点、地形、水系、建筑、植物配置、道路、广场、空间构成、竖向设计、设施、管线等。

第二节　园林学科的特点

一、知识结构的综合性

园林学科是一个包容性很强的学科，所涉及的知识面较广，它包含文学、艺术、生态、工程、建筑等诸多领域，同时，又要求综合各学科的知识统一于园林艺术之中。从目前国内高校园林专业开设的课程来看，可以分为以下几个类型：

① 文化艺术类，包括素描、色彩、效果表现技法、园林艺术、园林史等；

② 计算机类，包括 AUTOCAD、PHOTOSHOP 和 3DMAX 等；

③ 设计类，包括设计初步、园林设计、城市园林绿地规划、种植设计等；

④ 建筑工程类，包括园林建筑、园林建筑结构与构造、园林工程、概预算、施工与管理等；

⑤ 生态环境类，包括园林树木学、花卉学、城市生态学、景观生态学等。

从职业技能培养的要求来看，不仅需要广博的知识作为背景，更需要有扎实的实践能力，能够胜任园林设计、施工与管理的工作任务、处理遇到的复杂问题。

二、科学和艺术的统一性

园林学科是科学和艺术高度结合的学科，实际上就是自然科学和社会科学的结合。表现在园林设计中：首先，设计需要科学的分析，这包括场地分析、景观分析、空间分析、居民的需求分析，大的范围还需要景观生态学的分析，这些分析需要科学的技术手段才能完成，也需要用到科学的统计方法；而当所有的分析完成之后，园林设计的构思又往往需要从现实生活中寻找艺术的灵感，将理性的分析与诗意的想象相结合，不断地推敲和完善，形成更加合理的设计作品。

三、职业范围的广阔性

园林学科的职业范畴十分广泛，小到一个花园，大到一个区域、国家甚至星球，都是园林学科的应用范围。具体包括城市规划，社区规划，城市公园规划，城市广场规划，校园、社会机构、企业园的园林规划，国家公园规划，滨水区和墓园的规划等。

第三节 园林的未来发展趋势

现代园林正朝着多元化的方向发展，未来将形成以下趋势。

一、生态设计思潮

自从 1866 年生态学产生以来，生态学思想的引入使园林设计的思想和方法发生了重大转变，也大大影响甚至改变了园林的形象。越来越多的园林设计师在设计中遵循生态的原则，这些原则的表现形式是多方面的，但具体到每个设计，可能只体现了一个或几个方面。通常，只要一个设计或多或少地应用这些原则都有可能被称作“生态设计”。生态设计理念已经成为现今世界上最为流行的园林设计思想。

（一）自然设计

园林设计是一个尊重自然的过程。从自然界中我们可以总结出规律从而使园林设计更加合理。通过模拟自然的风景可以将自然的气息引入城市；研究自然植物的群落构成可以形成健康优美的植物景观；研究动物的生活习性和食物链条可以使它们重返城市；研究自然的排水过程可以节省大量的工程投资；保护古树名木可以增加公众对环境的认同感。总之，尊重自然的过程可以使人类获得巨大的收益。

（二）乡土设计

乡土设计是美国南北战争后美国中西部建设蓬勃发展的产物。19 世纪末以 O. C. 西蒙兹（O. C. Simonds）、詹逊（Jens Jenson）为代表的一批中西部景园建筑师开创了“草原式景园”（The Prairie Style in Landscape Architecture），体现了一种全新的设计理念：设计不是“想当然地重复流行的形式和材料，而要适合当地的景观、气候、土壤、劳动力状况及其它条件”。这类设计以运用乡土植物群落展现地方景观特色为特点，因其造价低廉并有助于保护生态环境的延续，由考利斯（Henry Chandler Cowles）和弗兰克沃（Frank Waugh）倡导在全美公路网建设中得到广泛运用，有效解决了公路两侧的美化和护坡问题。

每个地域都有其环境的特殊性和文化的多样性，生态设计必须结合地域特征和人文特征，尊重当地的风土人情，尊重当地的气候地理，才可以使园林设计获得公众的认同感。

（三）恢复性设计

生态恢复设计是通过人工设计和恢复措施，在受干扰的生态系统的基础上，恢复或重新建立一个具有自我维持能力的健康的生态系统。其对象非常广泛，包括水生生态系统（如湖泊、河流、湿地、海湾等）和陆地生态系统（如废弃的工业区、矿区、水土流失地、荒漠化、盐渍化、退化的土地等）。生态系统的恢复与重建，实际上是在人为控制或引导下的生态系统演变过程。因此，生态恢复设计必须遵从生态学的基本原理、物种共生原理、物质流原理、能量流原理、自我维持和自我调节原理等。

（四）保护性设计

保护性设计的积极意义在于它率先将生态学研究与园林设计紧紧联系到一起，并建立起科学的设计伦理观：人类是自然的有机组成部分，其生存离不开自然；必须限制人类对自然的伤害行为，并担负起维护自然环境的责任。保护性设计主要往两个方向发展：其一是以合理利用土地为目的的景观生态规划方法，由于宏观的规划更注重科学性而非艺术性，最新的生态学理论（如生态系统理论、景观生态学理论等）往往首先在此得到运用；其二是先由生态专家分析环境问题并提出可行的对策，然后设计者就此展开构想的定点设计方法。

随着生态科学的发展，保护性设计经历了景观资源保护、生态系统保护、生物多样性保护等认识阶段。但近些年来西方园林界开始注意到科学设计的负面效应。首先，由于片面强调科学性，园林设计的艺术感染力日渐下降；其次，鉴于人类认识的局限性，设计的科学性并不能得到切实保证。因此，生态设计向艺术回归的呼声日益高涨。

（五）节约设计

节约设计是一种在园林设计中考虑如何有效地保护和利用资源的设计方式，是人类如何在园林设计中审慎地利用资源以实现园林可持续发展目标的设计方法。它是一个相对概念，并不是意味着零使用或者绝对减少使用，而是如何较少投入获得更大的收益。节约设计是一种更优化的设计，具体又分为节约土地、节约材料、节约能源、节约水资源、节约管理、提高效率和延长使用寿命等方式。

（六）人性化设计

人性化设计以“人”为核心原则，所有的设计针对人的现实需要而展开，体现出人文关怀。中国工程院院士邹德慈先生提出人性化设计的三个原则：第一，研究人在空间中的行为特征，满足广大市民的需求和爱好。第二，以“人体尺度”为空间的基本标尺，创造富有亲切感和人情味的空间形象。第三，展现特定地域的文化，营造居民的认同感和归属感。

人体尺度是人体工程学研究的最基本的数据之一。人们在室外各种休闲活动范围的大小，即动作域，它是确定室外空间尺度的重要依据因素之一。以各种计测方法测定的人体动作域，也是人体工程学研究的基础数据。如果说人体尺度是静态的、相对固定的数据，人体动作域的尺度则为动态的，其动态尺度与活动情景状态有关。

二、新材料、新技术的应用

（一）新型材料的应用

园林建设需要消耗大量的材料，当然也消耗了大量的资源。为了减少资源的消耗和提高园林设计的艺术效果，有必要不断地研发新型材料，并应用到园林建设中。近年来广泛使用的生态透水砖、自嵌式景观挡土墙、环保塑木、景观膜、新型合成材料等，节约了大量的资源，保护了环境，增加了景观的艺术性。

（二）新技术的应用

3S技术是遥感技术（Remote Sensing，RS）、地理信息系统（Geography Information Systems，GIS）和全球定位系统（Global Positioning Systems，GPS）的统称，是空间技术、传感器技术、卫星定位与导航技术和计算机技术、通讯技术相结合，多学科高度集成的对空间信息进行采集、处理、管理、分析、表达、传播和应用的现代信息技术。伴随着景观生态学应用的深入，3S技术在景观规划设计中的应用日益广泛。可以肯定的是，3S技术将在景观格局分析、景观适宜性分析、景观环境评价、景观变化分析、景观三维模拟等方面有更深入的应用。

虚拟现实（Virtual Reality，VR），又称灵境技术，是以浸没感、交互性和构思为基本特征的计算机高级人机界面。它综合利用了计算机图形学、仿真技术、多媒体技术、人工智能技术、计算机网络技术、并行处理技术和多传感器技术，模拟人的视觉、听觉、触觉等感觉器官功能，使人能够沉浸在计算机生成的虚拟境界中，并能够通过语言、手势等自然的方式与之进行实时交互，创建一种适人化的多维信息空间。使用者不仅能够通过虚拟现实系统感受到在客观物理世界中所经历的“身临其境”的逼真性，而且能够突破空间、时间以及其它客观限制，感受到真实世界中无法亲身经历的体验。VR技术具有超越现实的虚拟性。将VR技术应用于景观规划设计，设计人员可以根据模拟景观场景对规划设计策略做出调整，公众则可以利用网络动态预览景观，规划出行路线和景点。

Internet信息技术，Internet网上的园林信息资源极其丰富，它包含有园林植物自然资源、城市绿化、园林绿化科研、园林绿化生产、市场动态、植物保护、环境保护等各种信息资源。园林工作者可以充分利用Internet网上丰富的信息资源，如通过查询检索、联合编目以及多媒体等信息服务来获取所需的信息。同时，还可以把各种有价值的资源通过网络实现信息共享。目前，广大园林绿化工作者建立了从植物材料选择到基地建设，从工程技术设计到图纸绘制、价格估算，从研究分析到建造文件等一系列规划设计工作过程所需的各类资料、数据库系统。

本章小结

园林艺术概论是园林规划设计、景观生态学、建筑学、城市规划、环境艺术、环境心理学、文学艺术等自然与人文科学高度综合的一门应用性学科。本书对古典及现代园林景观的发展概况、园林景观文化与艺术、规划设计要素及理论、园林景观规划与生态、组景手法、种植设计、园林景观工程、风景旅游、绿化施工等进行了较为全面的论述。同时结合现代技术及理论对园林景观规划及设计的过程、内容、方法及理论体系进行新的诠释，可为学习园林规划、环境艺术等相关学科的学生与工程技术人员提供一定的参考。

复习思考题

1. 简述园林的基本概念。
2. 园林学科有哪些特点？
3. 简述园林未来的发展趋势。

第二章　中国古典园林赏析

第一节　中国古典园林的类型

按照归属，中国古典园林可以分为皇家园林、私家园林、寺庙园林和邑郊风景区四类。

一、皇家园林

皇家园林属于皇帝个人或皇室所有，古籍中称为苑、宫苑、苑囿、御苑的基本上属于这类。皇家园林一般规模巨大，充分地利用建筑形象和总体布局显示皇家的气派和皇权的至尊。“普天之下，莫非王土”，体现皇权、仁爱、神仙思想往往是皇家园林的主题。

历史上朝朝代代都有不同的皇家园林，如汉的上林苑，魏晋南北朝的三台（铜雀台、金凤台、冰井台）、芳林园、华林园，隋唐的隋炀帝的西园、大明宫、兴庆宫、禁园，宋徽宗的寿山艮岳，明朝的大内御园，清朝的承德避暑山庄、圆明园、颐和园等。

二、私家园林

私家园林属于民间官僚、文人、地主、富商所私有，古籍里面称之为园、园亭、园墅、池馆、山池、山庄、别业等的，大抵都可以归入这个类型。私家园林一般可以分为两类。一类是建于城郭中的园林，其绝大多数为“宅院”。宅院依附于住宅作为主人日常游憩、宴乐、会友、读书的场所，一般规模都不大，能体现园主的情操、兴趣和爱好。另一类为独立建置，不依附于宅邸的“游憩园”，其往往建在郊外山林风景地带，供主人避暑、修养或短暂居住用，其园区建设不受城市的限制，往往面积较大。

私家园林历史上有名的如魏晋南北朝石崇的金谷园（洛阳）、园圃（南京），唐朝王维的辋川别业（蓝天）、白居易的庐山草堂、李得俭的平泉山居。现存于苏州的私家园林如网师园、拙政园、留园、环秀山庄等。

三、寺庙园林

寺庙园林即佛寺和道观的附属园林，也包括寺观内外的园林环境。寺庙园林的一般形式为对称式，中轴线上依次为：山门（三门）、钟鼓楼、天王殿、大雄宝殿、藏经楼等。

我国古代，皇权高于一切，宗教相对于皇权始终处于次要的、从属的地位。宗教建筑并不表现出超人性的东西，它们反而与世俗建筑、与园林文化相辅相成而更多地追求人间赏心悦目和恬适宁静。从历史文献上记载的以及现存的寺、观园林来看，除个别特例外，它们与私家园林几乎没有什么区别。

历史上寺庙园林两个来源，一是舍宅为寺，二是选自然山林建寺。主要的寺庙园林有唐朝的白云观（北京）、宋朝的黄龙洞（杭州西湖）、辽国的大觉寺（北京）、清朝的普宁寺（承德）等。

四、邑郊风景区

邑郊风景区指位于城郭的近郊或远郊，其自然景观较好，供大众休憩、娱乐的场所。一般多建于自然山林，为最早的公共园林，如安徽的庐山、浙江的兰亭、苏州的东湖、长安的芙蓉园等。

第二节 中国古典园林发展历程

中国古典园林发展演进的契机便是经济、政治、意识形态之间的平衡和再平衡。

一、秦汉园林

（一）史时

秦，公元前221年～公元前207年；汉，公元前206年～公元220年。

（二）主要形式是囿和苑

囿的功能为狩猎、祭祀、观赏之用，一般为皇家狩猎之用，在殷商末期已相当发达。囿往往是选择天然植被较好的地方，挖池堆台，围圈起来，以自然景观为主，但有人工改造，具备园林的基本要素，是园林的雏形。

苑：主要的皇家之园林，如汉代的上林苑、广成苑等。

（三）园林特色

秦汉园林可以说是中国园林的萌芽期，在囿和苑的基础上，宫苑建筑得到了大的发展。园林的主要特点如下：

① 不具备中国古典园林的全部类型，造园活动主要是皇家园林。

② 秦汉园林在我国园林的发展史上处于由囿向苑的转变发展阶段。

③ 园林的功能由早先的狩猎、通神、求仙、生产为主，逐渐转化为后期的游憩、观赏为主。园林的总体比较粗犷，谈不上多少的设计经营。

④ 园林的形式以自然山水园为主，也有人工山水园，主要是依托自然环境，点缀简单的建筑。

⑤ 初步形成了“一池三山”的理水手法。一池三山即在水池中设置三个岛屿，代表蓬莱、方丈和瀛洲三个仙岛，体现了当时的宗教崇拜和神仙思想。

⑥ 汉时期私家园林出现，寺庙园林也崭露头角，丰富了园林的形式。

⑦ 皇家园林的布局基本采用了前宫后院的方式。

二、魏晋南北朝园林

（一）史时

魏蜀吴时期，公元220年～公元280年；两晋时期，公元265年～公元420年；南朝时期，公元420年～公元589年；北朝时期，公元386年～公元618年。

（二）园林的成就及风格

佛教在东汉时已从印度传入中国，而道教形成于东汉。作为宗教的象征，佛寺、道观在长期的战乱中给人们以精神的寄托和安慰。宗教建筑在这个时期大量出现，并且由城市及其近郊而逐渐遍及于远离城市的山野地带，结合郊区的自然景观逐渐形成了具有观赏性的寺庙园林。

这个时期园林的主要特点如下：

① 观赏作为主要目的。园林的创建逐渐从实用过渡到以观赏为主要目的，园林的功能得到进一步完善。

② 私家园林兴起，并集中反映了这个时期造园活动的成就。庄园、别墅随着庄园经济的成熟而得到很大的发展，它们作为生产组织、经济实体的同时也是文人名流和隐士们归隐

山林的精神庇所。它们为后世别墅的先行，代表一种天然清纯的风格，其所蕴涵的隐逸情调、表现的山居和田园风光深刻地影响着后世的私家园林，特别是文人园林的创作。

③ 寺庙园林和风景名胜区初具雏形，具备了中国古典园林的四种形式，出现了中国第一个风景区庐山。

④ 文学对园林影响很大。陶渊明：《桃花源记》对中国园林有重大的影响，如圆明园中的景点"武陵春色"即是描写桃花源的景象。王羲之：《兰亭集序》，如圆明园的"坐石归流"、"曲水流觞"。

⑤ 佛教、道教盛行。园林艺术兼容儒、道、玄诸家美学思想，奠定了中国风景式园林发展的基础。

⑥ 江南园林自成体系，风格独特，追求雅兴。

三、隋唐园林

（一）史时

隋朝时期，公元581年～公元618年；唐朝时期，公元618年～公元907年。

（二）园林的成就及风格

① 把诗情画意写入园林，独特的风格形成。山水诗、山水画、山水园林这三面艺术已经出现相互渗透的现象。建园者把山水诗画的意境，把对山水结构的理解融入园林之中，通过山水景物而诱发游览者的联想活动，由此可见中国古典园林"诗情画意"的特点已经形成，虽然意境上的含蓄还处于朦胧阶段，但唐朝园林作为一个完整的体系已经成型，并在亚洲的文化圈形成影响。唐朝的园林为自然的山水园风格，园林中充满了诗情画意。

② 用山、水来划分空间，用植物来作景点，建筑点缀园林。中国的山水园林，其空间的营造和划分主要通过地形来完成，山水成了园林的骨架，确定了自然式的园林风格。园林植物的应用也逐渐丰富起来，大量的观赏植物应用于园林，如柏、樱桃、紫藤、柳、竹、桂、凌霄、牡丹、菊花等，而且有些景点以植物为主来营造，王维的辋川别业中许多景点就是以植物为主，如柳浪、斤竹岭、木兰柴、茱萸沜、宫槐陌、竹里馆等。又如白居易的庐山草堂也是以植物景观为主的自然山水园，春有锦绣谷（杜鹃），夏有石门涧云，秋有虎溪月，冬有炉峰雪。

③ 寺庙园林开始普及并发挥了城市公共园林的功能。宗教世俗化的结果是寺庙园林得到长足的发展。城市寺庙园林往往起到城市公共空间的作用，发挥了城市公共园林的功能；郊野寺庙园林由宗教活动的场所转化为点缀风景的手段，吸引香客和游客，促使原始型旅游的发展，并且在一定程度上保护了生态环境。

四、宋代园林

（一）史时

北宋，公元960年～公元1127年；南宋，公元1127年～公元1279年。

两宋时期在文化、科学、美术等方面取得了长足的发展，建筑结构不断成熟，涌现了不少诗人、词人、画家，使园林的发展不断向诗情画意、高层次方面发展。

（二）园林的成就及风格

宋代园林是中国古典园林的高潮，是从总体设计到细部设计的自我完善。

① 有规划，常按景分区，且每景区都有主题。宋代园林建园开始有了规划，据宋徽宗的《艮岳记》、《宋史地理志》中的《万岁山艮岳》等文章记载：寿山艮岳参照了凤凰山的地形，并描出了寿山艮岳的想像平面图，寿山艮岳是史记中第一个按图施工的园林。宋代园林中用题字、诗词给园林建筑、景点、景区命名，赋予园林以标题的性质，通过文学形式来抒

发园主或观赏者的情感，使园林的意境进一步深化，给园林带来了深厚的文化内涵。

② 以土山为主，少有石山。宋代大型园林中往往采用挖湖堆山的手法进行造园，园中的山多以土山为主，山上广植树木花卉。而以江南园林为代表的私家园林中，也多造假山，或土山，或土石结合，以湖石为主堆砌的石山、置石也蔚然成风。

③ 出现专类园。宋代特别重视树木造园，出现专类的花园、树木园和花木园。宋徽宗的寿山艮岳中以植物造景形成了若干个景点或专类园，如梅岭、龙柏坡、海棠川、万松岭、丁香坡、侧柏坡、斑竹麓、药寮、椒蓬等。

④ 以画论指导造园，造景意境较为含蓄。两宋园林因受当时诗画的影响很大，宋时山水诗盛行，名家名作迭出，而且绘画艺术也达到了很高的水平。山水画追求含蓄的意境，把画的意境和诗的意境相结合，既写景又抒情，诗中有画，画中有诗，极大地丰富了山水画内容，也影响和指导了当时的造园，影响了当时的园林风格，出现了以自然为蓝本的写意山水园。文人园更追求简远、疏朗、雅致、天然的情趣。

宋代园林的典型代表是宋徽宗的寿山艮岳。寿山艮岳位于汴京，占地750亩，是第一个按图施工的园林。其基本思路为人工模仿真山，追求的是文人园的意境。

五、元明清园林

(一) 史时

元朝，公元1271年～公元1368年；明朝，公元1368年～公元1644年；清朝，公元1644年～公元1840年。

(二) 园林的成就及风格

元明清园林是园林发展的又一高潮，其基本思路为“一勺则太湖万里，一拳则太华万仞”，主要集中在北京，如三山五园：圆明园、畅春园、香山的静宜园、玉泉山的静明园、万寿山的清漪园。

明清园林向上秉承了两宋园林的一些特点，同时又有发展和创新。其园林的主要特点：

① 皇家园林无论在数量、规模还是质量上都发展很快。皇家园林仍保留了浓郁的皇家气派，同时也吸纳了江南私家园林的养分，保持大自然生态的“林泉抱素之怀”，把江南园林的意味、皇家园林的气派、大自然的生态美融为了一体。

② 大型的人工山水园采用了化整为零，集零为整的“集锦式”布局，其典型的代表是圆明园。

③ 私家园林更具特色，小巧化、精致化、诗意化和普及化是其共同特点。其中最具代表性的是苏州园林，苏州园林以其水景精妙、功能高雅、尺度宜人、空间含蓄、意境深邃而闻名天下。

第三节 中国古典园林的艺术特色

一、意在笔先，景由境出

中国的造园，一般都要表现一种主题，创造一种意境。也就是取自然之精华，达人之情感，做到“虽由人作，宛自天开”。

(一) 问名心晓

即造园前要有一定的主题、立意。

① 皇家园林：总体体现“普天之下，莫非王土”，往往以招贤、仁政、长寿等作为主题。如：颐和园：颐养千年之意，东宫门的“仁寿殿”则直接体现该主题。

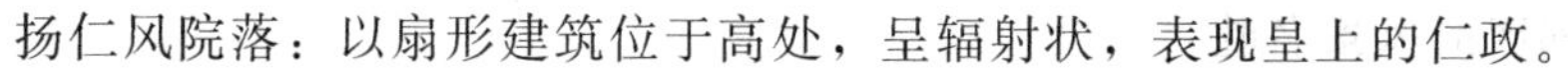

扬仁风院落：以扇形建筑位于高处，呈辐射状，表现皇上的仁政。

② 私家园林：追求的是“世外桃源”的意境，多表现“怀才不遇”的思想。如：

拙政园：明王献臣官场失意，还乡后所建，意为“拙者之为政也”。

个园：个是竹的一半，表示虚心，也表示清高。

网师园：宋，史正志所建，初名为“鱼隐”；清，宋宗元改为网师园，意为退而结网，表示隐逸清高。

（二）匾额点题

曹雪芹在《红楼梦》中构思了一座集中国南北园林大成的大观园，并对园林的品题发表了“诸大景致，若干亭榭，无子标题，任是花柳山水也断不能生色”的见解，可见标题与景观并重，是使园林“生色”的不可或缺的部分。

匾额的形式多种多样，如册页式、虚白额、芭焦形、谜语式等。

匾额在中国的古典园林中应用普遍，如西湖十景：断桥残雪、平湖秋月、三潭印月、双峰插云、曲院风荷、苏堤春晓、花港观鱼、南屏晚钟、雷锋夕照、柳浪闻莺。

（三）景联

园林中另外一个立意、点题的形式便是景联了。园中的对联，除了具有工整、对仗、平仄、整齐对称的形式美和抑扬顿挫的韵律美以外，并无禁忌，形式多样，含蓄俊逸，成为一种清新奇巧的文化娱乐，构思新颖，意趣深远。

拙政园荷风四面亭抱柱联：

四壁荷花三面柳

半潭秋水一房山

上联仿刘凤诰的名联：“四面荷花三面柳，一城山色半城湖”，下联用唐李洞《山居喜友人见访》诗名句，对联描述了亭子的位置，对亭四周的美景进行了深入的描述，形象地深化了可视景观。

网师园濯缨水阁悬郑板桥书题的对联：

曾三颜四

禹寸陶分

八个字讲了四个人的故事：“曾三”指曾参对进德修业所用的反省功夫；“颜四”指孔子弟子颜回所遵循的实践仁德的规范和道德标准，指“非礼勿视，非礼勿听，非礼勿言，非礼勿动”；“禹寸”指大禹治水珍惜每一寸光阴；“陶分”指东晋陶侃珍惜每一分时光。全联字少意深，言简意赅，所讲修身立德及勤奋学习的精神，至今仍有深远的意义。

这些景联和匾额绝大多数采撷了中国古典文学中脍炙人口的名言佳句，借助古代诗文中的优美意境深化景观文化内涵，加大美学容量，引发人们的艺术情思，规范人们的接受定向，拓展人们的诗意联想，扩大作品的审美信息，使人们尽可能丰富美感。这些文人品题是士大夫文人人生哲理的感悟，文采的高翔，也是中华文化的缩影。

二、巧于因借，精在体宜

（一）“因”者

随基势之高下，体形之端正，碍木删桠，泉流石注，互相借资，宜亭则亭，宜榭则榭，不妨偏径，顿置婉转，斯谓“精而合宜”者也。

实例：颐和园

（1）位置：北京西山玉泉山东侧，面积约 290 公顷。

（2）简史

金元时代：已是郊区的风景名胜。

1151年：金第一个皇上完颜亮修建行宫。当时命名为程金山，后因此山掘得花纹古雅的石翁而改名为翁山。

13世纪：元朝的郭守敬把昌平一带泉水引至翁山下，为翁山泊，又名湖泊、西湖和西海。

明：孝宗时，助圣夫人罗氏在翁山南建立园静寺。

公元1644年，清兵入关，改为翁山行宫。

1750年：乾隆为母贺寿，在翁山园静寺的基础上建大报恩延寿寺（即佛香阁），把翁山改为万寿山。借用汉武帝昆明湖练水兵之典故，改西湖为昆明湖。

1764（1761）年：全园竣工，名为清漪园。

1860年：咸丰十年，英法联军入侵，清漪园同圆明园、长春园、畅春园一并毁之。

1884年：光绪十年，慈禧太后挪用海军军款继续加以修复，1895年竣工，并改名为颐和园。耗银八千多万两。

1900年：光绪26年，遭受八国联军又一次野蛮的摧毁。

1903年：慈禧太后从西安回京，再度修复，即现今之面貌。

1914年：归国有，对外售票参观。

1924年：归当时北京特别市政府管理。

(3) 总体布局：三个部分，即宫殿区、山区和湖区。

① 山区即万寿山，万寿山东西长约1000米，山顶高出地面60米。

② 山南为湖区，即昆明湖，湖南北长约1930米，东西最宽处1600米。湖西北收缩为河道，绕万寿山西麓向东，为后湖；南收缩于秀绮桥，连接长河。湖中两堤（东堤、西堤）、三大岛（南湖岛、藻鉴堂、冶镜阁）、三小岛（小西泠、知春岛、凤凰礅）。基本以杭州西湖为蓝本建设。乾隆在《万寿山即事》中有诗为证：

背山面水地，明湖仿浙西；

琳瑯三竺宇，花柳六桥堤。

③ 宫殿区建于园中东北部。

(4) 因势利导之分析

当时清漪园是在翁山和翁山泊的基础上设计建设而成的。翁山和翁山泊的造园优势：有山有水，翁山和翁山泊；缺点：①水景空旷有余，幽奥不足；②山形单调，走势单一，不自然；③山水关系不密切，结构不理想，一般建园山贵环抱，水贵萦回。

处理办法：

① 挖湖堆山，调整山水结构；随曲和方，有收有放，有阔有幽。

② 水面设岛，设堤，建桥，丰富景观层次。

③ 开发后的湖区，整体上水面形成前山之开阔和后山之幽邃的鲜明对比效果。

④ 山顶布置高低错落的建筑，丰富山之形态。

(二) 借者

园虽别内外，得景则不拘远近，晴峦耸秀，绀宇凌空，极目所至，俗则屏之，嘉则收之，不分町畽，尽为烟景，斯所谓“巧而得体”者也。

夫借景林园之最要者也，如远借、邻借、仰借、俯借、应时而借。

1. 邻借、远借、仰借、俯借

邻借：把园区紧邻的景观纳入园区景观范畴。如沧浪亭借园外之水；拙政园宜两亭借中部园区之景。

远借：借园外较远处的景观。如拙政园借园外的北寺塔；颐和园借玉泉山之塔。

仰借和俯借：所借园外之景高于园区视点或低于视点的方法，往往用于山地园林或有较高观赏点的园林。如登上西安大雁塔可以俯借周边的园林景观，如春晓园、民俗园、解放路景观等。

2. 借四时之景

“切要四时”………《园冶》

借景四宜：风、花、雪、月

春、夏、秋、冬

渔、樵、耕、读

网师园的月到风来亭、拙政园的与谁同坐轩——风、月。

西山晴雪、芦沟残雪——雪。

颐和园牡丹台、拙政园十八曼陀罗馆——花。

拙政园嘉实园（春秋多佳日，品水有清音）——耕。

网师园樵园径——樵。

网师园、网师园的钓台、北海公园的濠濮涧——渔。

留园还我读书处、网师园看松读书轩——读。

个园的四时假山通过山石、植物来营造四季景观。画论有“春山宜游，夏山宜看，秋山宜登，冬山宜居”，所以个园的四季假山基本营造如下：

春山：春生一新绿，春山淡冶而如笑，笋石＋竹子；

夏山：夏长一浓绿，夏山苍翠而如滴，太湖石＋桧柏；

秋山：秋收一金黄，秋山明净而如妆，黄石＋柏木；

冬山：冬藏一白色，冬山惨淡而如睡，宣石。

(1) 春景：传统景观，桃红柳绿

如北京植物园的桃花沟、颐和园的知春亭、圆明园的杏花村，杭州的柳浪闻莺等。

(2) 夏景：荫、荷、雨

① 荫：浓荫匝地，是夏季休憩的理想场所。如北海公园的古柯庭、留园的古木交柯。

② 荷：拙政园以荷花为观赏对象的系列景点：远香堂、荷风四面亭等；北海公园南部水体中的荷；颐和园谐趣园的饮绿亭、荷澹碧亭即以赏荷为主。

③ 雨：拙政园的留听阁、听雨轩。

(3) 秋景：红（黄）叶、菊花、桂花、月、秋风

“梧叶忽惊秋落，虫草鸣幽。湖平无际之浮光，山媚可餐之秀色。寓目一行白鹭，醉颜几阵丹枫……”，“静扰一榻琴书，动涵半轮秋水。”——《园冶》

如：

① 网师园的小山丛桂轩（桂）、月到风来亭（风、月）；

② 避暑山庄的文津阁的白昼观月。

(4) 冬景：传统景观为雪景、岁寒三友（松、竹、梅）

拙政园的卅六鸳鸯馆种植山茶；个园的四季景区。

3. 借时

① 颐和园的城关：西关、贝阙。东紫气东来，西赤城霞起。

② 颐和园的夕佳楼借夕阳之美景。

三、相地适宜，构图得体

传统园林的相地一般从以下几个方面考虑。

(一) 卜邻

园林中的卜邻主要强调的是借景，指用地周边有好的景观可以借资。具体而言就是在选址时应充分考虑周边环境，包括地理位置、地貌条件、林木植被以及周边的构筑物等多种因素，周边环境一般应对建园有积极的因素，其不利的要素应该容易解决。

如无锡的寄畅园以惠山寺为邻，借惠山为背景，选址极佳，如《园冶》所说："潇寺可以卜邻，梵音到耳；远峰偏宜借景，秀色可餐。"

苏州的沧浪亭地处苏州城南，地偏近郊，边邻河水，周边植物葱郁，是建设自然园林理想之地。

(二) 究源查地

即对园林基址范围内的立地条件进行调查和分析。

1. 究源：即探水之源头。

园林中讲究有水，而且还讲究有活水，活水方可生趣。

宋，朱熹：问渠那得清如许？为有源头活水来。

《园冶》：立基先究源头，疏源之去由，察水之来历。

如无锡寄畅园的水有两个源头（八音涧、方池的龙头吐水），一个出水口（东南侧），流出的水与惠山寺之水交汇后流走，和园外之水形成大循环。

2. 察地：即了解园址地形之高下和植被情况。

实例：承德避暑山庄

(1) 历史沿革

1703 年，康熙始建；

1708 年，初具规模，康熙题名 36 景；

总面积约 560 公顷，是我国最具代表性的园林之一。

(2) 功能

皇家园林，主题：普天之下，莫非王土，采用前宫后院式布局；避暑用；

政治功能：用怀柔政策来笼络各民族，如外八庙建筑就是模仿各少数民族的寺庙而建，让他们朝拜时有亲切感。

(3) 选址特点

生态环境好：有很好的天然植被；有自然的山岭、山谷、平原和湖泊。其四周有丰富的地形，形成一自然封闭的空间。

离北京近，方便往返；

地形丰富，便于建景构图；

水源充足：园外有狮子沟。裴家河、武烈河等水系，园内多处的泉河溪。

(4) 布局前宫后院式

湖区总体上还是体现"一池三山"的造园手法；

结合组景：全园由宫殿区、湖泊景区、平原景区和山岳景区 4 部分有机组成。

四、自然流动，来去无源

主要指我国古典园林理水的手法。从布局上看，中国古典园林的水体有两种形式，即集中式和分散式。

(一) 集中式

集中式指水体的安排是不设岛、堤等划分水体，水面集中，集中的水面给人以开朗宁静之感，一般中小型庭院多用。

集中式布局的园区往往以水为中心，沿水四周布置建筑，形成向心、内聚的格局。这样可突出中心，便于四周建筑的安排，也可以做到小中见大。

水的形状多采用不规则式，水边点缀花木，置石。如网师园的彩霞池、谐趣园的水体等。

也有一些大型的园子把集中的水体安排在园区的一侧，另一侧安排山地或石，栽种花草，形成山环水抱的格局。如苏州艺圃、留园等。

（二）分散式

用化整为零的手法把水面分为若干相互关联的区域和空间。分散式的水系来去无源，可产生迷离和无穷无尽的感觉，给人以深邃藏幽之感。水体的划分往往通过堤、岛、桥等来完成，同时因势利导安排亭台楼阁或山石，可以营造水陆萦回、岛屿间列、小桥凌波而过的水乡气氛。如南京瞻园、苏州拙政园等。

水体的布局必须与环境协调，中国古典园林多为自然式，水体一般也采用自然式的轮廓。个别规则式院落也采用规则式水体，如颐和园的扬仁风院落的水体。

五、视嗅听触，花木赋情

在中国古典园林中植物的主要功能有观赏、拟人表达情感、改善环境等。

（一）植物选择

由于不同的园林主题对植物有着不同的要求，在生态方面考虑较少，植物选择的局限性较大。

北方皇家园林中，往往采用古拙庄重的苍松翠柏等高大树木与色彩浓重的建筑相映衬，形成富贵尊荣、庄严雄浑的园林特色。清代皇家园林中常常模拟全国各地的景观，以达到“移天缩地在君怀”的目的。从植物材料上来看，多以松、柏、楸、槐等长寿树种为基调，象征江山永固；花木少而精，常用玉兰、海棠、迎春、牡丹，取其“玉堂春富贵”吉祥之意。另外还有来自天下各地的珍贵品种，植物作为贡品也成为皇权至上的一种象征。

私家园林的主人大都是文人士大夫，园林规模较小，风格以清高风雅、淡素脱俗为最高追求，充满诗情画意。植物营造山林是文人的隐逸心志所系。借助植物可突破空间的局限性，创作出“咫尺山林，多方胜景”的园林艺术佳境。从植物材料上来看，北方私家园林中，油松、桧柏、白皮松、国槐、核桃、柿子、榆树、海棠较为常见，而南方私家园林中常以梅花、竹子、山茶、芭蕉、梧桐等作为主要树种。

寺庙园林广布于我国自然环境优越的名山胜地，集宗教与游乐于一体。内部园林气氛与外部园林环境高度融合。寺庙园林中的植物有助于烘托宗教气氛，渲染彼岸环境。如傣族的“五树六花”，五树指菩提树、大青树、槟榔、贝叶棕、糖棕、椰子；六花指荷花、地涌金莲、文殊兰、黄姜花、黄缅桂、鸡蛋花。除了与佛祖有关的植物外，寺庙园林还多用树姿优美的长寿树种、香花植物和观叶植物等。

（二）植物配置

中国古典园林的植物配置特别注重两点。一是植物的物质特性；二是植物在中国传统文化中被赋予的文化意蕴。植物的物质特性包括其色、香、形，以及自然声息和光线作用于花草树木而产生的艺术效果。花草树木有斑斓之色彩，馨香之气息，多姿之形态，风拂树叶雨打芭蕉之声，阳光月光下的树木婆娑之影。这一切诉诸感官，给人以视觉、嗅觉、听觉和触觉之美。中国园林植物不同凡响之处还在于其文化象征意义。在中国传统文化中，许多植物被认作高尚品质和高洁情操的象征。松竹梅傲雪霜，深受人们喜爱，因而被当作正直、高洁、孤傲不羁的象征。编篱种菊取陶渊明“采菊东篱下，悠然见南山”之意，象征着简朴淡泊的生活之道。出淤泥而不染的荷花比喻不趋炎附势的高洁之士。清雅淡逸的兰花具有君子风范，尤为文人隐士所吟诵。拟人化了的花草树木皆有情，其文化意蕴深化了植物美。这是中国园林植物的独特之处。因此，中国古典园林的植物配置兼顾了植物的神形之美，是植物自然美和象征寓意美的艺术组合。

1. 按画理取材植物景观

中国山水画，清晰地反映出士人们对天地自然景色的描绘，表达了他们对理想天地的向往。于是他们借助于山水画的指导，运用造园技巧，把理想的天地在适宜的位置营造成城市山林。在国画中梅、兰、竹、菊（花中四君子），松、竹、梅（岁寒三友）往往都是园林中常用的植物。

2. 按诗文、匾额、楹联取材植物景观

中国的园林之所以能发展到极高的艺术境界，中国传统文化的渗透起了关键作用。特别是诗、词与绘画给造园艺术家们提供了绝好的借鉴，这些深厚的中国传统文学艺术底蕴，使园林艺术更具有了诗画情趣。也为植物选择提供了依据。如拙政园的荷风四面亭，其周边水中植荷，岸边种柳。

3. 按色彩、姿态取材植物景观

中国园林中的花草树木，贵精不在多。音乐重旋律，书画重笔意，花木重姿态是中华民族在花木审美上的一大特色。线条的艺术是中华民族艺术之源，树木本身就是自然的线条，或柔和或幼拙，从动的线条中可以体会到中国传统诗文绘画的含蓄之美。如网师园看松读画轩的命名，实是对园景的写实。轩南远山近水，可见轩亭、曲桥，树坛中圆柏、罗汉松姿如画，自成天趣，不愧是一幅天然图画，今树龄都已十分古老，自然更富气势了。值得一提的是一些大树、古树，以其高大的躯干遮掩了天空的一角，使园林的天际深浅莫测，小空间似乎也是无止境似的，狮子林的古银杏，留园中银杏、樟等大树，都起着丰富园中山林空间的功能，加强了立体效果，这可以说是树姿的景观功能。

本章小结

世界园林有东方、西亚和希腊三大系统。由于文化传统的差异，东西方园林发展的进程也不相同。中国古典园林作为东方园林的代表，具有数千年的发展历史，积累了丰富的造园理论，堪称“世界园林之母”。特别是中国古典园林，其造园思想博大精深，我们应该用传承和发展的眼光对待古典园林，让现代园林绽放出更大的光芒。

复习思考题

1. 中国古典园林有哪几种类型？
2. 简述中国古典园林的发展历程。
3. 简述中国古典园林的艺术特色。
4. 中国古典园林的理论来源是什么？

第三章　园林设计的形式美法则及造景手法

第一节　美与园林美

一、美的概述

古今中外许多伟大的哲学家、思想家、艺术家，对美的探索和研究已经有两千多年的历史了。

春秋战国人孔子对美学思想进行了全面的总结，提出了许多著名的美学思想，如“尽善尽美”，强调美与善的高度统一，他美学思想的核心是“和”，充分体现了他美学思想上保守的一面，但对后世影响极大。西汉时期王充的《论衡》，魏晋时期陆机的《文赋》，钟嵘的《诗品》，明计成的《园冶》，都有深刻的美学思想。

西方对美的认识和研究源于古希腊与罗马。代表人物是柏拉图和亚里士多德，柏拉图认为美的本质是理式，也就是没有差异和矛盾的理想化的和谐，是唯心主义哲学的具体表现；而亚里士多德认为美存在于客观事物当中，是唯物主义的。德国的古典美学代表人物康德认为“快感的对象就是美”，黑格尔认为“美是理念的感性再现”，俄罗斯的车尔尼雪夫斯提出了“美就是生活”。

美，可以说是一种客观存在的社会现象。人类通过创造性地劳动实践，把具有真善品质的本质力量在现象中实现出来，从而使对象成为一种能够引起爱慕和喜悦等情感的观赏对象。

二、园林美

园林美是园林美学中最基本的概念，也是最基本的因素。

园林美是指应用自然形态的物质材料，依照美的规律来改造、改善和创造环境，使之更自然、更美丽、更符合时代社会审美要求的一种艺术创造活动。从某种意义上讲，园林美是一种自然与人工、现实与艺术相结合的融哲学、心理学、伦理学、文学、美学、音乐等于一体的综合艺术美。

园林美具有诸多方面的特征，大致归纳如下：园林美从其内容与形式统一的风格上，反映出民族的时代特性，从而使园林美呈现出丰富多彩的多样性；园林美不仅包括树石、山水、草花、亭榭等物质因素，还包括人文、历史、文化等社会因素，是一种高级的综合性的艺术美；园林审美具有阶段性，不同的时代具有不同的审美要求。总之，园林美处处存在。正如罗丹所说，世界上“美是到处都有的，对于我们的眼睛，不是缺少美，而是缺少发现”。

第二节　园林设计的形式美法则

园林设计构图要在统一的基础上灵活多变，在调和的基础上创造对比的活力，使园中整个景点序列富有一定的韵律和节奏，这就要求在设计时按照一定的美学法则进行。园林设计的形式美法则主要表现在以下 5 个方面：多样与统一、协调和对比、对称与均衡、节奏和韵律、比例和尺度。

一、多样与统一的法则

统一意味着部分之间以及部分与整体的和谐；变化则表明其间的差异。统一应该是整体的统一，变化是局部的变化，是在统一的前提下有秩序的变化，变化过多则杂乱无章。统一有如下几类。

（一）形式上的统一

构成要素和景点表现出外形、展现方式上相同或接近，为形式上的统一。如在园区内的建筑无论大小、位置统一采用当地民居的特色来体现；园路无论宽窄，都采用同一图案式样（往往块大小有差别）的铺装等。

（二）材料上的统一

表现在不同要素、不同的景点采用同一建筑材料来装饰景点或园区。相同的材料往往容易表现出相同的色彩、相同的质感，而质感和色彩是景观要素对景观外貌影响较大的两个方面，质感、色彩统一了，整体景观的观感易于协调。

（三）线型上的统一

构图本身采用了同一类型的线条来展现对象。如圆形的广场、中间圆形的喷泉、一侧弧线的花架和花坛、甚至沿周边布置圆形座凳，圆弧是构成这些要素共同的线型，因而构成景观会显得协调美观。如图 3-1，该公园在平面布局时采用 45°斜线控制各个要素的轮廓，以直线形成园区的基本线条，如绿地轮廓、水体轮廓、甚至建筑的轮廓都是直线和 90°折线构成，园区各个要素达到了高度的统一。

图 3-1　兴安公园方案

（四）色彩上的统一

色彩是对人视觉冲击最为有力的因素。景点的色彩往往最易于被人感知，一致的色彩易于形成统一感。如苏州园林红柱灰瓦粉墙不仅是每个园区一致的建筑色彩，而且已形成了一种园林风格。

（五）局部和整体上的统一

园区内要求创造丰富多彩的景点、景区，但各个景点、景区必须在全园的格调、风格下变化，不能形成与整体格调、色彩、韵味等格格不入的局部，这样局部就与全园分离，如果这样的布局多了，全园必然会成为一盘散沙，也就不存在共同的风格。局部与整体的统一影响着全园的风格、主题，甚至影响着整体设计的成败。

二、调和与对比的法则

对比原则：把迥然不同的事物并列在一起，通过彼此对照，互相衬托，更加鲜明地突出各自的特点，令人感到醒目、鲜明、强烈和活跃。对比的种类包括体量、形状、虚实、明暗对比；空间、疏密、色彩对比；质感对比。

调和原则：把相似的事物放在一起，达到多样化的统一，使人感到协调统一。

三、对称与均衡的法则

从力学的观点来看，对称、均衡是产生“稳定”的条件。在对称轴两侧景物在质地、色彩、体量等方面相同或相近的为绝对对称，或对称的均衡，这样的构图均衡、稳定、庄严；当两侧景物不相同，但给人视觉上的感受是稳定的，这则为拟对称，或通常所说的均衡。

要做到均衡稳定应具备以下条件：

① 必须有一视点或视点连线的轴线，在这个点或者线上才能欣赏到对称或均衡的美景，也就是说对称或均衡的物体应有合适的视距、有合适的观赏点来欣赏；

② 对称均衡的景物之间应有一定的距离，且距视点或视线相等；

③ 对称均衡的景物之间通过形象、色彩、质地、体量等外观形态应传达出相等或近似的信息，这样才可保证整体的稳定。

由于人在园中游，人们的视点在变化，对于对称均衡以达到稳定的要素就会形成连续不断的画面，也就出现了“流动对称或均衡”。要做到“人在画中游”就应处理好道路两侧游人视线可及的景物，保证景物稳定、均衡，才可保证“画”的质量。

四、节奏和韵律的法则

节奏本为音乐上的术语，而韵律为诗歌中的声韵、节律，二者均表现出有一定规律，而富有变化的美感，园林中的景点、景物布局时也由组成园区的要素有规律地重复、并在重复中组织变化，类似音乐和诗歌上秩序和变化之美，也就是有节奏和韵律的美感。

韵律的表现有简单韵律、交错韵律、起伏曲折韵律和拟态韵律等。

（一）简单韵律

简单韵律指同一要素按某种规律简单布局排列形成的韵律。如行道树由同一树种等距离栽培即是简单韵律。

（二）交错韵律

两种或两种以上要素间隔布局，循环出现即为交错韵律。

（三）起伏曲折韵律

片林中树木有大有小、有疏有密，有远有近则表现出一种起伏曲折的韵律美。

（四）拟态韵律

以相似的要素或形式反复出现形成的韵律为拟态韵律。园林中一面墙上各式各样的漏窗往往以拟态韵律出现，其相邻的两漏窗比较相似，它们之间以渐变的形式演进变化，保证了在人们视觉中漏窗的整体性，但又有丰富的变化，体现出一种秩序美。

根据以上韵律的类型，我们可以总结产生韵律的方法一般有重复、交替、倒置和渐变。

① 重复：这里的重复应有一定的次序，其间距体现了运动的速度和韵律的特色。

② 交替：在重复的中间有规律地把某些要素换为另外的要素。

③ 倒置：是一种特殊的交替，不过改变过的元素与原来的元素相比完全相反。

④ 渐变：将序列中重复的元素一个或者更多的特性逐渐地改变而成。

五、比例和尺度的法则

在造景中把握好景观的尺度，处理好景观之间的比例，做到如同国画论中的“长山尺树寸马分人”的协调美、自然美是每个设计师必须考虑的问题。景观的比例及尺度的控制和把握是环境空间设计的一大课题。

（一）比例

有“正确”比例关系的景物，不仅仅在视觉习惯上感到舒服，而且在构图功能上，也会起到平衡稳定的作用。毕达哥拉斯的“黄金比”是对正确比例很好的诠释，它在我们的日常生活中有着旺盛的生命力，如明信片、邮票、甚至一些国家的国旗的长和宽、五角星的长线与短线等之间都存在1∶1.618这样的比例。当然正确的比例不仅仅是黄金比，也不仅仅是数字的游戏，有时也难以用数字来表达，它往往属于人们感觉上和经验上的概念，只要构图让人们的视觉感到舒服、稳定都可取得一定的景观效果。

（二）尺度

和比例密切相关的另一个特性是尺度，尺度是使一个特定物体场所所呈现出恰当的比例关系，它有绝对尺度和相对尺度之分。绝对尺度是指物体的实际尺度，可以用数字准确表达的尺度，如树木的高度、粗大，农田的长度和宽度等，不同的人测量会得到同样的数字；而相对尺度是指人的心理尺度，体现人对眼前景物空间尺度的心理感受，如中国古典园林中“小中见大”的手法之一为“占边把角让心”，实际是在小尺度的空间中把有一定高度的要素，如亭、山石向院落的周边、角上安排，把中间空出来，这样虽然庭园不大，但由于中心相对较空，便产生“阔”的感觉，这就是通过一定的处理技法形成满意的心理尺度。

比例和尺度在景观设计中往往是比较复杂的，它牵扯到人们视野范围内所有物之间的关系问题，如建筑与植物、植物与雕塑、人与建筑等，同时对象的质地、色彩、环境、造型都会对其比例和尺度产生影响。设计时应抓主要矛盾、从解决宏观尺度入手，全面考虑，逐步把握。

第三节 赏景与造景手法

一、赏景

人们观赏视觉对象，为赏景。眼前景物的好坏固然与游客的心情、天气、时段等有关，作为景观设计者，应尽可能做到“雅俗共赏”，满足一般游客的需要。从游客赏景的方式上通常根据视点与景物的相对关系分为静态赏景和动态赏景。

（一）静态赏景

指人的视点与景物是相对静止的、平稳的，赏景的距离、角度不发生变化。观光园区内的休息设施、广场、树荫等环境往往提供了静态赏景的条件，其实质也就是让观赏者静止来赏景。观赏者处于静止态时，纳入其视野的对象均为观赏对象，包括近景、远景，但实际上往往其中一部分为主景，即观赏的主要对象。因为观赏者处于静态观赏，必然赏景的时间会相对长些，对景物的辨别会更细致些，这就要求观赏的对象要美观、耐看，而且要求视点应安排在赏景的最佳位置。

（二）动态赏景

动态赏景即人在运动中赏景，人的视点与景物相对运动，赏景过程中视距、角度会发生变化，当然在赏景过程中景物对象也在变化，其实质是欣赏一个景观序列。从交通工具或者从运动的速度不同来看动态赏景有不同的特点。

（三）静态赏景和动态赏景的相对性

动态赏景和静态赏景不是绝对的，二者具有相对性，有时可以互相转换。人在亭中，四周之景可静态欣赏，人到园路中，亭和四周的景观又是动态赏景的对象。园林中往往以步行为主，静态赏景、步行动态赏景是主要赏景方式，而且二者往往随时可以转变，这时控制游览路线、透景线和休息设施对赏景有至关重要的作用。

二、基本造景手法

园林涉及的范围广，因素多，各个园区差异较大，这就要求设计者必须具备基本的造景手法，然后根据具体的情况，客观分析，通过创造性思维，设计出具备个性特色的园林。具体的造景手法多种多样，如突出主景和配景、对景、障景、夹景、添景等。

（一）主景和配景

主景是一组景物中的主要景体，是整个园区或者某个局部的构图中心，它往往是体现园区特色、形成标志的主要载体。配景则往往称为衬景或客景，其作用是烘托主景。在风景构图中，主景和配景是相得益彰的，主景因配景而突出，配景因主景而增色。游人往往从多个角度欣赏主景，同时也可能处于主景位置欣赏其它景观。主景和配景同时纳入人们视线时，主景是主体、是核心，但当视点位于主景区时，人们欣赏的往往是配景，配景又成了欣赏的对象，成为“主景”，所以主景和配景也有相对性。

园林中为了突出主景，往往采用多种手法，常用的手法如下。

1. 抬高或降低主景法

把要作为主景的对象在空间尺度上升高或降低，都会取得强化景观对象、吸引游人视线的作用。抬高主景通常有两种方法，一是把主景置于较高的地形上，如山上建亭，亭为主景；二是增大主景自身的尺度，使得主景在一定的空间内在尺度上占有统治地位，如天安门的人民英雄纪念碑碑高 37.94 米，是广场的最高建筑物，加上开阔广场的对比，主景的位置尤为突出。从另一个方面讲，如果把主景置于一个“凹”形空间中，往往也有突出其核心位置的作用。因为凹形空间本身具有内聚性，其动势集中的焦点为其中心区域，所以位于该区域的观赏对象往往会成为凹形空间的主景。较大空间的实例如西湖景区，“三面云山一面城”是对杭州地形的写照，西湖它三面环山，为典型的凹空间，湖中最大的天然岛屿“孤山”（孤山公园）便是景区的核心。现在园林中多用下沉广场来造景，如北京植物园月季园喷泉广场则是下沉的丰花区的核心。

2. 轴线布景法

在园区布局为规则式，有明显轴线时，可以充分发挥轴线的作用，把需要突出的主景安排在轴线合适的位置上可起到突出主景的作用。具体应用一般把主景布置到轴线的端头或几条轴线的交点上效果较好。

3. 透景线焦点法

一个景点安排可以让游人从不同的方位欣赏，这样在视点和景点之间就存在通透的视线，该视线即为透景线，或风景视线。如某景点存在多方位的多条透景线，即位于多条透景线的交点上而称为视线的焦点，该景点被“看”的频率则较高，从而突出它在风景区的主导地位。

4. 对比法

在景区设计时注意让主景与配景或其环境产生反差，如体量、形态、色彩、质地等方面，通过配景的陪衬、烘托来突出主景。如白色的不锈钢雕塑安排在常绿树前的草坪上，不论在色彩、质地上雕塑和常绿树、草坪都会形成反差，达到突出雕塑的作用。

5. 风景序列渐进法

农业观光园是由多个景点构成，把这些景点通过道路、文化、视线等手法有机地联系在一起，形成整体，为游人创造一个“动态画廊”，这个动态画廊即是风景序列。整个风景序列在组合安排中如同文学作品的跌宕起伏，有序景、起景、过渡、转折、高潮、结景、尾景等。把园区的主景安排在风景序列的“高潮”处就可以更加强化和突出其主景的位置。

6. 重心处理法

每个空间都存在一个几何重心，如把主景安排在其几何重心上才可以取得良好的视觉效果，突出其重要性。实际在设计中只有纪念性园林往往更多的是主景位于其几何中心，多数园区中均把主景安排在几何重心的附近，即以几何重心为标准适当偏移，这样即可突出主景，又可避免位置太“中心”而使景观效果过于严谨，产生更佳的艺术效果。

（二）借景

计成的《园冶》中曰“园虽别内外，得景则不拘远近，晴峦耸秀，绀宇凌空，极目所至，俗则屏之，佳则收之，不分町田重，尽为烟景，斯所谓‘巧而得体’着也”；又曰“夫借景林园之最要着也，如远借、邻接、仰借、俯借，应时而借”。这些描述是对借景很好的释义和对借景方法的诠释。

人在园林中赏景，不仅仅可以欣赏到园内的佳景，往往也可以通过透景线欣赏到园外的景色，这种把园外的景点纳入园中的方法为借景。如北京玲珑公园借慈寿塔，苏州拙政园中借北寺塔、沧浪亭借园外之水，西安的春晓园借大雁塔等。

（三）框景和漏景

在园林中利用门、窗、柱间、树木、山洞框取另一个空间的优美景色。主要目的是把人的视线引到景框内，故称为框景。而漏景是框景的进一步发展，多利用景窗花格、竹木疏枝、山石环洞等形成若隐若现景观，增加趣味。

（四）夹景和添景

为了突出景物，把视域两边景色利用树丛、树林、山石、建筑等要素加以隐蔽，形成封闭的狭长空间，在空间的端头设置欣赏的对象，称之为夹景。夹景通过空间的变化来突出景物，若形成夹景的空间狭长，则会产生明显的透视效应，而且可以增加景观的层次感，有较好的观赏效果。

在主景前加一些花草，树木或者山石，使主景具有丰富的层次感，称为添景（图 3-2）。

（五）对景

位于园林轴线或者风景视线端点的景。有正对景和互对景之分，正对景是在对称轴线端点或者对称轴线两侧设的景，具有雄伟、严整、气势磅礴的艺术效果。互对景在风景视线两个端点上设置，形成两处景点互为观赏的效果，具有柔和的美。

对景处理可丰富景观，增加空间的变化，吸引游人前行。一般道路上用于作对景的往往是较小体量的园林要素，如置石、雕塑、花坛、花境、水体、花灌木、孤植树等。

（六）分景

我国园林以深邃含蓄、曲折多变而闻名于世，而深邃含蓄和曲折多变往往就在于对园林空间合理的分割和组合，即分景的处理。分景即是利用地形、植物、建筑等要素在某种程度上隔断视线和通道，造成园中有园、景中有景、画中有画的丰富空间和境界。如西安春晓园入口内广场和园区通过假山遮挡视线，形成出入口内广场的独立空间，穿过“峡谷”通道才可进入园区的核心空间，这是一种分景手法的运用。在园林中分景不能一味地“隔和障”，

图 3-2　柳条作为前景的添景

也要适当“透”，做到虚实相生。如用水系、漏空墙、花架、低于视点的植物、岛、桥等作隔景的材料，可做到隔而不断，保证有一定的视线通透性，这才是分景的精髓。

本章小结

园林有不同的形式、流派和风格，式样上有自然式、规则式、混合式等。布局是采取何种艺术形式，要随建园意图和基地环境而定。一般说来，一个园的艺术形式应该遵守园林形式美法则，在不同形式的过渡衔接上要处理得顺理成章。有时可用“园中园”手法或集锦式方法，把不同的形式风格布置在一个整体园林中；而园林造景，常以模山范水为基础，做到“得景随形”、“借景有因”、“有自然之理，得自然之趣”、“由人作，宛自天开”。

复习思考题

1. 简述园林设计的形式美法则。
2. 简述静态赏景和动态赏景的特点。
3. 基本造景手法有哪些？

第四章　园林设计的基本要素

第一节　园林的形态要素

园林设计的要素一般由水、石、地形、植物等组成，园林设计就是充分利用这些要素的特性与组成方式，营造出许多令人心旷神怡的景观，这些要素在不同的环境中形成了各自不同的景观特色，为了帮助理解它们的视觉特性，可以用基本而合理的方法进行分析。

园林这些“基本要素”都具有自己本身的形态，这些形态之所以被人感知，是因为具有特定的形状、大小、色彩和材质。这些视觉元素构建了丰富多彩的大千世界，我们称之为形态要素。基于形态要素的构成形式包括形状、色彩和材质。

一、形态要素

（一）形状

园林中的形大体可分成自然形和人造形。常用的绿篱可以修剪成梯形、矩形、圆顶形、蘑菇形、扇形、长城形等人造型（图 4-1），不但能美化环境起到观赏的作用，同时又减弱噪声、围定场地、划分空间、屏障或引导视线的作用。

在明清时期人们对形状的创造力和想象力就有着非凡的成就，创造出变幻无穷的铺地图案，其中以江南苏州一带最为著名，被称作花街铺地。常见的纹样有完全用砖的席纹、人字、间方、斗纹等；砖石片与卵石混砌的六角、套六方、套八方等；砖瓦与卵石相嵌的海棠、十字灯景、冰裂纹等；以瓦与卵石相间的球门、套钱、芝花等，以及全用碎瓦的水浪纹等；还有用碎瓷、缸片、砖、石等镶嵌成寿字、鹤、鹿、狮毽、博古、文房四宝，以及植物纹样的（图 4-2）。其它地方的园林中各种形式的铺地也都有使用，但样式不如苏州地区丰

图 4-1　绿篱的形状
（引自定图片世界网）

图 4-2　铺地
（引自景观设计网）

富。明清时皇家苑囿在大量使用方砖、条石铺地的同时，受着江南园林的影响，也在园径两旁用卵石或碎石镶边，使之产生变化，形成主次分明、庄重而不失雅致的地面装饰。

（二）色彩

色彩是人对于不同色光的视觉感受，这种感受是光、物体、眼和脑的综合产物。任何可视形象都有色彩、色彩差别的存在而被视觉感知，反过来色彩又以形象为感知方式。形与色有各自独立的品格，又互为依存。由于色彩的不同性质，给人不同的联想和感受，从而影响到行为。色彩的固有表情如下：

白——明亮、干净、清白、扩张感等；

黑——沉静、神秘、消极、伤感等；

灰——平稳、乏味、朴素、含蓄等；

红——热烈、兴奋、活泼、热情、充实、危险等；

橙——明朗、强烈、华丽、生机等；

黄——轻快、透明、辉煌、温暖、强烈等；

绿——和平、希望、兴旺、稳重、深沉、温和等；

蓝——透明、清凉、冷漠、流动、深远、辽阔、浪漫等；

紫——优雅、高贵、神秘、不安、温和、柔美等。

色彩贯穿于园林。园林中以色彩而著名的名胜很多，如北京香山的红叶，南京栖霞山的丹枫，以“霜叶红于二月花”而留下千古绝唱的湖南岳麓山的“爱晚亭”等。园林建筑中，苏州园林的白墙灰瓦挥洒着江南的秀丽，北京紫禁城红墙金瓦显示着皇权的尊贵。园林中丰富的植物材料及其富于变幻的季相景观，为我们创造不同氛围、不同意境和不同作用的园林景观提供了非常有效而便捷的素材。

色彩也有冷暖之分。暖色系在色彩中，波长较长，可见度高，色彩感觉比较跳跃，是一般园林设计中比较常用的色彩。暖色系主要指红、黄、橙三色以及这三色的邻近色。红、黄、橙色在人们心目中象征着热烈、欢快等，在园林设计中多用于一些庆典场面。如广场花坛及主要入口和门厅等环境，给人朝气蓬勃的欢快感（图 4-3）。

图 4-3　暖色在园林中的应用

（引自图片世界网）

冷色在色彩中主要是指青、蓝及其邻近的色彩。由于冷色光波长较短，可见度低，在视觉上有退远的感觉。在园林设计中，对一些空间较小的环境边缘，可采用冷色或倾向于冷色的植物，能增加空间的深远感。在面积上冷色有收缩感，同等面积的色块，在视觉上冷色比暖色面积感觉要小，在园林设计中，要使冷色与暖色获得面积同大的感觉，就必须使冷色面积略大于暖色。冷色能给人以宁静和庄严感。

（三）材质

材质感反映形态的物质构成特征。在视觉领域，材质表现为肌理构成的形式，不同的材料及其构成形式给视觉以不同的肌理感受。在园林设计中应用不同的材料给人以不同的视觉效果。园林小品园椅、凳、园灯、栏杆、花架等材质给人们的艺术视觉效果是不同的。如：石栏显得粗犷、朴素、浑厚；金属栏杆装饰性强、通透、稳重；木栏装饰性强、自然风味

图 4-4　竹子小花架

（引自时代家具网）

图 4-5　铁艺小花架

（引自全球铁艺网）

重；砖栏杆变化丰富美观、节省空间；竹木花架给人以朴实、自然的效果（图 4-4）；钢筋花架形状多变、灵活多样（图 4-5）；石材花架给人以厚实耐用的效果；金属花架给人以轻巧易制。

铺地也可以根据材料的质感对比，使各种材料的优点相得益彰。如日本庭园中点缀的石头和踏步石，有的布置在沙地中、草地中，由于石的坚硬强壮的质感与草坪、苦茶柔软光滑的质感形成对比，体现出不同材料的质感美。青石板铺地，坚硬而湿滑；木板踏实而温暖；片石嵌草铺装，自然有趣味；卵石铺地耐磨性好，防滑，比较坚实雅致，且具有朴素、多变的风格。

图 4-6　石墙材料的建筑

墙的不同质地可以产生不同的造园效果。青砖墙清爽、明快；乱石墙自然、灵活；块石墙严整、稳重（图 4-6）；卵石墙玲珑、别致；玛赛克拼贴墙在造景中可以塑造出别致的装饰画景；此外竹片墙和树皮墙，在近年来多用于室内给人以亲切、自然的感觉。在现在建筑中不但墙体材料已有很大改观，其种类也变化多端，有用于机场的隔音墙，用于护坡挡土墙，用于分隔空间的浮雕墙等，现代的玻璃墙的出现可谓一大创作，因为玻璃的透明度比较高，对景观的创造起很大的促进作用。随着时代的发展，墙体已不单是一种防卫象征，它更多的是一种艺术感受。

第二节　园林造型要素

在造型过程中，形态要素转化为造型要素的形、色、质；形在这里特指二维的形态而并非广义的形态概念。为研究方便，形又被进一步分解成点、线、面、体，成为更基础的造型要素。

从点、线、面、体等基本要素入手，实现形的生成；强调构成的抽象性，并对不同的形态表现给予美学和心理上的解释（量感、动感、层次感、张力、场力等）。这些也都是园林设计中经常涉及的问题。经常进行有关园林形式美的探讨有利于学生对园林设计中的造型、布局、构图认识的深化和能力的提高。

一、点

（一）点的概念

细小的形象，人们会称其为“点”。所谓细小，是具有比较性的。因此点是相对较小而集中的形。点可以是任何形状。

在几何学里点没有长度、没有宽度、没有厚度，只表示位置。但在现实中，点必须有其形象存在才是可视的，因此点是具有空间位置的视觉单位。点的一般印象为圆的，也可以是各式各样，如规则的、非规则的。越小，点的感觉愈强；愈大，愈趋向于面（图 4-7）。

图 4-7　点的相对性

（二）点的特征

1. 点的相对性

点与人的视觉相联系，依赖于周围要素相比较而存在，相对于其它要素明显偏小的容易成为点，如果与更小的要素对比则可能成为面，因此点的识别具有相对性。在星系中，地球是一个点；在地球上，一个国家可能是一个点；在国家的地图上，一个城市就是一个点；在城市中，一栋建筑是一个点。

2. 点的空间性

较小的点容易被较大的点吸引，因而在视觉上产生由小到大的运动感（图 4-8）。由大到小渐变排列的点，显示由强到弱的运动感，同时产生空间深远感。大小不同的点自由放置，也能产生远近的空间效果，从而丰富空间变化（图 4-9）。

3. 点的集聚性

点在画面中有平衡构图的重要效果。点有集中视线、紧缩空间、引起注意的功能。在造型活动中，点常用来表现强调和节奏。点的位置得当，往往会产生画龙点睛的作用。点与点间的距离越大越易分离，产生散的效果。多个点的近距放置易于产生聚的效果。画面中点的有序配置有助于增强节奏感，点的遥相呼应能有效地引导视线，加强画面的整体感。以点形成面画中心是常用的造型手法。如万物丛中一点红、鹤立鸡群都是以点为画面中心的。点沿着一定的轨迹排列会产生线的感觉。

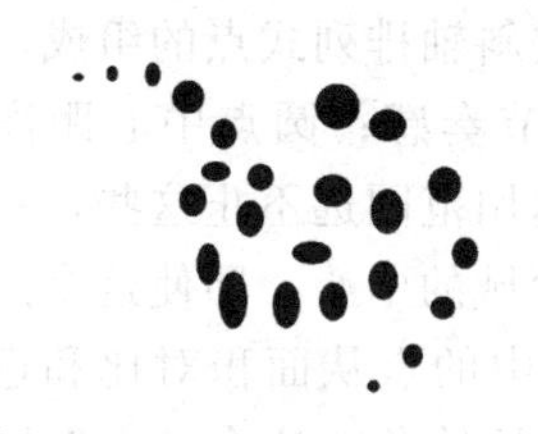

图 4-8　点的运动

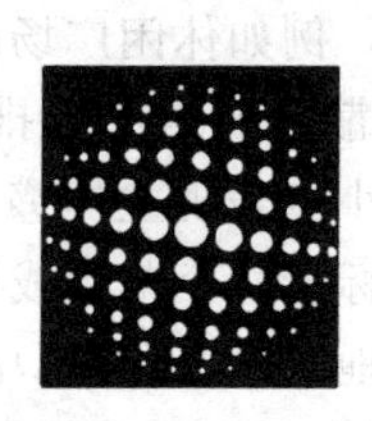

图 4-9　点的空间

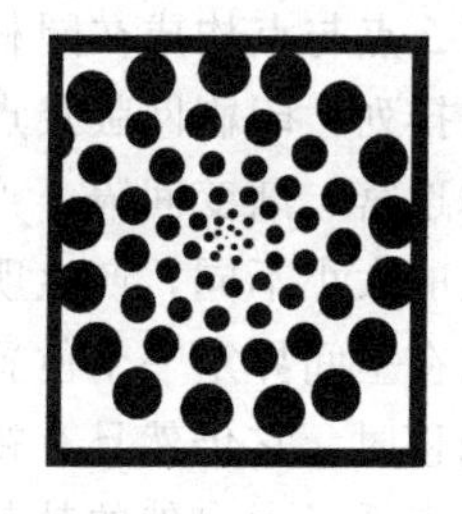

图 4-10　点的放射

4. 点的放射力

点具有吸引人的视线成为视觉中心的视觉特征，又称为点的心理感受特征（图 4-10）。因此，点在环境中可以表达或界定一定的空间或一个位置点的多少给人的心理感受是不同的，单点、双点、三点、多点等都不相同。

（三）点的构成设计

1. 点的平面构成设计

众多点的聚集或扩散，引起能量和张力的多样性，使得画面生动有趣，即点的构成应用。点的大小、多少、聚散、连接或不连接等变化排列，可形成有节奏感、韵律的图像。在平面造型中，由点的大小带来的多层次的空间变化，给人以超出平面的三维空间印象（图4-11、图4-12）。

图 4-11　点的立体感

图 4-12　点的空间感

2. 点的立体构成设计

点在造型作品中较少，而在立体领域的纯粹点造型，更是非常少。这是由于为了特点的形态固定在空间中，就必须依赖支撑物，如棍棒、绳索或其它形态的物体。

（四）点在园林中的表现

点大小是由对比而成的，因此点没有严格的大小定论，但在空间中点有标定位置。点与点构成在园林设计中合理利用会起到四两拔千斤的作用，是人们审美要求的反映。它的美学精神可借用宗白华先生的一句话来概括："于有限中见到无限，又于无限中回归有限"。点由于位置、大小等原因，给人造成某种倾向性的情感，这就是人对点产生的感觉。这种感觉是一种客观而又复杂的现象，同样的一个点或点的构成经由视觉传到人脑，因不同状况产生不同点感觉差异。例如，点在上方，且左右空间对称，动感强；点在中心，有静的安定感，注目性高；点在下方，且左右空间对称，安定感强；点在左下方，有向左下方移动感，动感强等。

点在园林设计中应用广泛。我们以植物栽种的点为例来研究，每一个植株单体就是一个点，那么点与点构成在园林中应用方式有：同间隔点的排列组成，例如绿篱植株排列、行道树植株排列；印刷网版式点的排列组成，例如休闲广场的树阵；按斜轴排列式点的组成，例如植物迷宫；渐变间隔，产生疏密，聚散；成组间隔排列，产生节奏感；圆点中心距离相同，点的大小不同，产生明暗变化；大小点表现立体感等。点的运用范围远不止这些，一个点可以在空间界定一个位置；可以用来标志一个范围或形成一个领域的中心。即使这个点从中心偏移时，它仍然具有视觉上的控制地位。"万绿丛中一点红"中的点从面积对比和色彩对比上点活了大自然的勃勃生机。"万绿"是对从多自然物在量上的抽象，这个"点"同样具有高度的抽象性。如湖中小岛相对湖来说又何尝不是一个值得研究的点，它的位置、面积大小变化会对整体布局的重心、构图有很大的影响。远古时代突出的巨石，或在地平线上的青铜时代古墓，还有孤独的教堂尖顶、一条主要大道尽头的雕塑、一个战争纪念馆或一座纪念人物或事件的纪念碑、远处一棵孤立的树、城市中心的花坛（图 4-13）、远方一座较小的建筑（图 4-14）等。在园林设计中无不具有点的点缀性与特征。

图 4-13　城市中的花坛

图 4-14　远方的小建筑
(引自景观设计网)

二、线

(一) 线的概念

线是相对细长的形。线不仅有位置、方向、形状还有长度。从造型意义上看，线是最富有个性和活力的要素。几何学上的线，只有长度而无宽度和厚度。视觉形象上的线既有长度，又有宽度和厚度。

一个点就其本性而言是静止的，而一条线则用来描述一个点的运动轨迹，能够在视觉上表现出方向、运动和生长。因此，线在任何视觉作品的形成过程中，都是一个重要的元素。线可以用来连接、联系、支撑、包围或贯穿其它视觉元素，而且，面的形成以及面的外观也主要是通过线来表达的（图 4-15）。

一个点能够衍生出哪一种线，要看这个点的运动是受到了哪一种力的驱使。线是点运动过程中留下的空间轨迹。一条线的方向影响着它在视觉构成中所发挥的作用。对于观察者来说，具有一定长度的线段在空间中又具有方向感，如水平、竖直或倾斜。在空间中处于水平或垂直方向的线体在视觉中呈现为一种静止和稳定的状态。一条垂直线可以表达一种与重力平衡的状态，表现人的状况，或者标识出空间中的一个位置。一条水平线，可以代表稳定性、地平面、地平线或者平躺的人体。偏离水平或垂直的线为斜线。斜线可以看作垂直线正在倾倒或水平线正在升起。不论是垂直线朝地上的一点倒下，还是水平线向天空的某处升起，斜线都是动态的，是视觉上的活跃因素，因为它处于不平衡状态，是平衡状态的偏离（图 4-16）。

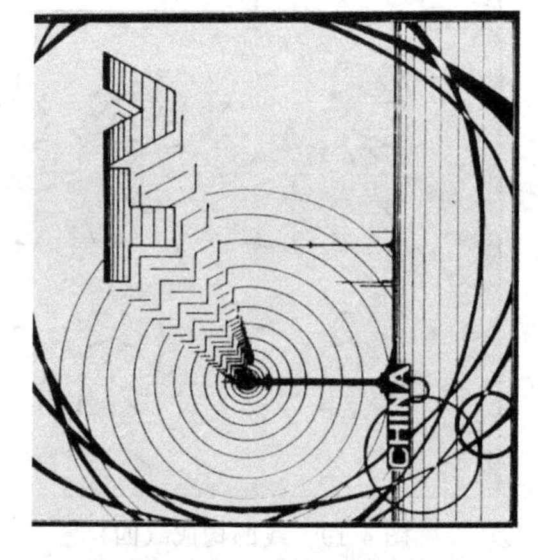

图 4-15　线的构成（一）

图 4-16　线的构成（二）

(二) 线的种类及特征

线，由于其形状、方向、位置的不同，而给人不同的心理感受。

（1）直线——两点之间的最短距离，运动最简洁的形态。特征：男性的阳刚——果断、明确、理性、坚定、速度感……不同方向的直线则又给人不同的心理感受。

直线的方向有三种基本形式：垂直、水平、倾斜。三种直线的形式特征与联想：

① 水平方向的线——有横向扩张感，平静、广阔、安稳、无限，由于视觉习惯总是从左到右，因此图形中反向的水平线有逆向移动感。如平原、海洋；

② 垂直方向的线——有上升或者下降的感觉，高耸、挺拔、向上、积极、庄严的情感特征。如高楼、宝塔、纪念碑等；

③ 倾斜方向的线——有运动与速度感，易于产生斜向上升或下降的动势，具有不安定的感情特征，如投射、飞翔，需要注意的是，在设计中斜线过度应用可能会导致心理失衡。

（2）曲线——有优美、轻快、柔和，富有旋律感。几何曲线有严谨的结构，富于理性和现代感（圆规、曲线板等），因而也带着机械的冷漠。而自由曲线则显得随意和灵性。曲线表现出自由变化的柔和节奏，颇有人情味。如表现女性的优雅、柔和、感性、含蓄。圆弧线规整、丰满、精密；折线具有律动、坚硬、力度的情感特征。

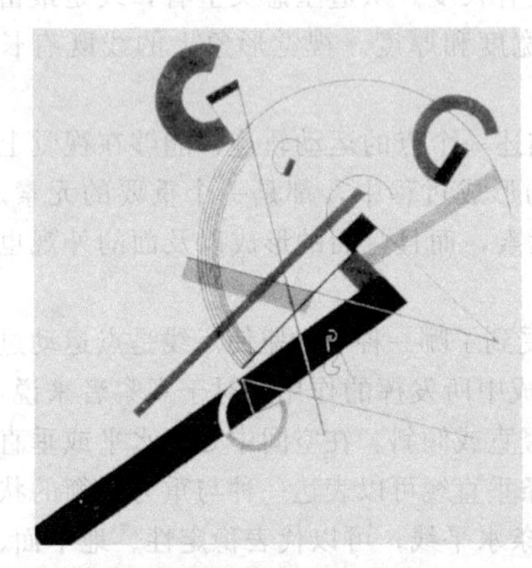

图 4-17 线的组合

（3）粗线，富有男性的阳刚之气，给人以强有力的感觉，但缺少敏锐感；

（4）细线，富有女性的阴柔之美，但也具有精致、敏感等特性（图 4-17）。

（三）线的构成设计

1. 线的平面构成设计

利用线的粗细变化、长短变化、疏密变化、曲折变化的排列，可形成具空间深度、运动感的构成（图 4-18）。线的中断应用可以产生点的感觉，线的集合排列可以产生面的感觉。面的交接可以产生线。直线可以分割平面。线还可以突出形，勾线具有美化作用。如白描是中国画中完全用线条来表现物象的画法，具有重点突出、突出描写对象的特征和情态的作用。线从中心点向外移动会给人以发射的感觉（图 4-19）。

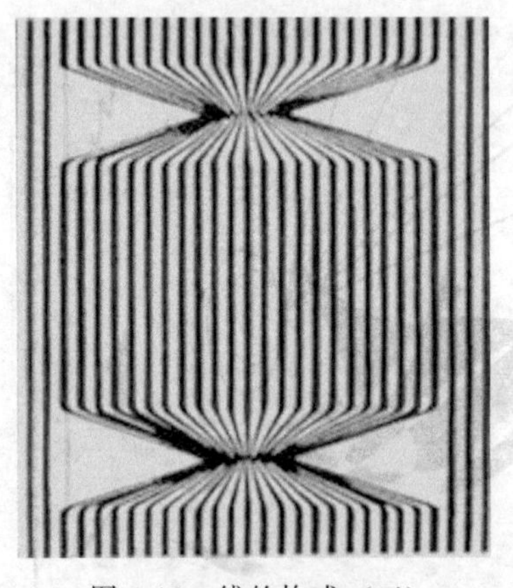

图 4-18 线的构成（三）

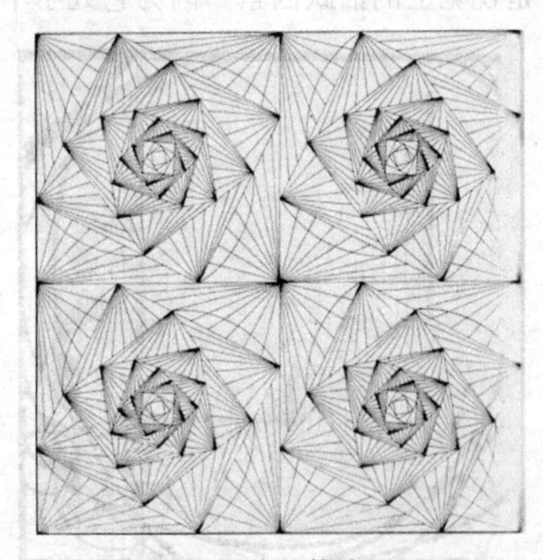

图 4-19 线的构成（四）

2. 线的立体构成设计

三维形态的线条中会出现粗细问题，粗线让人感觉坚强有力，细线会让人觉得纤细或有点神经质。线在立体造型中有着很重要的作用，由几何学的定义可以知道，线是点移动的轨迹，那么线按照某种方式移动并在方向上、长度上产生变化，并凝固起来，将会造成各种形态。线能够决定形的方向。线还是形体的骨架，成为结构体的本身。另一方面线可以成为形体的轮廓而将形体从外界分离出来。线具有速度感，也可以表现动态。

尽管是同样的线材，却既有表面光滑的铁丝，也有表面粗糙的麻绳。线的表面质感对造型效果有很大的影响。此外，同一性质的线材，通过造型的处理方法的微妙变化，也可使作品产生特殊的感情和感觉。用直线制作的立体造型，会使人产生坚硬、呆板的感觉。曲线形成的立体造型则会使人产生舒适、优雅的感觉。

硬质线材的强度较好，有比较好的自身支持力，但柔韧性和可塑性较差。因此，硬质线材的构成可以不依靠支架，多以线材排出、叠加、组合的形式构成，然后再利用各种面加以包围，形成空间立体造型，硬线构成具有强烈的空间感、节奏感和运动感的形态（图 4-20）。

软质线材的材料强度较弱，没有自身支持力，具有较好的柔韧性和可塑性（图 4-21）。因此，软质线材通常要框架来支持立体的形态，对框架的依赖软线构成可分为有框架构成和无框架构成。有框架构成先用硬质线材制作框架，再在框架上定接线点，然后用软质线材按照接线点的位置连接。无框架构成是利用软质线材的编结、层排、堆积进行构成如软挂壁、织物等。

图 4-20　线的立体构成
（引自景观设计网）

图 4-21　软质线材构成

（四）线在园林中的表现

线具有最丰富的形式和情感。园林设计中常用线形有水平横线、竖直垂线、斜直线、C曲线、S曲线、涡线等。不同的线姿赋予了线不同的性格，例如垂线有上升、严肃、端正之感觉；水平线有稳定、静止感；斜线有动势、不安定感；折线介入动静之间；粗线有强壮、坚实感；细线有纤弱之感；左上抛物线有流动的速度感；左下的圆周弧线饱满完美；右上双曲线有对称美、流动感；中椭圆曲线有短轴受压、长轴离心之感；右下波线有节奏感；自由曲线彰显奔放个性等。

在园林设计中，线的作用主要表现为联系和连接作用，如道路、长廊和环境中景观廊道等。它是联系或连接两个领域、两个空间或两座建筑物时常用的要素，有明显的导向性；交通线——河流、铁路、公路——也确立了它们自己的格局。有时这些不同的线是和谐的，有时则互相交叉而引起紊乱和冲突。街道是一种典型的线型空间，它是道路功能的拓展。

线在园林设计总体布局方面关系到轴线关系、对称均衡，我们这里还是以植物栽种为出发点阐述。园林植物栽种的线是指植株、铺装或建筑小品等以线的形式排列，例如绿篱、行道树、坐凳的线形排列。根据线形与线构成不同，线的应用方式有：线的等距横向排列；线的等距竖向排列；线的等距斜向排列；线的成组间隔排列；粗细线间隔渐变排列；折线等间隔排列；横竖直线交织，变化横线间距的排列；波线等距交织排列；中心放射排列等。线的流动感，在园林设计中合理利用，可以让人为造景，更加充满生命，靠近自然。

线形在园路设计应用得最多。直线型的园路，如从空间的中部通过时，人们在路上行进的视线对着对景的方向，首先看到对景的全貌，然后再看到对景的主体，最后是对景的细部，即从整体到局部到细部的赏景过程，使人们获得赏景的满足。故此路段的长度与对景画面的宽度及高度，要适合人们行进时赏景的距离和速度，太短则不能满足，太长又觉得不够紧凑。而路两侧的景观常作对称的布置，以衬托出主景，显示主景雄伟庄重的气氛。直线型的园路如从空间一侧通过时，则视线被引向空间开阔的一方，一般常作自然式的景观，呈长卷连续式的构图。为了控制好画面，沿路有时设上一些平淡的树木作框架，以勾勒出美好的对景。一般说来，路，从起点到终点，其赏景的顺序是不能逆转的，后者从空间一侧通过的园路则可逆转，起点和终点可以互换，故前者的主景是明晰、固定的，而后者则是多变化、多趣味的。曲线型的园路，可分为规则式与自然式两种。规则式曲线是由圆弧所组成，它有一个圆心存在，对景就设在圆心上，因此赏景者是等距离地围着对景转，看到不同角度上的对景的画面，比单纯的直线多变化，且多趣味。自然式的曲线多呈S形，实际上是由几个长短不同的直线连续构成的，所以每一段直线的视线终端要有一个对景。在一个空间里的自然曲线，有几个曲折，就有相同数量的对景。这些对景组合成该空间的主体。

图 4-22 曲线型的园路

（引自定鼎园林网）

曲线型的园路，其起点与终点可以逆转互换，故景观更多变化，且更多趣味。彭一刚先生曾说过：“凡路必有通，而通就会使人产生向往和期待情绪，从这个意义上讲，一切路均具有引导作用。园林中的路为求得含蓄、深邃，总是忌直而求曲；忌宽而求窄，这样的路更能引起人们探幽的兴趣”（图 4-22）。

在建筑中，线条的运用也是千变万化、非常丰富的。以哥特式为代表的西方古典建筑中，垂直上升线条的运用，不仅起到了承载上部压力的作用，同时将西方的宗教文化也蕴含于其中，对天际的亲近，对上帝的亲近，建筑的神秘感与威严感油然而生。在中国，由于建筑多以群体出现，作为一个庞大的建筑群，平行线的联系作用必不可少。这种联系不仅关乎于合理的功能布局，也充分地反映了中国人的伦理观。故宫，中国现存最大最完整的古建筑群，以中轴直线为中心，水平线向左右扩张的气势无不使人对皇权诚惶诚恐、三拜九扣。在三维空间中线的特性也进一步地加深，具有线的特征的线性空间同样也具备了线条所有的方向性、流动性和延续性。利用人们的好奇心理以及对新空间的某种期待，在园林景观空间的设计中，大量地采用细长的线性空间，蜿蜒曲折，除了具有强烈的空间导向性，也为这一环境增添了一丝神秘的意境，引人入胜。

三、面

（一）面的概念

线的移动形成面，面是相对较大的形象。面不仅有长度和宽度，还有位置和方向感。

面给人的主要感受是延伸感、力度感。面的其它一些心理感受特征如比例、形状、颜色、图案、质感等一些属性要素是影响面的心理感受的重要因素（面的表面属性影响面的视觉重量感和稳定感）。如不同长宽比例的面会产生不同的方向感；不同的围合度产生封闭或开敞的感觉；同样的形，颜色深的量感较强。面可以是隐喻的，也可以是真实的；可以是实的面，也可以是虚的面；不同位置的面可以形成不同的空间；两条平行线可以在视觉上确定一个面；一系列平行线，通过不断重复就会强化我们对于这些线所确定的平面的感知。

线条离的越近所表现的平面感就越强。在平面构成中，面是具有长度、宽度和形状的实体。它在轮廓线的闭合内，给人以明确、突出的感觉。在空间构成中，面是非常重要的元素。面的围合与穿插能够创造丰富多彩的空间。建筑空间的处理就是对底面、垂直面及顶面的处理，而园林空间则注重地面和垂直界面的处理。

（二）面的种类及特征

在造型中的面总是以形的特征再现，因此，我们总是把一个具体的面称作形。在形的大千世界中，形可分为几何形、偶然形和有机形。

① 几何形式的单元形式有圆形、四边形、三角形等。

a. 圆形。图形有饱满的视觉效果，具有圆弧因素的形，有运动、和谐、柔美的观感。

b. 四边形。四边形有四条边组成，包括正方形、矩形、平行四边形、梯形等。矩形具有单纯而明确的特征，平行四边形有运动趋向，梯形是十分稳定的结构，正方形具有稳定的扩张感。

c. 三角形。三角形以三边和三角为构成特点。三角形具有简洁明确、向空间挑战的个性。正三角形平稳安定；倒三角形极为不安定，呈现动态的扩张和幻想状态。

② 偶然形　由特殊的技法意外偶然得到的形态。

③ 有机形　用自由的曲线构成的自然有机形态。如叶形、水果形等（图 4-23）。

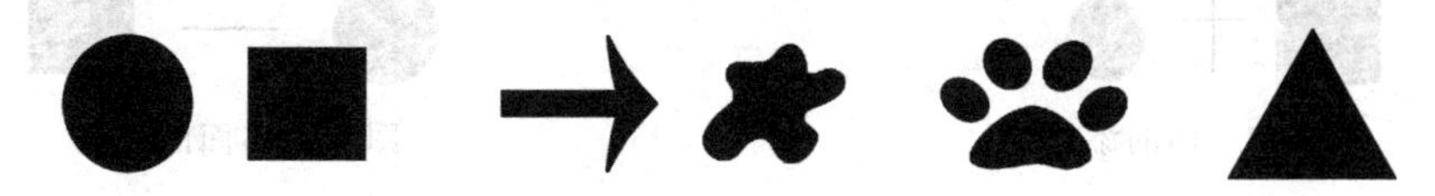

图 4-23　形的组合

面的虚实以及开放性在造型中具有重要意义。

① 积极的面　以封闭的实体为特征的面为积极的面。积极的面既有完整明确的外形轮廓，又有统一充实的内部面形，因而画面明确且富有力度（图 4-24）。

② 消极的面　内部画形不充实，或外轮廓未封闭的面均为消极的面。点和线的平面聚集，组织均可产生消极的面。有趋合倾向而非完全封闭的图形也是消极的面。消极的面有发散和开放的性质。因而在造型上有着转化的更大可能性（图 4-25）。

图 4-24　积极的面

图 4-25　消极的面

（三）面的构成设计

1. 面的构成设计

面是点的面积扩大或线的移动轨迹所形成的。面的形态是无限丰富的，不同形态的面在视觉上有不同的作用特征。几何形的面表现规则、平稳、较为理性的视觉效果。自然形的面，不同外形的物体以面的形式出现后，给人以更为生动、厚实的视觉效果。有机形的面，得出柔和、自然、抽象的面的形态。偶然形的面，自由、活泼而富有哲理性。人造形的面，具有较为理性的人文特点（图 4-26）。

图 4-26 面的构成

在面的设计中，我们可以将面与面叠合的方法构形。将面与面产生复叠，两个面相加构成一系列新的面。这些新的面都包含两个面的要素特点，具有天然的统一性。面叠合的位置、方向以及叠合部位的大小是添加面的变化要素（图 4-27）。

从一个较大的面中切除一个较小的面而减缺，会产生新的面。减缺面也包含两个母形的要素特点，具有天然的统一性。面减缺的位置、方向以及减缺部位的大小均是减缺面的变化要素（图 4-28）。

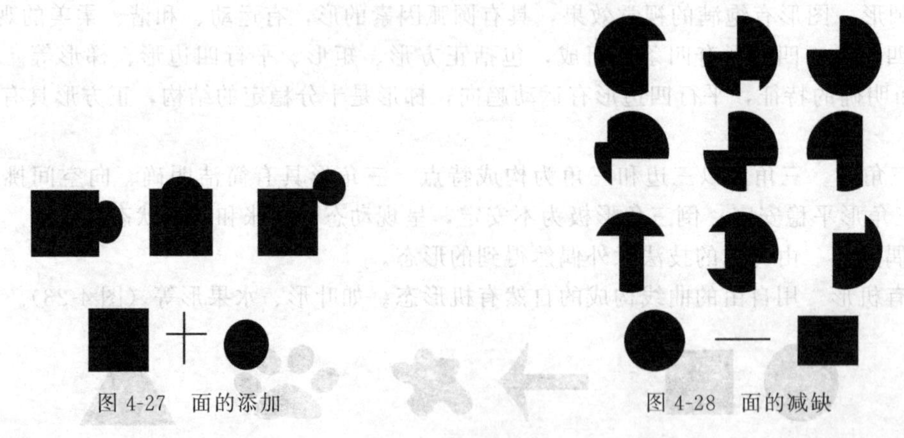
图 4-27 面的添加　　图 4-28 面的减缺

面与面添加、减缺等组合方式，可产生多种图形变化，这种配置是丰富造型表现力的重要手段。

2. 面的立体构成设计

在立体构成中，“线”与“面”对于构成造型有着很重要的作用。随着材料开发的进展，面材已经成为最主要的造型材料。面材的特性赋予了造型以轻快的感觉。

面材的立体化构成是指在平面材料上进行立体化加工，使平面材料在视觉和触觉上有立体感。面的构成在现在非常常见。我们可以通过切割折叠、剪裁折叠、断面形插接。切割反转、直线切割、曲线切割等方法将不同面料（纸张、塑料板、木版、泡沫板、石膏）通过堆积、围合、排列、层叠、穿插等不同的组合方式，得到具有一定体量感、空间感的立体造型。构成一个新的体形。通过运用不同的渐变、重复、发射等形式排列面材，利用面材间距的可变性，按一定的比例有次序地排列面材，可以产生丰富的层排构成形式。

在艺术造型中，用“浮贴”技法，形成浮雕的效果。这种将平面稍稍浮起的做法形成了立体的效果，具有立体化的装饰作用，给人视觉上的美感。

面在空间中分隔出立体的造型来。容器类的材质越透明、越薄，则轻盈明快的感觉越强。

（四）面在园林中的表现

面在园林中的应用是非常广泛的，如园林中的分区布局，广场、水面、绿地、建筑、树木等要素无不是由各种各样的面形构成的。园林空间多样性的实现更多的是依赖于“面”的处理。紧密成行的树可以形成垂直的平面，而一排有间距的树或景观柱可以形成一个虚的面，一排紧密的长绿灌木可以形成相对密实的面；高挑的树枝能形成一个屋顶平面。绿化中的面主要指的是绿地草坪和各种形式的绿墙，它是绿化中最主要的表现手法。面可以组成各种各样的形，例如，任意的、多边的、几何的；把它们或平铺或层叠或相交，其表现力非常丰富。植物根据其色彩偏向不同形成不同的色面。

园林门窗在建筑设计中可以看做是可移动的面。它们除了具有交通及采光通风作用外，在空间处理上，它可以把两个相邻的空间分隔开来，又联系起来。由于造园的需要，根据空间划分的需要，便出现了造型多样的洞门。如苏州拙政园的圆形门洞（图 4-29）、苏州同里退思园的入口处长方形门洞、留园曲溪楼通向明瑟楼的六边形洞门、无锡锡惠公园的八角洞门、沧浪亭某小院的入口处葫芦形洞门、狮子林的九狮峰到假山花园的海棠形洞门。

图 4-29　圆形洞门

在园林造景中为了突出表现某一景物，常把主景适当集中，并在其背后或周围利用建筑墙面、山石、林丛或草地、水面、天空等作为背景，用色彩、体量、质地、虚实等因素衬托主景，突出景观效果。在流动的连续空间中表现不同的主景，配以不同的背景，则可以产生明确的景观转换效果。如白色雕塑易用深绿色林木背景，水面、草地衬景；而古铜色雕塑则采用天空与白色建筑墙面作为背景；一片红叶林用灰色近山和蓝紫色远山作背景，都是利用背景突出表现前景的手法。在这里的景其实就是对于各种面与面之间关系的处理。通过墙面、山石、草地、水面、天空等各种面来建造了开敞的空间，从而更显得主景的重要和空间的多样性。

四、体

（一）体的概念

体为占据三度空间的形态，具有位置、方向、面积、量感形状等性质。体可视为面在空间中旋转移动的轨迹。

体是二维平面在三位方向的延伸。可以是实体，也可以是开敞的，可以是几何形的或者是不规则的。体是相对于平面而言的，例如一张纸平放在桌子上，它只是一个平面体，它只有长度和宽度，如果在这纸上切两刀，做一个裁切、弯曲或拉伸，它就是一个立体的造型。

立体是有结构的，有三度空间特征。例如圆球体、圆锥体、正方体、圆柱体等，将它们进行集合构成，就可以变化为我们生活中的建筑、器皿、模型、器具。

（二）体的特征

体一般指物体的体积（实体）。从理论上来讲，面的轨迹运动（厚度增加）形成体（块）。体的形状种类多样，和组成体的面的形状有关。圆形的面组成圆形的柱体或球体。体在视觉上的感受比面强烈，它占有三个维度的空间。通常体带有一定实质空间（物理空间），有了实质就有了量等具体的表现。"量感"和形体的尺度、体积、重量有一定的关系。但量感与形体构成的内在气质关系更甚，它在塑造表现上比质感更加依赖于人的审美意象感觉。量是通过形体作量的描述类比而产生的，比如，大块石头和小块石头的体量感受。体和量在一定程度上是难以分割的。

体一般给人坚实感、安定感、稳重感，但是随着体的长宽高之比不同而呈现出块材、线材、面材的状态时，其心理感受也分别呈现出点、线、面的特征。同时，体表面的颜色、肌理等不同处理也会使人们的心理感受发生变化。

（三）体的构成设计

立体指三维度的空间实体。构成指组合、拼装、切割、构造等手法。立体构成则是在三度空间中，把具有三维的形态要素，按照形式美的构成原理，进行组合、拼装、构造，从而创造一个符合设计意图的、具有一定美感的、全新的三维形态的过程。立体构成的基本形态要素点、线、面、体通过移动、旋转、扩大、扭曲、切割、展开、折叠、穿透、膨胀、混合等运动形式来组合成丰富的空间构成形态。它让形态在大小、比例、方向和面积上起变化，并按形式美的法则去创造，培养我们创造和发掘形态的思维方法。立体构成在现代工业设计、建筑设计、城市雕塑等设计领域已得到广泛的应用。作为园林设计师，我们主要关注的是形态构成中高度抽象的形和形的构造规律及美的形式在环境设计中的应用。

立体构成由于自身的构成性，因而具有极强的理性特征，一般通过分解与组合的方法予以体现。立体构成的分解就是将一个完整的造型对象分解为若干个基本造型要素，实际上是将形态还原到原始的基本状态；而组合则是直接将最基本的造型要素按照立体造型原理重新合并成新的形态的方式。一条线段沿着一条直线运动可以形成一个面，当线段沿着一个闭合的曲线或折线而运动时，则会形成锥面、圆柱面和棱柱面，同时也形成了锥体、圆柱体和棱柱体。点、线、面、体的关系有时是互为表达的。形式是体具有的、可以识别的特征。

立体构成是从形态要素的立场出发，研究三维形体的创造规律，所以是利用抽象材料和模拟构造，创造纯粹形态的造型活动，强调的是"构想和感觉"。所谓抽象材料，是将材料按照形状划分为块材、线材、面材，以便与点、线、面相对应，同时也便于把握其心理特性；所谓模拟构造，是以直观为主的实验性的结构形式，或者说是强调"力的运动变化的凝固形式"；所谓纯粹形态，是舍弃实用功能只强调视觉特性的美的造型。所有的形体都可以还原成圆球、圆锥和圆柱三种最基本的抽象形，这三个形的平面投影即为圆形、三角形和方形（图 4-30）。设计中应尽可能避免一切具象形和材料所带来的局限和束缚。用最纯粹的几何形态，不考虑其材质，专注于要素（点、线、面、体）的构成关系，完全或几乎不再现具体的对象，追求造型的纯粹化、抽象化、简洁化、空间感、力量感。

块材构成：块的立体构成，无论是实心还是空心，凡是封闭性的体块都具有重量感、稳定感和充实感，其构成方法主要是分割与积聚。

① 块的分割　任何物质都是可以分离的，如果将一个立方体进行等分割，由于等分的方法不同，就可产生不同的形态。被分割形体与整体造型之间的关系主要体现在分割线形和分割的量两方面。

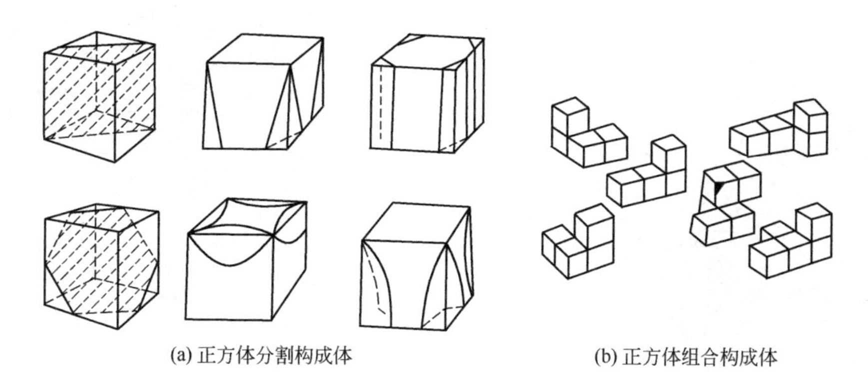

(a) 正方体分割构成体　　(b) 正方体组合构成体

图 4-30　体的构成

a. 等分组块的构成　按照整体和分部之间存在的共同比值，考虑空间分布效果可获得较好的形态。此外还可以制作一些不等分割，如黄金分割、根号比分割、级数比分割等。

b. 按比例分割移位　利用等比关系的形块，可构成各种不同的组合体。由于整体与部分之间具有共同的正负关系，在制作中要注意空间位置的变化平衡，可制作出既具有丰富的变化又协调统一的造型。

c. 规则形的自由截取　在几何学中，规则形状有圆形、正三角形、正方形等形状。用这三个形体通过移动、错位、旋转等方式产生出球体、圆柱、圆锥、立方体的形体。在保持基本形体主要特征不变的情况下，对其用直面、柱面、球面做单纯或复合的截取，并切掉不需要的部分可创造出变化万千的形体。

② 块的积聚　通常分割和积聚是相互联合使用的，积聚以被集结的单位为前提，此外还需要有积聚的场所。

a. 重复形、相似形的积聚　在立体造型中，一种形体重复使用，不仅增强统一的韵律感而且使设计完成后所得的立体形象更具有明显的个性。

b. 对比形的积聚　对比形的积聚与重复形的积聚完全不同，是一种更为自由的形式，培养平衡的视觉感觉。对比的范围很广，如大小、多少、长短、粗细、疏密、轻重、形态等对比。可以按照对称平衡的轴线将对比形积聚成完全整齐的形，创造生动而庄严的感觉。也可以用非对称平衡的形式自由地积聚创造出均衡、明朗、悦目的视觉效果。

c. 块的组合　增殖：又称为“加法”，就是在球体、圆柱、棱锥、立方等基本形体上添加新的形体，即在原形体的某一或某几个部位增加新的形体，从而产生新的形态。运用增殖手法时必须注意手法的主次关系，添加体不应该改变或干扰原型的基本造型特征，同时要注意添加体与母体之间在比例、质感、色彩方面的有机联系，即增加的新形必须为次要形体并保持原形的整体性。增殖手法根据增殖的部位不同可分为：表面增殖、边线增殖、棱角增殖。

在实际形体设计中，为了得到一个好的设计，手法的运用往往是综合的。另外，无论我们在运用哪一种手法，都要始终注意形式美的基本法则的运用。

③ 组合体构成设计　形体的组合就是把多个单体组合成一个新的形体，这个形体就是组合体。组合体的单位可以是相同的，也可以是不同的。组合时要注意形体的统一，忌过多形态的单体组合，以免造成杂乱之感。

形体在进行组合时，要注意形体位置的变化、形体数量的变化、形体方向的变化。注意联系的度：主次、部位、角度、方向等，注意交错部位的颜色、肌理、结构等。同时要遵循形式美的基本规律，注意协调统一（图 4-31、图 4-32）。

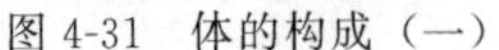

图 4-31 体的构成（一）

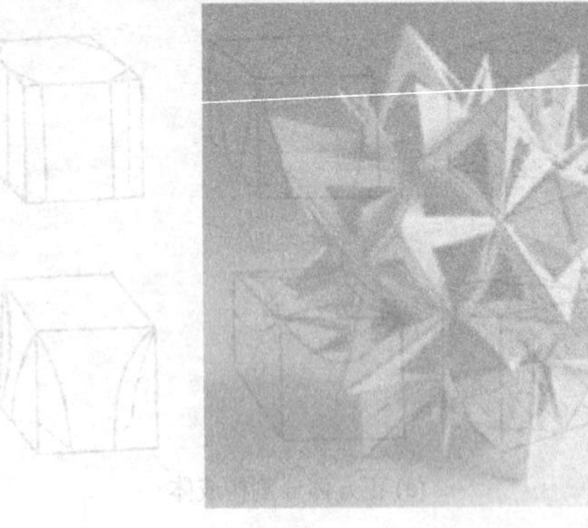

图 4-32 体的构成（二）

(四) 体在园林中的表现

体的构成在景观设计中的运用不断发展，立体主义的一些形式语言被运用到景观设计的表达中。如立体花坛（Mosaiculture），英语直译为“马赛克文化”。立体花坛是运用一年生或多年生的小灌木或草本植物，结合园林色彩美学及装饰绿化原则，经过合理的植物配置，将植物种植在二维或三维的立体构架上而形成的具有立体观赏效果的植物艺术造型，代表一种形象、物体或传达信息。立体花坛将花坛拓展到三维空间，为这一古老的花坛艺术带来了新的生机。它将植物的装饰功能从平面延伸到空间，不同于直接用木本植物绑扎造型或在植物生长到一定年份时修剪出形状的植物造型。立体花坛通过各种不尽相同的植物特性，以其独有的空间语言、材料和造型结构，神奇地表现出各种形象，向人们传达各种信息，让人们能感受到它的形式美感和审美内涵，是集园艺、园林、工程、环境艺术等学科于一体的绿化装饰手法。立体花坛现已成为构成整体园林绿化景观的有机部分，能使观赏者真正融入到一种令人愉悦的环境中（图 4-33）。

图 4-33 动物造型的立体花坛

雕塑是构成景观中的重要元素之一，立体构成与雕塑同出一门，如果将现代雕塑缩小，且不论材质，那么它们之间的“相貌特征”就会非常相似。雕塑多是对环境的填空和补充，而现代，雕塑则应充分发挥它的作为景观、美化环境的作用。作为雕塑，必须走到特定的环境中去体会，从而获得一种雕塑意念，即去组织空间、组织大自然，强化自己的存在意识。而且，雕塑艺术是人的艺术，是创造人与环境、人与自然、人与社会心理联系的艺术，也是创造者和欣赏者心理联系的艺术。雕塑的创造是为了人，它不是概念的抽象的人而是具体的人，是人的感受。雕塑参与了对人生活空间的影响，它不只是一种设施，也是一种意识形态，一种文化的标志，雕塑的题材不拘一格。雕塑的形体可大可小，常见的雕塑有人物体雕塑和动物体雕塑（图 4-34、图 4-35）。如南京莫愁湖公园中的莫愁女雕塑，使人感受到她的勤劳和善良的道德情操。几何体形象的雕塑在现代园林中应用越来越广泛，特别是在一些城市的广场及公园中屡见不鲜。这类雕塑往往以其独特的造型、抽象的形体来表达一定的象征意义。它主要通过两种手法来表达其象征意义，一是对客观形体加以简化、概括或强化；二就是几何形的抽象，运用点、线、面、块等抽象符号加以组合。

图 4-34　动物体雕塑
（引自图片天堂网）

图 4-35　亨利·摩尔青铜雕塑《侧卧像》
（引自中国书画网）

几何雕塑以简洁抽象的形体激发游人对美的无限想象。几何雕塑往往比较含蓄、概括，具有强烈的视觉冲击力和现代意味。

由于园林建筑的特殊性，决定了园林建筑不同于其它建筑的功能要求。为了满足人们休憩和文化娱乐的性质，要求园林建筑要有较高的艺术性。因此在园林建筑中，建筑的“形”是很重要的。因而在现代园林中，建筑的外形，以圆滑柔和的曲线，代替僵硬呆板的直线，显示出形体的丰富多样，表现了园林建筑的曲折生动，富有节奏感。在各种搭配得当的植物群体中像一首优美的乐诗，表现着自己的风格。圆体、方体、长条体、多角体、球体多姿多态，表现了亭、廊、楼、阁、榭、枋等各种园林建筑的不同种类和特征。而每类又是千姿百态、景象万千。如亭有圆亭、方亭、三角亭、八角亭、燕尾亭、蘑菇亭等，形象各异而且创造的景观也各不相同。圆亭，古典式的圆亭多具有斗拱、挂落、雀替等装饰。圆亭的造型美，全在于体型轮廓美，有单个或组合型，如北京天坛公园中的两个套连在一起的双环亭，是重檐式，它与低矮的长廊组成一个整体，显得圆浑雄健。这种亭现在在新建园林建筑中也逐步采用伞亭、蘑菇亭，这种亭在新建的公园游览区比较流行，因为它有一种强烈的时代感。伞亭一般为钢筋混凝土结构，只有中心一根支柱，屋顶为一层薄板，因而最为轻巧。伞亭拼合一起还可以组合任意灵活的平面。如桂林杉湖岛上的蘑菇亭，由一组圆形的水榭与三个独立单柱圆形亭子组成，若从高空俯视，湖心岛的平面呈美丽的梅花园案。

五、点、线、面和体的关系

点、线、面、体作为视觉的基本元素有着密不可分的相互关系。没有绝对的点、线、面、体，只有根据环境确定的相对关系；并且，在一定条件下可以相互转化，这种相互之间的转化造就了丰富的形态关系，点按照一定的轨道排列形成线，线与线相交得到面，面与面结合组成体。在现实环境中，一个基本要素孤立存在的情况是很少见的，通常它们都组合在一起，而且它们之间的差异可能是非常模糊不清的。许多点可以表现为一条线或一个面，而从不同的距离看，平面可以像点、线（边缘）和实体或开敞体的面。当我们看景色或其设计时，这种可变性会使我们兴奋。这种可变性正是设计师需要研究而加以应用的。在平面设计中，点、线、面可采用分离、接触、联合、透叠、覆盖、减缺、套叠、差叠等形式表现出来。在基本形不变的前提下，复形的变化多种多样。画面的构成可运用重复、近似、渐变、突变、密集、对比等手法进行组织，并在构成中互相转化，面可变为线，也可化为点。

体的形态对应于二维的点、线、面，可分为块体、线体、面体，这是由于体的长、宽、高的比例不同带来的不同感受。同样，三维的点、线、面之间的关系也是可以相互转化的，并借此产生丰富的表达语言。由于体最终要通过具体物质形态来表达，从而表现有一定的材料特性，因此我们又将块体、线体、面体分别称为块材、线材、面材。对应的可将立体构成分为块材构成、线材构成、面材构成。对于纯粹的立体构成训练，应尽可能地忽略材料的特性对视觉造成的干扰，注重构成形态本身。由于没有绝对的点、线、面、体，它们相互之间的转化造就了丰富的形态关系——实体和虚体、点化的体、线化的体、面化的体等。正确理解、把握和运用这种转换关系是创造好的构成的开始，也是创造好的景观设计的开始。另一方面，一个好的构成或景观往往也是综合运用点、线、面和体达到的理想的设计效果。

六、实例分析

拉·维莱特公园（ParCdelaVillette）——解构主义的代表作品拉·维莱特公园位于巴黎市东北角，那里曾是巴黎的中央菜场、屠宰场、家畜及杂货市场。拉·维莱特公园本身面积$33hm^2$，是巴黎市区内最大的公园之一。包括公园北面的国家科学、技术和工业展览馆以及南面的钢架玻璃大厅和音乐城，总占地面积达到$55hm^2$。在交通上以环城公路和两条地铁线与巴黎相联系。屈米的设计构图并没有过多地考虑园址的现状，也不是寻求以公园来协调环境的周边关系，而是考虑到许多不确定因素的影响，采用了一个独立性很强的、非常结构化的布局方式，以点、线、面三个分离的体系重叠在整个园址上，并延伸到园外的城市中，使设计方案具有很强的伸缩性和可塑性，从而也使得公园能够随着城市的发展而发展（图4-36）。屈米将设计重点放在点、线、面三个体系之间相互关系的处理上，使它们彼此之间或覆盖、或延续、或断开，具有很强的适应性。

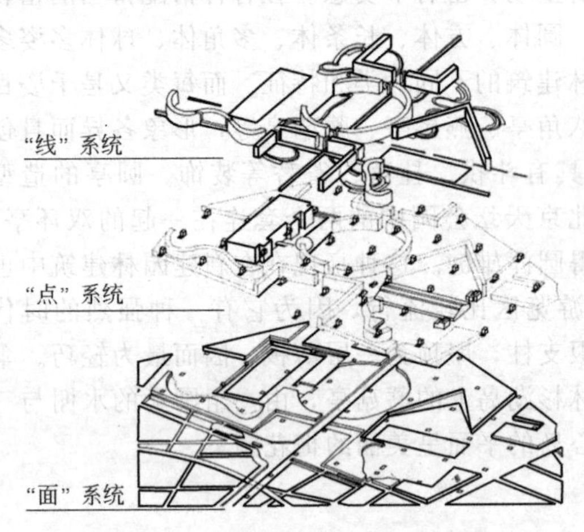

图 4-36 拉·维莱特公园的点线面

三个体系中的线性体系构成了全园的交通骨架，它由两条长廊、几条笔直的种有悬铃木的林荫道、中央跨越乌尔克运河的环形园路和一条称为"电影式散步道"的流线型园路组成（图 4-37）。

以东西向及南北向的两条长廊将公园的主入口和园内的大型建筑物联系起来，同时强调了运河景观，长廊波浪型的顶篷使空间富有动感。为了打破轴线的僵硬感，长达2km的流线型园路蜿蜒于园中，并将10个象征电影片段的主题花园联系起来。园路的边缘还设有坐凳、照明等小品，两侧伴有10～30m宽度不等的种植带，以规整式的乔木、灌木种植起到联系并统一全园的作用。在线性体系之上重叠着"面"和"点"的体系。面的体系由上述10个主题花园和几块形状不规则的、耐践踏的草坪组成，以满足游人自由活动的需要。

点的体系由呈方格网布置的、间距为120m的一组"游乐亭"（Folie）构成。这些采用钢结构的红色小建筑给全园带来明确的节奏感和韵律感，并与草地及周围的建筑物形成鲜明的对比（图 4-38）。在法国古典主义园林中，是由雕塑或瓶饰来确定园林的节奏和韵律感的，屈米延用了这一传统手法并将之加以变化，作为空间构成的主体。这些造型各异的红色"游乐亭"以$10m^2$的空间体积为基础进行变异，从而达到既变化又统一的效果。有些"游乐亭"与公园的服务设施相结合从而具有了实用的功能；有的处理成供游人登高望远的观景台；那些与其它建筑物恰好落在一起的"游乐亭"起着强调了其立面或入口的作用；其它的

图 4-37　拉·维莱特公园的线性体系构成

图 4-38　拉·维莱特公园点的体系构成

是并无实用功能的雕塑般的添景物。从现代建筑的发展史体现在一系列的小型建筑作品之上的观点出发，屈米是以这些尺度更小的红色建筑物来书写 20 世纪的建筑发展史。

在拉·维莱特公园设计中，屈米通过“点”、“线”、“面”三个要素来分解，然后又以新的方式重新组合起来，形成一个统一的整体。他的“点”、“线”、“面”三层体系各自都以不同的几何秩序来布局，相互之间没有明显的关系，这样三者之间便形成了强烈的交差与冲突，构成了对比与矛盾，使得整个公园既有秩序又有变化，达到了高度的和谐与统一。

本章小结

以视觉的基本构成三元素为行文指导，重点分析和研究了点、线、面和体，并结合园林要素与园林设计进行分析与研究。指出任何园林要素都可以抽象为点、线、面或体，加以研究与设计处理，同时点、线、面或体之间可以相互转化，为创造丰富多彩的园林景观提供了可能性。

复习思考题

1. 园林的形态要素有哪些？
2. 园林的造型要素有哪些？
3. 简述点的构成要素。
4. 简述线的种类及特征。
5. 简述体在园林中的表现。

第五章　园林构图设计

园林构图设计，是指在一定的空间内，结合各种功能的要求对各种构景要素的取舍、剪裁、配布以及组合的设计方式。如何把山、水、植物及建筑这些造园素材的组合关系处理恰当，使之在长期内呈现完美与和谐，主次分明，从而有利于充分发挥园林的最大综合效益，是园林构图设计所要解决的问题。

纵观古今中外的园林，从意大利层层叠叠的台地园到法国气势磅礴的宫廷园，从英国崇尚自然景观的风致园到中国模拟自然的山水园，尽管形式多样，风格各异，但就其园林布局构图形式而言，不外两种类型：即几何形式与自然形式。

第一节　几何形式

几何形式的园林构图，也称规则式园林构图，通常以建筑为主体，有明显的对称关系，能划分出两侧对称的布局。各个空间的营造都不能脱离中轴对称的格局。景物景点的边缘和平面形状均为几何形状。这种充满秩序感的构图形式给人以整洁明朗和富丽堂皇的感觉。几何形式构图的园林，以意大利台地园和法国宫廷园为代表。

一、几何式园林的构图特征

(一) 中轴线

园林的平面构图上有比较明显的轴线，景物景点多数依轴线的前后左右对称布置，或拟对称布置，保证轴线两侧景物景点的均衡性，园林空间大多划分为规则的几何形状。

(二) 地形

一般要求地形平坦，有较为宽广的空间在开阔平坦地段，由不同高程的水平面及缓和倾斜的平面组成；若是坡地，需要修筑成有规律的阶梯状台地。在山地及丘陵地段，由阶梯式的大小不同的水平台地倾斜平面及石级组成，其剖面均为直线所组成。

(三) 水体

多数水体的外形轮廓均为几何形状，以圆形和长方形居多。水体的驳岸形式多为垂直于池底的规整形。水体中多有雕塑。喷泉等水景居于水体中心或呈对称式布置。水景的类型有整形水池、整形瀑布、喷泉、壁泉及水渠运河等，古代神话雕塑与喷泉往往是构成水景的主要内容。

(四) 广场与道路

广场多呈规则对称的几何形式，主轴和副轴线上的广场形成主次分明的系统；道路为直线形、折线形或几何曲线形，强调线条的轨迹和依据。广场与道路构成方格形式、环形放射形、中轴对称或不对称的几何布局。

(五) 园林建筑

主体建筑往往布置在园林轴线的尽端，其它建筑多在轴线两侧呈对称均衡设计。建筑与广场、道路相组合形成轴线系统，控制全园格局。

（六）植物

为配合园林中轴对称的总格局，植物配置强调成行等距离排列或作有规律地简单重复。树木修剪整形多模拟建筑形体、动物造型，绿篱、绿墙、绿门、绿柱为几何式园林较为突出的特点。园林中常运用大量的绿篱、绿墙和丛林划分和组织空间。规则式的植物配置形式强调整齐、对称及一定的株行距，形成雄伟、庄严、整齐划一的园林感受。其配置方式主要如下。

① 对称配置　在轴线两侧的植物作对称栽植。在构图上用来强调主题，做主题的陪衬。

② 列植　将同种同龄的植物按照一定的株距进行行植或带植，可形成对空间的分割和组织，起到屏障的作用。

③ 造林　在较大面积中大量配置乔木，采用等株行距的方法，可形成大片整齐划一的植物景观。

规则构图的园林中，花卉布置常为以图案为主要内容的花坛和花带，或布置成大规模的花坛群体。其主要配置方式如下。

① 模纹花坛　利用不同色彩的观叶植物构成精美图案、纹样或文字等。

② 花带　外形狭长，长度比宽度大三倍以上，通常布置在道路两侧、广场周围或大草坪边缘。可以把花带分成若干段落，作简单重复，形成一定的节奏和韵律。

③ 花坛群　由许多花坛组成的具有主题，并不可分割的整体。组成花坛群的各花坛之间用小路或草坪相互联系。

（七）园林小品

在规划式构图的园林中，园林雕塑主要以人物雕像为主，且多为西方经典中的神仙造型，往往布置于室外，配置于园林主轴线的两侧，或与喷泉、水池构成水体的主景，布置在轴线的交汇处。瓶饰、园灯、栏杆等往往也呈对称式布置与轴线两侧，起装饰、点缀园景的作用，并强调园林轴线。

二、几何式园林总平面施工放线

规则式园林的定点和放线比较简单，一般可按下列步骤和方法进行。

（一）定点

按照设计图标明的尺寸，以基准点和基准线为起点，用卷尺作直线丈量，用经纬仪作角度测量，采用直角坐标法和角度交会法，首先将园林中轴线上各处的中心点和轴心点测设到地面相应的点位上，再将主要园林设施的中心点、轴线交叉点或平面位置控制点测设到地面上，然后在这些点位上都钉上小木桩，并写明桩号。以同样的方法，确定园林边界线上所有转折点在地面上的位置，并一一钉上小木桩。

（二）定线

1. 定中心线和轴线

依据一定的中心桩和轴心桩，将设计图上的道路、广场、水池、建筑等的中心线或纵、横轴线在地面上确定下来。定线的方法是在中心线、轴线的延长端加设木桩作端点控制桩，控制桩与中心桩、轴心桩之间的连线就是地面上的中心线或轴线。轴线控制桩可采用龙门桩。

2. 定边界线

用绳子将园林边界转折点的控制桩串联起来，再用白灰沿着绳子画线，即可放出园林的边界线，定下修建围墙的位置。

3. 平面放线

根据中心点、中心线和各处中心桩、控制桩，采用简单的直线丈量方法，放出主要设施的边线或建筑物外墙的轴线，则完成这些设施的平面形状放线。一些设施，如水池、广场、园路等施工中的挖填方范围也就确定下来，可以接着进行土方工程的施工。

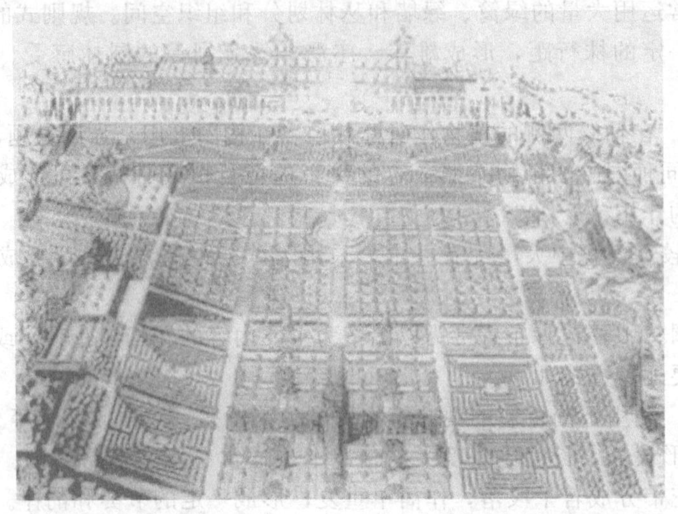

图 5-1　杜贝拉克的版画：16 世纪意大利埃斯特庄园鸟瞰
（引自朱建宁．户外的厅堂．1999 年）

4. 附属设施放线

主要设施的中心线、轴线和中心点，还可以作为其它一些小型设施或附属设施定点放线的基准。根据这些已有的中心线和中心点，可进一步完成所有设施项目的放线工作。

图 5-2　意大利埃斯特庄园底层花园中的鱼池，构成花园的一条轴线
（引自朱建宁．户外的厅堂．1999 年）

由于规则式布局的园林绿地对称性强，道路、场地、水池、建筑、林地、草坪等的平面形状都是直线形或规则几何形的，而且又有园林中轴线可以作放线基准，因此其施工放线很是方便。只要对中心桩、控制桩定位精确，放线质量就容易达到园林规划设计的要求。

三、案例品评

1. 意大利台地园

巴洛克式花园是意大利文艺复兴园林中的最具代表性的一种类型。台地园的平面布局一般都是严整对称的，往往以建筑为中心，以轴线为园林的主轴，以山体为依托，府邸设在庄园的最高处，作为控制全园的主体，显得十分雄伟壮观，给人以崇高敬畏之感。水体通常贯穿数个台面，经历几个高差而形成跌水。植物则是表现这种过度的主要材料，另外水体也是这样由规整的雕塑喷泉逐渐向山林间的溪水或峭壁上的瀑布的过渡（图 5-1）。

台地园林多半建立在山坡地段上，通常布局为主要建筑物常位于山坡地段的最高处，在它的前面沿山坡而引出的一条中轴线上开辟一层层的台地，分别配置保坎、平台、花坛、水池、喷泉、雕像。各层台地之间以蹬道相联系。中轴线两旁栽植高耸的丝杉、黄杨、石松等树丛作为本生与周围自然环境的过渡。如图5-2，条形排列的方形水池构成花园的轴线，水池两侧成行种植的植物，和水池边缘修剪整齐的低矮绿篱更强调了轴线的存在。

在台地园中，植物被修剪成高矮不同、形状各异的绿篱，在坡地或平地上呈现出充满秩序感和震撼力的植物景观。如法国维兰德里庄园的“爱情花坛”，采用几何图案构图，运用整形修剪的绿篱形成图案轮廓，点缀花卉来丰富景观（图5-3、图5-4）。

图5-3　法国维兰德里庄园爱情花坛1——“温柔的爱”与“悲惨的爱”
（引自朱建宁．永远的荣光．2001年）

图5-4　法国维兰德里庄园爱情花坛2——“热烈的爱”与“不忠的爱”
（引自朱建宁．永远的荣光．2001年）

2．法国凡尔赛宫

凡尔赛宫位于城市与宫苑之间的高地上，宫殿的主轴线，一端伸进巴黎城区，一端伸进宫苑，不论从城区方向还是宫苑方向，凡尔赛宫苑的构图都是标准的几何形式。宫苑内部，主轴线成为园林构图的中心，有副轴线和其它次要的轴线辅助它对园林空间进行分割。整个园林的布局就是一个秩序严整、脉络分明、主次有序的网格。宫殿及其它园林建筑、轴线及轴线交叉处的水渠、水池、绿篱、绿墙、绿门等一律都是规整的几何形状（图5-6）。

如图5-5，中轴线两侧有茂密的林园，高大的树木修剪齐整，增强了中轴的立体感和空间变化。

图5-5　凡尔赛宫苑拉通娜泉池及壮观的中轴

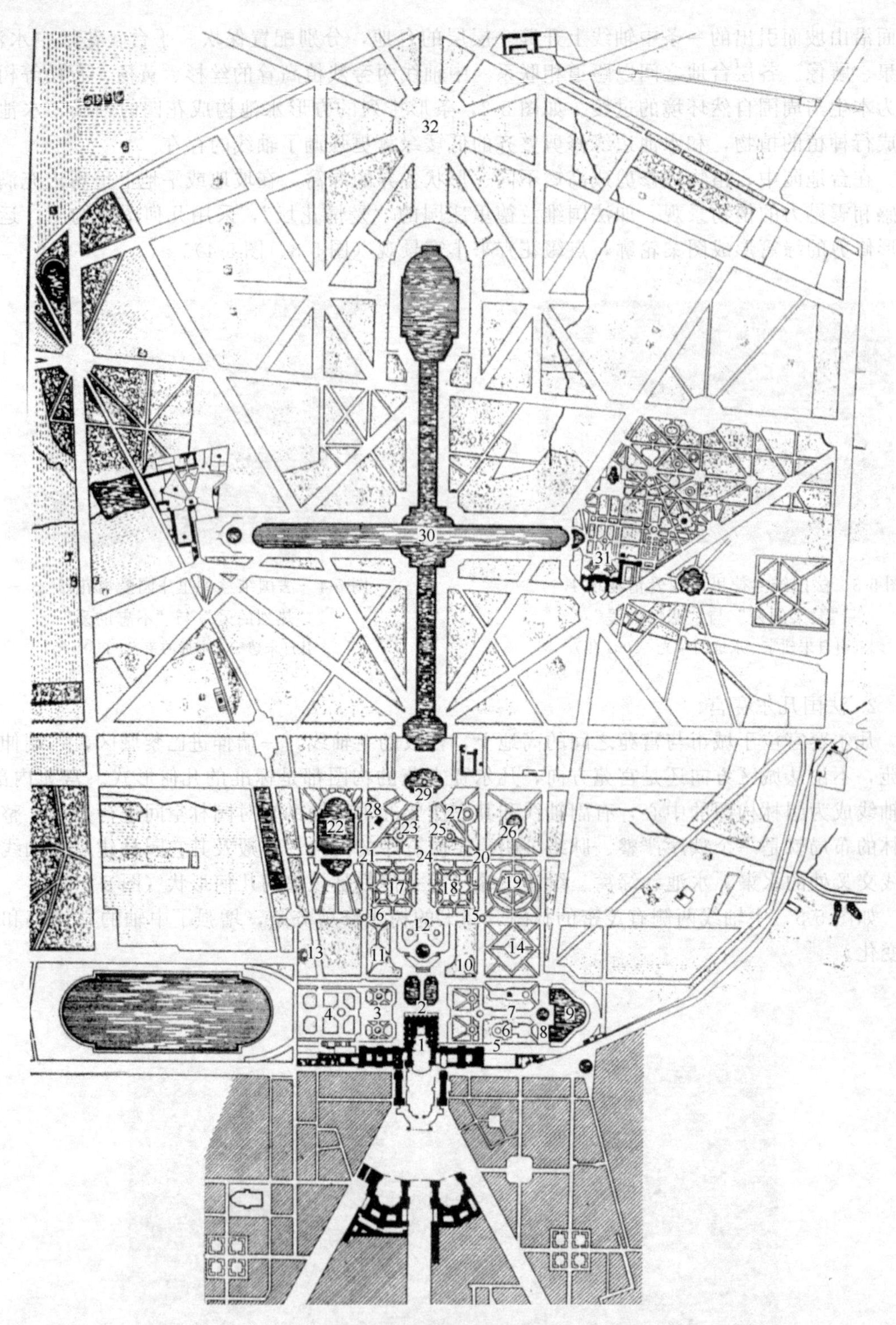

图 5-6 凡尔赛宫苑平面图

(引自刘少宗. 园林设计. 2008 年)

1—宫殿建筑；2—水池台地；3—花坛群台地；4—温室；5—蓄水池；6—凯旋门；7—水光林荫道；8—喷泉（海神）；9—蓄水池（海神）；10—阿波罗沐浴池；11—舞厅；12—拉通娜水池和花坛群；13—迷宫；14—水怪剧场；15—色列斯（谷神）；16—农神喷泉；17—大喷水池；18—太子树丛；19—幸运树丛；20—百花女神喷泉；21—巴克科斯（酒神）喷泉；22—国王湖；23—柱廊；24—绿茵花坛林阴道；25—园丘丛林；26—方尖碑形树丛；27—绿廊树丛；28—栗树厅；29—阿波罗水池；30—运河；31—特里亚农宫；32—皇家广场

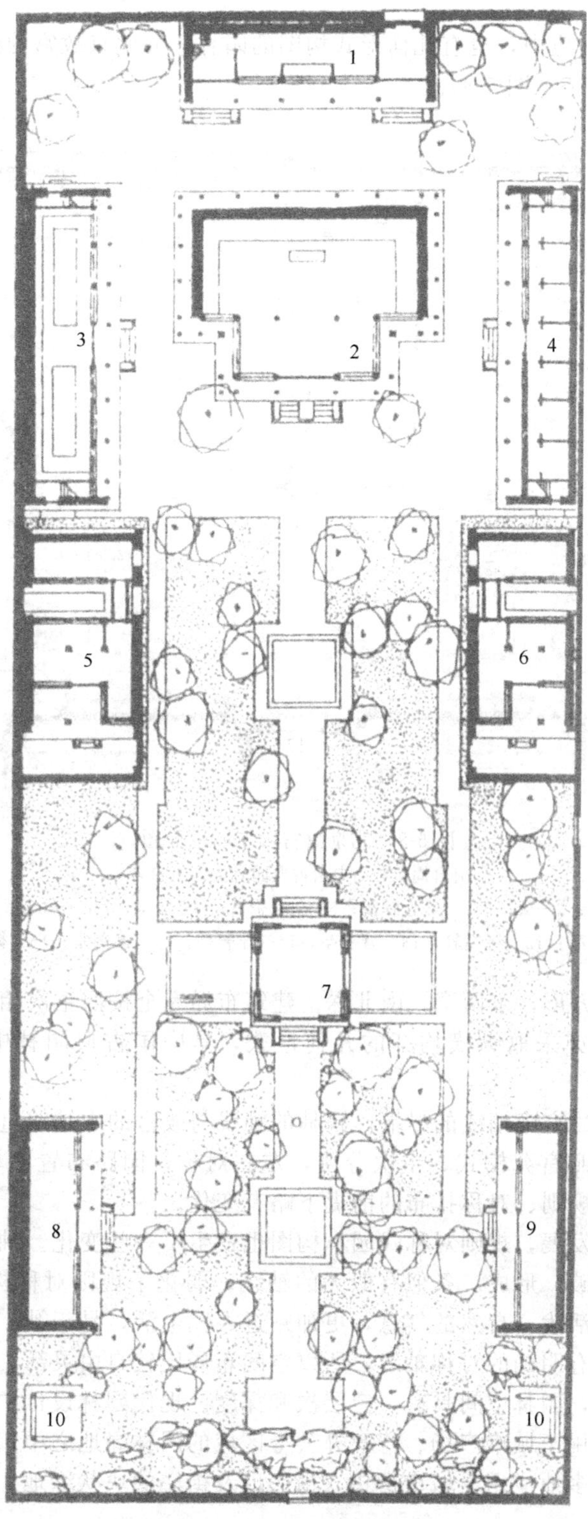

图 5-7 北京故宫慈宁宫花园平面图

（引自周维权. 中国古典园林史. 1999 年）

1—慈荫楼；2—咸若馆；3—吉云楼；4—宝相楼；5—延寿堂；6—含清斋；7—临溪亭；8—西配房；9—东配房；10—井亭

3. 中国古代宫苑

我国古代的皇家宫苑中，也有几何形式构图的园林，如北京故宫的慈宁宫花园和御花园都是很好的实例（图 5-7、图 5-8）。

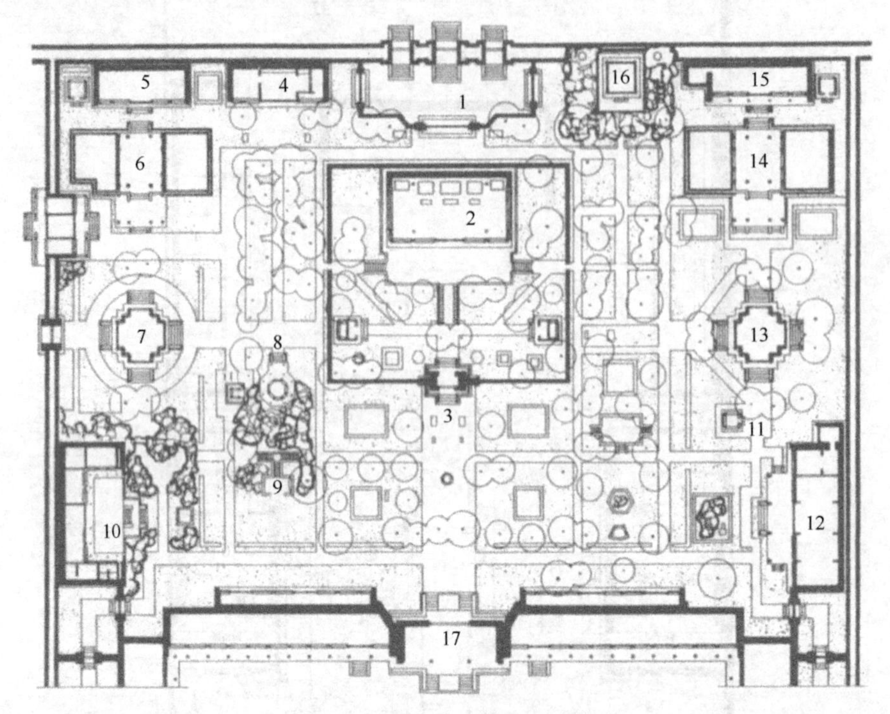

图 5-8　北京故宫御花园平面图

（引自周维权. 中国古典园林史. 1999 年）

1—承光门；2—钦安殿；3—天一门；4—延晖阁；5—位育斋；6—澄瑞亭；7—千秋亭；8—四神祠；9—鹿囿；10—养性斋；11—井亭；12—绛雪轩；13—万春亭；14—浮碧亭；15—摛藻堂；16—御景亭；17—坤宁门

花园的平面为长方形，东西窄，南北深。建筑布局完全按照主次相辅、左右对称的格局来安排，园路的布设亦采取纵横均齐的几何形式，是中国古典园林中极为少见的规整式庭园。

御花园位于北京故宫中轴线的尽端，园林的轴线与故宫的中轴线重合。总体构图属于几何形式。建筑布局按照宫苑模式，主次分明，左右对称，园路布置亦呈纵横规整的几何形式，山、水、植物在规则、对称排布的前提下略有变化。

随着现代园林的发展，规则对称式园林构图也发生了一些变化。轴线依然存在，但往往被其它造园要素所打破，形成一条似有似无的轴线，弱化了规则对称构图形式呆板、僵硬、肃穆的氛围，增添了活泼、自然的气息，更加贴近人民生活，易于被广大群众接受。有的园林绿地的构图甚至没有明确的对称轴线，所以空间布局比较自由灵活。植物的配置更加丰富多变化，不强调造型，园林空间具有一定层次和深度。现代园林设计中，往往将具有明确轴线的几何构图形式应用于城市广场、行政办公等区域的园林绿地之中，将不具备明确对称轴线的几何构图形式更多地应用于城市街头、街旁以及街心的块状绿地。

第二节　自然形式

自然形式的园林构图，又称为风景式、不规则式。一般没有明显的主轴线，其曲线无轨迹可循；园林的主体不一定是建筑，对建筑物和建筑布局不强调对称。景物、景点布局善于与地形结合，顺其自然，不要求整齐一致。中国古典园林多为自然形式构图，曲径通幽，意境十足。

一、自然式园林构图特征

（一）地形

自然式园林地形起伏变化，构图设计讲究“相地合宜，构园得体”。主要处理地形的方法是“高方欲就亭台，低凹可开池沼”的“得景随形”。自然形式园林中地形处理的最主要特征是“自成天然之趣”。

（二）水体

自然形式园林中的水体设计讲究“疏源之去由，察水之来历”。水体要再现自然界中水的各种形态，或为池、潭、渊、涧，或为溪、河、湖、瀑。水体的外缘轮廓线为自然曲折样式，线形自由灵活，不做整齐划一的驳岸处理，驳岸主要采用山石驳岸、石矶等形式。

（三）种植

在充分掌握植物的生物学特性的基础上，不同品种的植物可以配置在一起，以自然生态群落为蓝本，构成生动活泼的自然景观。自然式构图的园林中，植物配置没有固定的株行距，一般不进行行列式种植，以求充分发挥树木自由生长的姿态，植物种植力求反映植物个体的自然之美和植物群的群体之美，不强求造型，不作人工整形修剪，极少出现模纹图案，极少出现绿墙、绿门等植物造型。植物配置以孤植、丛植、群植、密植为主，极少进行整形修剪。其主要配置方式如下。

1. 孤植

在一个开旷的空间，如一片草地，一个水面附近，远离其它景物，种植一株姿态优美的乔木或灌木，称为孤植。孤植树，是具有一定姿态的树形，或挺拔雄伟、端庄优雅、线条宜人等；或开花繁茂、色泽鲜艳、果实优美。

适合作孤植的树木如雪松、华山松、白皮松、金钱松、日本金松、油松、云杉、南洋杉、美国红杉、广玉兰、白玉兰、樟树、七叶树、垂枝樱花、椿树等。成丛的花灌木也有孤植树的效果，如3～5株种植在一起，枝叶繁密，花朵丰茂，远望如同一座花山，亦可称之为孤植树。

2. 对置

是不对称的栽植方式，即在轴线两侧栽植的植物，其树种、体型、大小完全不一样，配置时，或一仰一俯，或一斜一直，一高一低，以显得生动自然，但在重量感上要保持均衡的状态。通常可布置在园林建筑入口两旁、桥头、登道石阶两旁作为配景出现。

3. 丛植

用同种或不同种的植物组合在一起的种植方法。多布置在庭园绿地中的路边、草坪上，或建筑物前庭某个中心。有许多种搭配，如常绿树与落叶树，观花树与观叶树，乔木与灌木，喜荫树与喜阳树，针叶树与阔叶树等，有十分宽广的选择范围和灵活多样的艺术效果。丛植采用的树木，不像孤植树要求的那样出众，但是互相搭配起来比孤植更有吸引力。

4. 群植（树群）

以一两种乔木为主体，与数种乔木和灌木搭配，组成较大面积的树木群体，称为群植或树群。树种的选择和株行距可不拘格局，但立面的色调、层次要求丰富多彩，树冠线要求清晰而富于变化。群植在功能上，能起到分隔空间，增加景观层次，达到防护和隔离的作用，并具有一定的风景效果。树群常用作树丛的衬景，或在草坪和整个绿地的边缘呈自由式种植。

5. 片植（纯林或混交林）

单一树种或两个以上树种大量成片种植，前者为纯林，后者为混交林。片植，是孤植、丛植、群植及大面积不等株行距种植的综合体，在园林绿地中占地面积最大，可以单独布置在游览路线的沿途或附近的山坡上。

花卉布置以花丛、花群、自然式花镜为主。庭园中应用的花台，造型一般也为自然式。

（四）园林建筑

虽在全园不以轴线控制，但局部仍有轴线处理。园林建筑按照景点的需要安排布置，结合地形，错落有致。建筑以单体建筑为多，呈不对称的均衡布局；建筑群或大规模建筑组群，通常具有轴线，多采用不对称均衡的布局。

（五）广场与道路

主体建筑或建筑群前广场通常为规则式，园林中的空旷地和其它广场的外形轮廓多为自由形式。道路的走向、布置往往依地形，随形就势，高低起伏。

（六）园林小品

多用假山、石品、盆景、石刻、砖雕、石雕、木刻等，常与植物相配合布置。

中国的古典园林是自然形式构图的典型代表。不论皇家宫苑还是私家宅园，都以自然式构图为特征。其中具有代表性的有北京颐和园、承德避暑山庄、北京圆明园、苏州拙政园、网师园等。

二、自然式园林总平面施工放线

自然式定点放线大多采用坐标方格网法，只在局部小区域中可采用角度交会法进行定点操作。具体的定点放线方法如下。

（一）建立坐标方格网

有的园林工程在规划图或竖向设计图中绘有施工坐标方格网，可以直接利用其进行总平面的定点和放线。如果在规划设计图中没有方格网，也可以采用与图纸相同的比例，在图上补给坐标方格网。方格的尺寸视图面大小一般可采用 20m×20m、25m×25m 或 50m×50m。施工方格网的坐标轴规定是：纵轴为 A 轴，A 值的增量在 A 轴上；横轴为 B 轴，B 值的增量在 B 轴上。A 轴相当于测量坐标网的 X 轴，B 轴相当于测量坐标网的 Y 轴。

（二）测设坐标网

按照绘有坐标方格网的规划设计图，用测量仪器把方格网的所有坐标点测设到地面上，构成地面上的施工坐标网系统。每个坐标点钉一个小木桩，桩上写明桩号和该点在 A、B 两轴上的坐标值。分布在园林边界沿线附近的坐标点，最好用混凝土桩做成永久性的坐标桩。

（三）用坐标网定点

地面的坐标网系统建立以后，可以随时利用其所有设施定点。当需要为某一设施确定中心点或角点位置时，可对照图纸上的设计，在地面上找到相应的方格和其周围的坐标桩；再用绳子在坐标桩之间连线，成为坐标线。以坐标桩和坐标线为丈量的基准点和基准线，就能够确定方格内外任何地方的中心点、轴心点、端点、交点和角点。

（四）用角度交会法定点

要为设计图纸上某一设施的中心点定位，还可以利用其附近任意两个已有的固定点。在图上用比例尺分别量出两个固定点至中心点的距离。再从这两点引出两条拉成直线的绳子，以量出的距离作为绳子的长度，两条绳子在各自长度之处相交，其交点即为该设施在地面上的中心点位置。两个已知的固定点，还可以是方格坐标网系统中的两个相邻坐标桩。

（五）用坐标网放线

在规划设计图上找出图形线与方格网线的一系列交点，并把这些交点测设到地面坐标网线的相应位置，然后再把这些交点用线连起来，其所连之线就是需要在地面放出的该图形线，应用方格坐标网方法能够很方便地进行自然式园路曲线、水体岸线和草坪边线等的放线，因此，一般采用自然式布局的园林，都用这种方法进行放线。

园林总平面的定点放线一般不是一次就做完的。初次放线主要是解决挖湖堆山、地面平整、划定园林中轴线、以路线划分地块和近期施工建筑的定位等带有全局性的施工问题。以后，随着工程项目的一步步展开，还会进行多次定点放线工作。

三、案例品评

1. 颐和园

颐和园位于北京市西北近郊海淀区，距北京城区 15km，是利用昆明湖、万寿山为基址，以杭州西湖风景为蓝本，吸取江南园林的某些设计手法和意境而建成的一座大型天然山水园，也是保存得最完整的一座皇家行宫御苑，占地约 290 公顷。颐和园是我国现存规模最大、保存最完整的皇家园林，为中国四大名园（另三座为承德的避暑山庄，苏州的拙政园，苏州的留园）之一，被誉为皇家园林博物馆。

颐和园集传统造园艺术之大成，万寿山、昆明湖构成其基本框架，借景周围的山水环境，饱含中国皇家园林的恢弘富丽气势，又充满自然之趣，高度体现了“虽由人作，宛自天开”的造园准则。颐和园亭台、长廊、殿堂、庙宇和小桥等人工景观与自然山峦和开阔的湖面相互和谐、艺术地融为一体，整个园林艺术构思巧妙，是集中国园林建筑艺术之大成的杰作，在中外园林艺术史上地位显著，有声有色。

园中主要景点大致分为三个区域：以庄重威严的仁寿殿为代表的政治活动区，是清朝末期慈禧与光绪从事内政、外交政治活动的主要场所。以乐寿堂、玉澜堂、宜芸馆等庭院为代表的生活区，是慈禧、光绪及后妃居住的地方。以万寿山和昆明湖等组成的风景游览区，也可分为万寿前山、昆明湖、后山后湖三部分。以长廊沿线、后山、西区组成的广大区域，是供帝后们澄怀散志、休闲娱乐的苑园游览区。前山以佛香阁为中心，组成巨大的主体建筑群。万寿山南麓的中轴线上，金碧辉煌的佛香阁、排云殿建筑群起自湖岸边的云辉玉宇牌楼，经排云门、二宫门、排云殿、德辉殿、佛香阁，终至山颠的智慧海，重廊复殿，层叠上升，贯穿青琐，气势磅礴。巍峨高耸的佛香阁八面三层，踞山面湖，统领全园。碧波荡漾的昆明湖平铺在万寿山南麓，约占全园面积的 3/4。昆明湖中，宏大的十七孔桥如长虹偃月倒映水面，湖中有一座南湖岛，十七孔桥和岸上相连。蜿蜒曲折的西堤犹如一条翠绿的飘带，萦带南北，横绝天汉，堤上六桥，婀娜多姿，形态互异。涵虚堂、藻鉴堂、治镜阁三座岛屿鼎足而立，寓意着神话传说中的“海上仙山”。阅看耕织图画柔桑拂面，豳风如画，乾隆皇帝曾在此阅看耕织活画，极具水乡村野情趣。与前湖一水相通的苏州街，酒幌临风，店肆熙攘，仿佛置身于二百多年前的皇家买卖街，谐趣园则曲水复廊，足谐其趣。在昆明湖湖畔岸边，还有著名的石舫，惟妙惟肖的铜牛，赏春观景的知春亭等点景建筑非常好。后山后湖碧水潆回，古松参天，环境清幽（图 5-9）。

2. 拙政园

位于苏州市东北街，是江南园林的代表，也是苏州园林中面积最大的古典山水园林，被誉为“中国园林之母”，中国四大名园之一，全国重点文物保护单位，国家 5A 级旅游景区，全国特殊旅游参观点，世界文化遗产（图 5-10、图 5-11）。

拙政园中部以自然式布局为主，北面是岛屿，南面为院落，水系平面呈 P 字形，为自

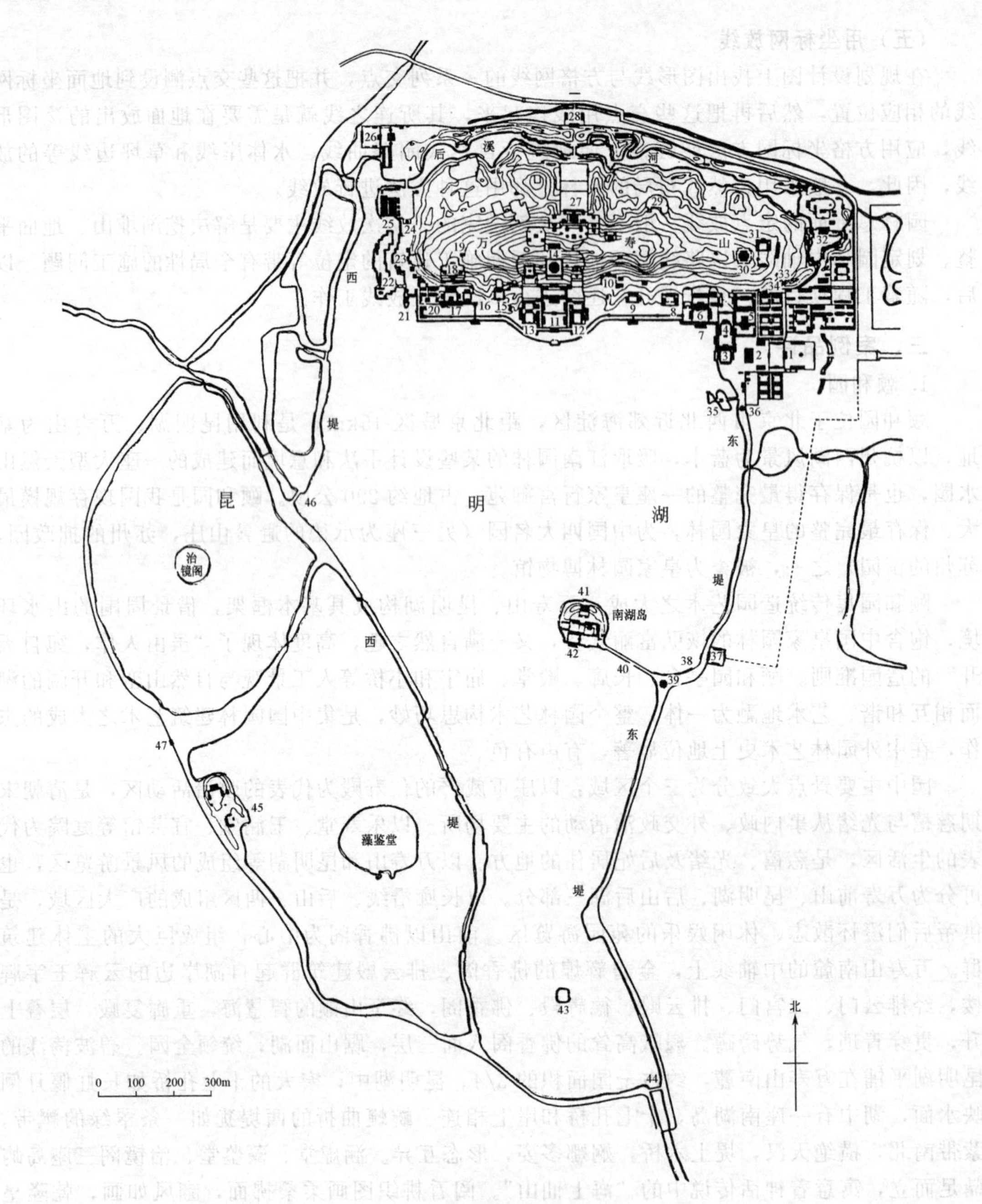

图 5-9　北京颐和园平面图

（引自《中国古典园林史》）

1—东宫门；2—仁寿殿；3—玉澜堂；4—宜芸馆；5—德和园；6—乐寿堂；7—水木自亲；8—养云轩；9—无尽意轩；10—写秋轩；11—排云殿；12—介寿堂；13—清华轩；14—佛香阁；15—云松巢；16—山色湖光共一楼；17—听鹂馆；18—画中游；19—湖山真意；20—石丈亭；21—石舫；22—小西泠；23—延清赏；24—贝阙；25—大船坞；26—西北门；27—须弥灵境；28—北宫门；29—花承阁；30—景福阁；31—益寿堂；32—谐趣园；33—赤城霞起；34—东八所；35—知春亭；36—文昌阁；37—新宫门；38—铜牛；39—廓如亭；40—十七孔长桥；41—涵虚堂；42—鉴远堂；43—凤凰礅；44—绣漪桥；45—畅观堂；46—玉带桥；47—西宫门

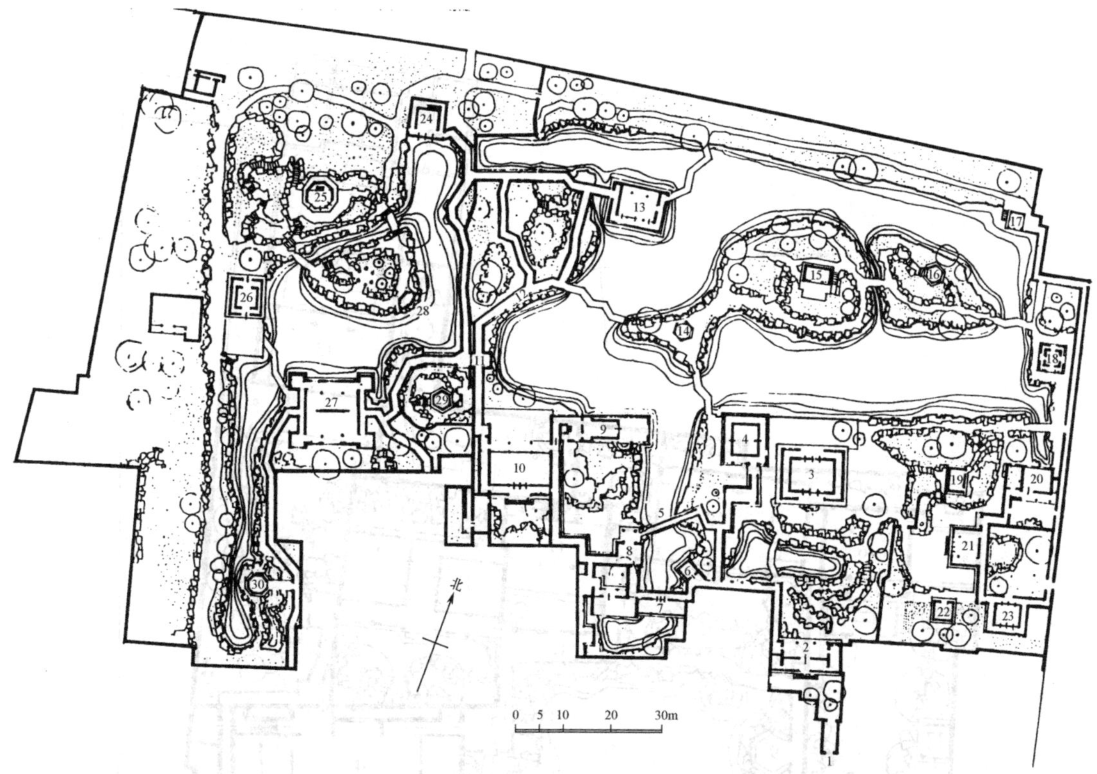

图 5-10　苏州拙政园中部及西部平面图

（引自《中国古典园林史》）

1—园门；2—腰门；3—远香堂；4—倚玉轩；5—小飞虹；6—松风亭；7—小沧浪；8—得真亭；9—香洲；10—玉兰堂；11—别有洞天；12—柳荫曲路；13—见山楼；14—荷风四面亭；15—雪香云蔚亭；16—北山亭（又名待霜亭）；17—绿漪亭；18—梧竹幽居；19—绣绮亭；20—海棠春坞；21—玲珑馆；22—嘉实亭；23—听雨轩；24—倒影楼；25—浮翠阁；26—留听阁；27—三十六鸳鸯馆；28—与谁同坐轩；29—宜两亭；30—塔影亭

图 5-11　苏州拙政园中园

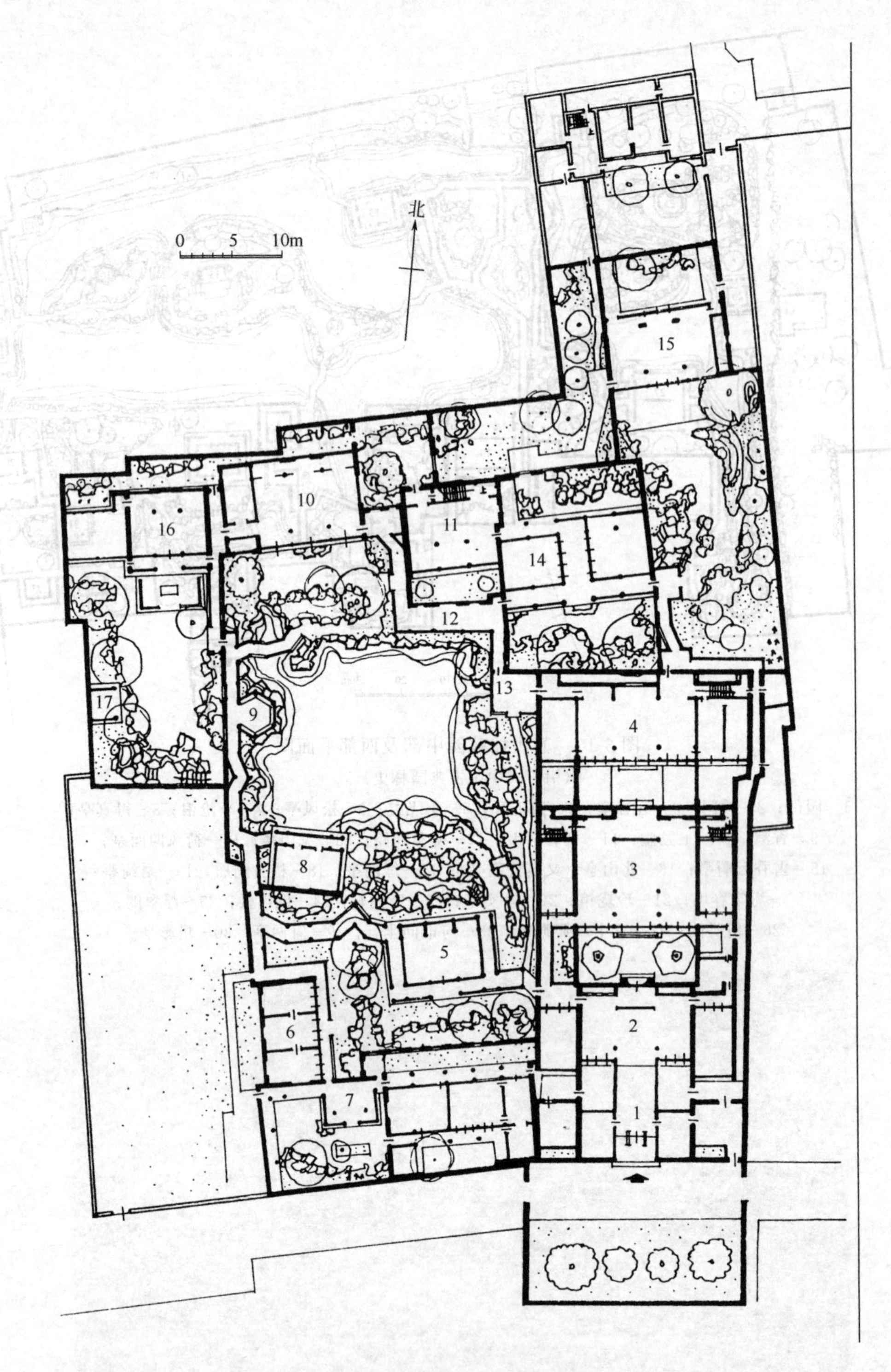

图 5-12 苏州网师园平面图

(引自《中国古典园林史》)

1—宅门；2—轿厅；3—大厅；4—撷秀楼；5—小山丛桂轩；6—蹈和馆；7—琴室；8—濯缨水阁；9—月到风来亭；10—看松读画轩；11—集虚斋；12—竹外一枝轩；13—射鸭廊；14—五峰书屋；15—梯云室；16—殿春簃；17—冷泉亭

然式，蜿蜒曲折，两条东西方向延伸的水面延展了景观空间。主要景点远香堂、雪香云蔚亭、小飞虹、香洲、荷风四面亭等布局均采用自然形式，随地形或居山顶，或处平地，或跨水池，或为水边，园林建筑之间虽无轴线对称关系，却相得益彰。西部水系平面也呈P字形，水池周边环以假山和建筑。

中园是拙政园的精华区域，布局以水池为中心，亭台楼舫皆临水而建，有的建筑则直出水中，具有江南水乡的特色。

3. 网师园

是苏州中型古典山水宅园的代表作品。清时由光禄寺少卿宋宗元于乾隆中叶（约公元1770年）购其地筑园。因园毗邻王思巷，谐其间喻渔隐之义，称为“网师园”。网师园全园占地约8亩余（另两资料：约$5333m^2$、约$5400m^2$），是我国江南中小型古典园林的代表作。网师园布局精巧，结构紧凑，以建筑精巧和空间尺度比例协调而著称。园分三部分，境界各异。东部为住宅，中部为主园。网师园按石质分区使用，主园池区用黄石，其它庭用湖石，不相混杂。突出以水为中心，环池亭阁也山水错落映衬，疏朗雅适，廊庑回环，移步换景，诗意天成。古树花卉也以古、奇、雅、色、香、姿见著，并与建筑、山池相映成趣，构成主园的闭合式水院。

网师园包含住宅与园林两部分，以住宅为辅，园林为主。园林部分采用典型的自然式构图设计，以水池（名为彩霞池）为主体，建筑环绕水池布置，高低错落，疏密有致。水池的东南和西北角两处模拟自然界的水体源头，分别以溪流和石桥，将水的来龙去脉交待的清清楚楚，体现了中国古典园林“源于自然，高于自然”的造园要求（图5-12）。

还有一些园林，混合规则式和自然式的手法，既体现规则式园林的有序、规则，又体现自然式园林的小巧自然，是目前园林的主要表现方式。

本章小结

园林的布局应因地制宜，因园区内容和功能而定，不可一味按主观愿望去操作。一个园区到底该用哪一种形式，其决定的因素有以下几个方面：

① 设计甲方的要求和设计者思路和风格；

② 所处的地理位置、现状情况；

③ 功能要求、设计目的；

④ 所在地的文化背景、意识形态。

一般以展览为主、科普教育、带纪念性的园林、体育性园林和小面积的绿地规划时采用规则式布局；而植物园、动物园、休憩性公园、森林公园、自然保护区等园林则采用自然式布局。

复习思考题

1. 几何式园林和自然式园林的构图有何不同之处？
2. 简述几何式园林的施工步骤。
3. 简述自然式园林的施工步骤。

第六章　园林的构成要素

园林构成要素的分类方法很多，在这里，我们将园林要素分为三大类：自然景观要素，人文要素和框架性要素，它们代表的是不同层次和不同规模的园林景观要素。下面我们将对构成园林环境的这三类要素进行分析，让大家更加了解园林环境及其元素的构成方式、创作过程和设计方法。

第一节　自然景观要素

园林常被人们看做是联系人与自然的纽带，相对于自然环境，它是人工创造的环境，但相对于建筑物等人工环境来说，它又是自然环境。所以，园林与“自然”这两个字，早已密不可分。人们常常用“虽由人作，宛自天开”的境界来形容中国古典园林，这也就表明了“自然”从某种程度上就是中国古典园林的重要属性，是中国古典园林创作的根本。但这里却涵盖了另外两个层次：其一就是利用天然山水地貌，并以此为基础创作的园林，也被称作天然山水园林；其二便是模拟自然山水的状态，通过堆山置石、植物景观营造等手段，人工创作山水园林，更多的被称为人工山水园林。前者可以说是强调自然景观之美，而后者更多的则是将自然景观要素，反映到人工园林之中来，但不论天然山水园林还是人工山水园林，都从不同的角度，强调了自然景观要素在古典园林环境创作中的重要地位。

自然景观要素包括自然山岳景观、自然水域景观、天文和气象景观、自然的植被和动物景观（图 6-1）。它们除了本身具有很高的欣赏价值之外，也从场地规划、空间联系、景观视线安排等方方面面影响着园林景观的规划和设计。

和园林规划设计息息相关的自然景观要素很多，我们需要在场地的考察阶段就深入地了解场地环境中的各种自然景观要素，并通过技术资料收集、实地踏勘、测量等手段来获得各类自然景观要素的具体信息，比如，场地的气象资料、土壤条件、水文条件等都可以从相关的行政部门查询获得，而查询不到的诸如地形现状、植被状况、小气候条件、景观视觉条件等资料，则需要通过实地调查才能够获得。下面我们将从园林设计的角度来介绍自然各类景观要素以及它们对园林环境的影响。

一、地形

场地的地形是我们首先接触到的自然环境要素。场地现有的自然状态是多少年来在自然与人类共同作用下形成的，地形条件也是最稳定的。场地的自然地形状态，是进行园林设计的基础，我们需要本着尊重本地条件的原则，去进行场地规划。

我们需要掌握的地形基本条件包括地形变化的程度和分布状况。它们对我们在园林设计中合理安排场地，组织排水，规划道路、停车场，确定广场、建筑物的位置，设计景观形式，分析植被类型等，都是非常有帮助的。比如我们可以在获得的地形图上对地形的坡度进行分析，将坡度大小分成不同等级，并用不同色彩由浅到深表示，便可以获得坡级分析图，它对我们后面进行的场地规划有着非常重要的帮助。在园林规划设计中坡级通常可以分为四

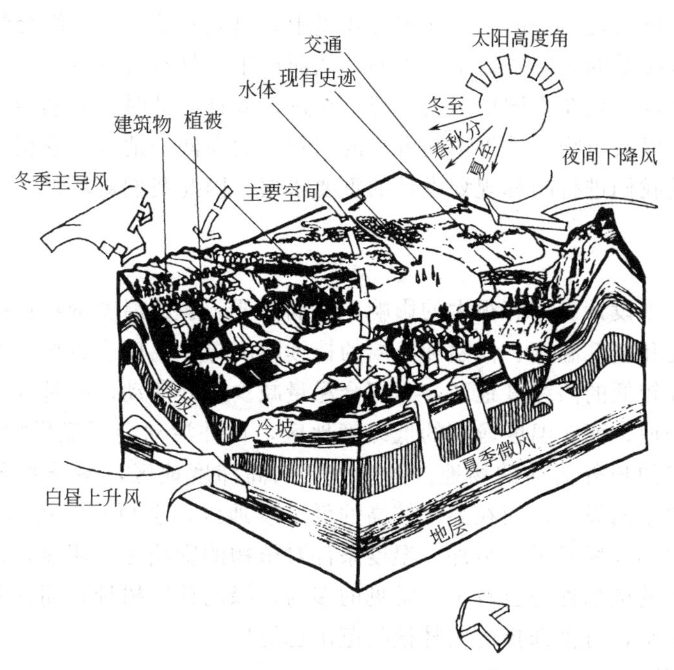

图 6-1　自然环境因素

（引自王晓俊. 风景园林设计. 2000 年）

类（<1%，1%～4%，4%～10%，>10%）。坡度小于 1%，场地适用道路、广场、建筑等各种用途，但要重视排水；坡度在 1%～4%之间，无需动用太大的土方工程，便可以用作道路、广场、建筑等用途，自然排水流畅；坡度在 4%～10%之间，在布置道路、广场、建筑等设施的时候，就需要进行一定量的地形改造；大于 10%的坡度，则不适合大规模用地，坡度不再适合组织车行道路，步行道路也需要配合台阶等来共同组织。如果必须使用，则需要对原有地形进行较大规模的改造。我们在进行场地规划的时候，应当尽可能利用好场地的原有条件，减少对场地原有地形的改造，真正做到对场地条件的尊重。

二、土壤

土壤条件也是自然景观元素中非常重要的部分，园林中所有的规划和设计工作，都是在土地上进行的，和土壤有着直接且紧密的联系，只有对土壤状况有了全面的了解，我们才能够更好地进行后面的道路规划、植物配置等设计工作。

我们需要了解的土壤属性包括：土壤的承载力、土壤的 pH 值、土壤肥力、冻土状况等方面。土壤承载力会影响到土壤的稳定性和抗形变能力、坡面的稳定性，进而影响到地面道路、广场、建筑物等设施的稳定性。通常潮湿、有机质含量高的土壤承载力相对较低，如果地面荷载超过土壤的承载力，就需要配合工程措施，比如夯实、打桩增加垫层等手段来加强地面的承载能力，而坡面不稳的地方则需要设置挡土墙护坡。土壤的 pH 值和土壤肥力则会直接影响到植物种类的运用。而在寒冷地区，我们还需要考虑土壤冻土状况，要了解冻土层的深度、冻土期的长短等，要重视冻土期土壤的膨胀对建筑、道路、护堤、植被等产生的不良影响，比如冻土膨胀会导致植物根系断裂，因此要全面了解冻土深度，以及植物根系的深度，避免浅根系植物在冻土膨胀过程中，根系被破坏而导致的植物死亡。

三、气象

气象资料对园林规划设计也有着至关重要的影响，具体来说，它是通过日照条件、温度变化、降雨量以及风表现出来的，并在园林环境中，对其它要素产生综合的影响。

不同纬度地区接受的太阳辐射水平不同，从而产生了具有各自特征的不同气候带，也会造就不同的自然景观。处在不同地区的环境，在进行园林设计时，必然会面对场地规划、建筑设计、道路组织以及植物配植等不同方面的问题。而在同一地区，季相变化也会遵循一定的规律进行，也是我们进行园林规划设计的重要依据。因此我们对场地环境气象条件的掌握是非常有必要的。

（一）温度

温度对园林规划设计工作有很大的影响，我们需要了解的温度资料包括年平均温度、一年之中的最高温度和最低温度、低温和高温的持续时间等。温度会直接影响园林规划设计的指导方针，在温度较低的高纬度地区，人们会尽量减少户外活动，园林规划的过程中，就自然会减少活动的场地，而在温度较高的低纬度地区，户外活动会明显增加，在园林规划时，自然也应提供更多的户外活动的场地；温度较低的高纬度地区，冬季寒冷，会尽量减少水景，尤其是人工水景的设计，而在温度较高的低纬度地区，会更多考虑水景的规划和设计，来调节局部环境的小气候状况；另外，温度条件对植物的影响尤为明显，在温度较低的高纬度地区，可供选择的植物种类也较少，常见的多为常绿的针叶树种；而在温度较高的低纬度地区，植物资源丰富，可供选择的园林植物范围也更广。

（二）日照条件

日照条件除了通过影响温度，对环境产生影响以外，不同纬度地区的太阳高度角不同，也会对园林设计带来影响。北半球，同一地区，夏至是太阳高度角最大，日照时间最长，冬至则最短。根据太阳高度角，可以分析出场地中的建筑、林地等北面的日照状况。利用夏季日照的阴影线可以获得永久无日照区，在永久无日照区域内，尽量避免植物种植、花园等需要阳光的设计，如无法避免，也应当推敲植物种类，尽可能选择耐阴的植物；而利用冬季日照的阴影线可以获得永久日照区，尽量将需要日照的植物、活动场地等内容设置在该区域内。

另外，日照条件对植物这一园林要素的影响也非常大，它会影响到植物的正常营养生长和生殖生长，因此在配置植物的时候，要特别慎重。

（三）降雨

降雨状况也是需要特别注意的气象资料，它对场地的整体规划以及各个局部的细节设计都有很大的影响。我们需要了解的降雨资料包括年平均降雨量、雨季旱季、降雨天数、最大暴雨强度、历时、重现期等。这些资料，可以帮助我们在地形变化复杂的园林规划设计中，有效地组织排水，合理地进行护坡等处理；在道路、建筑、构筑物、公共设施等元素的设计时，进行合理的材料选择、细节设计，比如，在降雨量大、暴雨频繁的地区，坡度较大的地方会设置挡土墙来避免暴雨冲刷造成的滑坡现象，道路两侧会增加排水设备，排水管的规格也会增加，电话亭、垃圾桶等公共设施也会设置挡雨棚等构件，建筑和构筑物会选择坡屋顶的形式来组织屋面排水等。

（四）风

在诸多气象资料中，风也是很重要的元素。在园林规划设计中，我们需要了解有关风的资料主要包括，该地区冬季和夏季的主导风向和平均强度，它们可以为我们判断究竟是引入自然风还是设置风障来保护小环境提供依据。通常，在夏季，我们希望能够引导自然风进入场地，而到了冬季，我们则需要对北方寒冷的季风进行阻挡，它们的目标是一致的，创造舒适的园林环境。

（五）园林环境的小气候

小气候的形成和园林中下垫面的结构特征关系很大，由于不同的下垫面，如微地形、水面、草坪、灌木丛、硬质铺装等，对太阳辐射的热量和水分的收支不一致，从而形成了近地面大气层中局部地区特殊的气候状况，称为小气候。对城市来讲，所谓“热岛效应”便是典型的小气候特征。城市的硬质化程度比周围的农村地区要高得多，硬质铺装对太阳辐射热量的吸收能力相对水体、植被来说要弱，因此更多的热量被反射到近地面的大气层中，因此造成城市区域的温度比周围农村地区的要高，形成所谓“热岛”。园林空间的功能毋庸置疑，就是要创造舒适的小环境，因此，认真仔细地考察基地的地形状况、植被、水体、人工设施等元素，认识到它们对环境小气候的影响，分析它们对小气候影响的利弊，对不同规模的园林规划和设计都有着非常重要的价值。比如水面、地面植被等下垫面的材料对小环境的温度和湿度有比较强的稳定作用；植被的遮荫作用，也能很有效地稳定环境的小气候；而自然风的引入，则能够有效地改善环境中的小气候条件，使环境更加凉爽宜人等。

四、自然景观要素的景观价值

陈从周先生在书中曾经用“山随水转、水因山活”与“溪水因山成曲折，山蹊随地作低平”来说明山水之间的关系，也强调了山、水等自然景观元素的价值。不论是山川河流、湖泊海洋还是森林草原、鸟语花香都是具有重要景观价值的自然景观要素，不管它们在场地之中是园林环境的一部分，还是在场地以外，我们的视线之内，对于场地本身来说，它们都具有很高的景观价值。对于场地内外的自然环境景观，我们需要在场地考察的过程中，通过绘图、速写、拍摄照片等手段进行记录它们的平面方位、高程、范围、视角等，之后进行综合分析、评价，合理利用。

加之，园林景观会随着时间的推移和季相的更替产生着奇妙的变化，因此，我们常说，园林艺术不仅仅是三维的空间艺术，它更是在空间艺术的基础上，伴随着时间变化而形成的“四维”的艺术。可见自然要素对于园林景观产生的影响之大，是我们难以想象的。我们在园林创作中也要充分利用自然要素给园林艺术带来的积极影响。

综上所述，自然景观要素从方方面面影响着我们的园林规划和设计工作，因此我们在进行园林规划设计时，必须对与场地以及与场地密切相关的各类自然景观要素进行全面的、深入的、系统的考察，通过严谨的分析，为我们后面将要进行的园林规划设计工作提供详细可靠的依据。

第二节　人文要素

人文景观涵盖了千百年保留下来的物质和非物质的文化景观要素，包括哲学、思想、名胜古迹、古建筑、书法、绘画、雕刻、诗词歌赋、民间艺术、民俗民风等，它们都会对园林创作产生重大影响。

我们可以笼统地把与场地有关的人文要素，分为物质性的非人文要素和物质性的人文要素两大类。

一、非物质性的人文要素

非物质性的人文要素，主要指的是文化要素，是人们在长期的历史人文生活中逐步形成的艺术文化成果，是人们对自身发展过程中，科学、历史、艺术的全面概括，通过景观形态、色彩等形式表现出来，主要包括区域、历史、艺术、民族文化等方面，涉及政治、哲学、战争、文学、书画、工艺等各方面。园林作为一门艺术，与各类文化要素的结合是不可避免的，也是非常自然的。文学、书法艺术、篆刻艺术会常常出现在中国古典园林中；绘画、雕塑等艺术形式，也常常在现代景观设计中出现；民族文化、民俗民风等也会通过纹样、造型艺术等形式在园林景观中表达出来。

中国古典园林艺术，正是与其它的文化元素、艺术元素相结合，表现出所谓意境，才会显示出如此强大的生命力。苏州古典园林的重要特色之一，就是不仅通过实体造园要素构成了精美的园林艺术，同时包容了大量的哲学、历史、文化和艺术信息，有着完整且非常深刻的物质内容和精神内容，通过园林的命名、匾额、楹联、雕刻、装饰、花木、叠石等各个方面的创作，来烘托环境的气氛，表达空间的意境，常常会反映出儒家、道家等各家哲学思想，宣扬园林主人的人生哲学；借助古典文学，对园景进行点缀、渲染，使人在游赏过程中，化景物为情思，从而获得所谓的意境美，得到精神上的满足。另外，苏州私家园林作为宅院合一的宅第园林，从建筑形式上也能够反映出古代江南民间的礼仪、习俗和生活方式。

现代的园林种类繁多，但在创作中，也都非常强调对文化元素的重视，在不同类型的园林创作里，通过各种设计手段表达出来，并都有着不同的表现。纪念性公园需要的是庄重、肃穆的气氛，常常以明确的轴线、对称式的布局，配以苍松翠柏来表达这种气氛，传达人文精神。例如南京的中山陵，由吕彦直设计，从平面图纸的布局来看，略呈钟形，评判顾问凌鸿勋指出，这一图案“有木铎警世之想”，陵坐北朝南，傍山而筑，由南往北沿中轴线逐渐升高，依次为广场、石坊、墓道、陵门、碑亭、祭堂、墓室。从牌坊开始上达祭堂，共有 8 个平台，392 级石阶，象征当时 3 亿 9 千 200 万华夏子孙，两侧种植了大量的松柏、杉木，郁郁葱葱，极强的烘托了庄严肃穆的气氛（图 6-2）。

图 6-2　南京中山陵

而主题性公园的规划设计往往空间分布自由，交通组织灵活多样，植物选择多样，园区整体色彩活跃，传达出来的是活泼、欢乐的气氛。例如享誉全球的迪斯尼乐园，便是诸多主题公园中的佼佼者。规模最大的东京迪斯尼乐园，建设于 1982 年，规划了世界市集、探险乐园、西部乐园、新生物区、梦幻乐园、卡通城及未来乐园等 7 个区，设置了独具匠心的 23 个游乐项目、33 种餐饮设施和 32 家旅游商店，为游人提供全方位的服务，整个园林的创作围绕着开心、欢乐的主题进行，从整体规划、空间组织，到建筑、植物、道路、公共设施等细节的设计都能体现出这一特征。

二、物质性的人文要素

场地中与园林规划设计有关的物质性人文要素，与园林创作有非常密切的关系，具体来说，可以包括场地范围、人口结构、人工设施以及城市发展规划等内容。

(一) 场地范围

在进行园林规划设计的时候，除了需要了解园林用地的界线、服务半径以外，还需要掌握周围环境中场地用地的性质、建设内容和场地范围，对周围的工厂、商业以及居住区等用地类型进行标定。通过分析，掌握园林建设用地的范围、形状，认识其与周围环境之间的关系，并配合场地的文化特征，进一步明确园林设计的主题和方向，进行有针对性园林方案设计。例如，在 1989 年，哈格里夫斯设计并建成的位于美国加利福尼亚州圣·何塞市市中心的广场公园，便是典型的实例（图 6-3）。该广场公园所用场地是面积约 1.4hm^2 的交通岛，周围有艺术博物馆、会议中心、酒店、商务楼等一系列重要的建筑物，整个场地狭长，在西端是一个三角形的交通岛。哈格里夫斯的设计不仅满足了功能，同时也蕴涵了深刻的寓意，充分把场地的人文特质和人文精神运用其中。一条宽阔的园路形成公园东西向的轴线，辅路设计依据公园两侧的公共建筑间联系的路线来设置，充分满足其功能性，沿路边设置了维多利亚风格灯柱和木质座椅，也隐喻着城市 300 余年的历史；最大的特点在公园的中部，新月形的花坛将场地分割开来，形成一个高差变化生动的台阶，台阶的下面，是以方格形式铺装的 1/4 圆形的喷泉广场，广场上 22 个喷头随时间的推移喷出逐渐成长的水的形态，晨曦中飘渺的雾状喷泉呼应了旧金山湾区的晨雾，白天不断升高的水柱则象征着印第安人在此地区挖出自流井，夜晚被投光灯照亮的透明铺装则暗示着硅谷的高科技产业。喷泉形成了公园广

图 6-3　圣·何塞广场公园

场的中心，也是人们尤其是儿童嬉戏、玩耍的地方，人们能徜徉其中，享受着轻松。这个广场公园为各种公园常具备的功能提供了可能，包括散步、休闲、演出、聚会和临时性跳蚤市场等，从不同的侧面反应着圣·何塞市的自然环境、文化和历史。

（二）人口结构

人口结构，是指人口的各种组合情况，主要包括性别结构、年龄结构、文化结构、就业结构和城乡结构等方面。园林的建设很大程度上是为生活在它周围的人群服务的，自然首先要满足服务范围内人群的需求，因此，场地周围的人口结构对与园林的规划和设计也有着至关重要的影响，在进行园林规划和设计的时候，要对周围环境的人口组织情况进行深入的考察，进而才能进行有针对性的规划和设计。比如，大学校园是同学和教师们生活、学习的场所，有着特定的人口结构，他们的文化层次高、年龄结构相对较低，因此，在进行大学校园的园林景观设计时，就必须充分考察学校里师生们的生活规律、心理需求，通过合理的规划和有效的设计手段来获得便捷、安静、舒适的环境，满足大家在生活、学习以及心理上的需要。而在幼儿园这样的环境中，由于其人口结构的特殊性，我们进行园林规划设计的时候，就必须配合儿童活泼的天性，用明快的色彩、丰富的造型手段来满足儿童的好奇心，同时又要特别重视安全性的要求，在植物、铺装等材料的选择上要特别慎重。

（三）人工设施

这里指的是园林用地中存在的或者与园林规划密切相关的各类人工设施，包括建筑物、道路、各种管线等。

1. 建筑物和构筑物

建筑物和构筑物在园林用地中会经常出现，了解现有建筑物、构筑物以及它们的规模、位置、标高、使用状况等信息，对于我们进行园林规划设计将有很大的影响，甚至会围绕这些元素来组织规划设计。例如，中国的传统木结构建筑历史悠久，具有很高的技术水平和艺术价值，在风景区规划设计中，时而会遇到古建筑的遗存，在园林规划和设计中，我们必定会将它作为一个重要的设计元素，加以保存和恢复，使其成为园林中的重要景点；甚至文献中会记载的一些重要的古建筑景观，在我们的园林规划和设计中，也常常将其作为重要景点，加以恢复，西安兴庆公园的沉香亭便是典型的实例。

2. 历史遗存

人类发展的不同历史时期，我们都会保留一些活动的痕迹。有些通过考古发掘，一步步揭示了它们的本来面目，再通过合理的规划设计建立起的人文景观，包括古文化遗存、古村落等。半坡遗址、南非卡拉哈利保护区、法国昂哥歇姆的中世纪村落都属于这一类型。有些则是现代工业革命以后，保留下来的工业遗存，通过有效的改造，再现人文景观，德国的杜伊斯堡公园便是最典型的实例；另外，为了改善人类对环境的破坏而进行生态保护和治理活动，形成的园林景观也是常见的类型，例如，哈格里夫斯在的比克斯比肥料填埋场景观。

德国杜伊斯堡公园占地 200 公顷，曾经是古老的炼焦厂和钢铁厂，设计师彼得·拉茨巧妙地将旧的工业区改建成供市民休闲、娱乐的场所，在强调生态保护的同时尊重场地原貌和历史，最大限度地保留了原有的工业设施，建立完整的景观序列，创造了独特的工业景观，将颓废的工业区，转变为生机勃勃的风景园林。这是一项综合的环境与生态的治理工程，解决了鲁尔地区由于工业的衰落带来的就业、居住和经济发展等各个方面的问题，从而赋予旧的工业基地以新的生机，为世界上其它旧工业区的改造树立了典范（图 6-4）。

3. 道路

这里指的是场地周围的道路现状资料。要了解场地周围的交通状况，包括与主要道路的连接方式、距离、交通流量等，针对道路现状资料的分析非常重要，将会直接影响到出入口

图 6-4　德国杜伊斯堡公园

位置的选择、场地内部的道路规划设计、路面标高、道路排水形式，进而会影响到场地的分区，各个区域空间序列安排等各个方面。

4. 管线

管线的存在，不管是园内使用还是过境的，都会在很大程度上影响到我们的园林规划设计。管线包括地上和地下两个部分，具体包括电线、光缆、通讯线路、给排水管、燃气管道等。它们会影响园林中各个分区的布局、道路的走向、植物种植设计等。因此规划前，我们有必要了解各种管线的位置、走向、长度、埋藏深度等一系列技术参数。例如，园区内如果有高压输电线路经过，就需要利用大面积的植被、水体开挖等手段，将人与高压线路隔离。

（四）城市发展规划

城市规划对城市各种用地的性质、范围和发展方向做出了比较明确和详细的规定，园林规划设计也要有一定的前瞻性，作为城市规划的一部分，园林规划也必须遵循城市发展规划的方向，了解其周围环境用地性质、发展方向、交通规划趋势等一系列资料都是非常有必要的。

三、人文要素与自然要素的关系

在进行园林规划设计时，要全面考察自然景观要素和人文要素，同时要特别注重平衡这两者之间的关系，在尊重自然的同时，还要体现对人的关怀。尊重自然，对园林创作来说就是要尊重场地条件，要重视对自然环境因素的考察，在满足功能的情况下，合理利用地形，尽量减少地形的改造，充分保护原有的植被、水体等自然资源；强调对人的关怀，也就是提倡所谓“以人为本”的设计，要从关怀园林使用者生理和心理两方面出发，决不能忽视公众的需求、价值观和行为习惯；强调“体验”，在进行园林规划设计的时候，要充分考虑公众需求，要从使用者的角度去体验他们的需要，体验他们在环境中的活动方式、行为习惯、情绪等，这样才能真正满足所谓功能性，真正实现“以人为本”的设计。

第三节 框架性要素

构成园林景观的框架性要素，也可以称为框架性要素，具体来说，包括地形地貌、水体、建筑、植物、道路、广场以及各类公共设施等。它们以不同的规模、数量、形式、色彩出现在园林空间中，相辅相成，相互配合共同形成园林景观。

一、地形地貌

地形地貌是园林规划设计的基础，在很大程度上决定着园林规划和设计的方向。明代计成所著的《园冶》第一篇便是“相地”，列举山林、城市、村庄、郊野、宅旁、江湖等不同环境中的园林的选址和景观设计要求，也表明了地形地貌在园林规划和设计中的重要性。

（一）地形地貌的概念

地形地貌属于地理学范畴的概念，指的是地势高低起伏的变化，即地表的形态。诸如山脉、丘陵、河流、湖泊、海滨、沼泽等均归属之，如果用图形表示，就是以等高线绘制出来的地形图。园林规划和设计涉及用地类型非常灵活，必然会面对各种地形地貌，因此，处理地形地貌是园林创作最初也是最基本的工作。

（二）地形地貌的功能

1. 地形的骨架作用

地形是构成园林景观和园林空间的骨架，建筑物、水景、道路、植物等其它元素都必须以地形为依托来进行规划和设计。例如意大利文艺复兴时期园林之所以被称为“台地园”，就是因为在园林创作时，充分利用了自然起伏的地形，其最大的特点就是在地形的基础上，创造了丰富的水景，意大利台地园的经典——艾斯塔别墅和朗特庄园的园林艺术都是以水景景观见长。

获得园林用地后，面对原始的地形地貌，自然是需要我们进行合理的处理。在地形设计时，我们首先考虑的是对原有地形地貌的尊重，结合对地形地貌考察和分析的结果，针对不同的地形条件，合理利用，稍加改造便成园景。地形设计的首要任务便是进行地形改造，使改造后的场地地形条件能满足造园要求，使不同地段的地形，能够满足各类活动的需求；形成良好的地表自然排水，避免过大的地表径流；避免地形过陡而形成的地表侵蚀现象。地形地貌的改造，应该和园林总体布局的工作相互配合、同时进行，这样才能保证地形在整个园林环境中起到的骨架作用，并且表现出空间艺术的效果，利用不同的地形地貌，设计出不同功能的场地和园林景观。

2. 园林用地与排水

园林用地地形复杂，地表的排水由坡面决定，因此，在地形改造中需要考察地形地貌和排水的关系。地形平缓，容易形成积水，容易破坏土壤的稳定性，对建筑、植物和道路都有不良的影响；地形过于陡峭，地表径流过大，容易形成对地表的侵蚀，容易发生滑坡等灾害现象。因此要设计好合理的地形起伏，既能提供有效的自然排水，又能够避免地表的侵蚀，通过利用和改造地形，创造有利的条件，来满足下一步将要进行的建筑营造、植物配植等工作。

3. 园林用地坡度

地形地貌的处理中，坡度的影响是非常直接的。它不仅关系到地面的排水、稳定坡面、植物生长等，还关系到人在园林中的活动。

一般来说，坡度小于1%的场地容易积水，需要改造；坡度在1%～4%之间的场地，自然排水理想，适合各种活动的安排，尤其适合需要大面积平坦场地的活动；坡度在4%～10%之间的场地，地面排水条件很好，适合安排用地范围不大的活动；大于10%的坡度，则不适合大规模用地，需要通过改造小规模的利用（表6-1）。

表6-1　常见各类场地极限和常用坡度范围

内　　容	极限坡度/%	常用坡度/%	内　　容	极限坡度/%	常用坡度/%
主要道路	0.5～10	1～8	停车场	0.5～8	1～5
次要道路	0.5～20	1～12	运动场	0.5～2	0.5～1.5
服务车道	0.5～15	1～10	游戏场	1～5	2～3
便道	0.5～12	1～8	广场	0.5～3	1～2
入口步道	0.5～8	1～4	铺装明沟	0.25～90	1～50
步行坡道	≤12	≤8	自然排水沟	0.5～15	2～10
停车坡道	≤20	≤15	铺草坡面	≤50	≤33
台阶	25～50	33～50	种植坡面	≤90	≤50

（资料来源于风景园林设计）

4. 地形与视线组织

起伏的地形条件，在构成园林空间骨架、组织合理排水的同时，本身也极大地丰富了园林景观。人们在园林空间中活动时，随着地形的变换，也获得了不同视线条件。正因如此，在园林中出现了不同属性的空间，比如谷地和高地，它们在组织视线和创造空间气氛上，自然也起到了不同的作用。例如高地上的景点往往很突出，常常会成为视线焦点，同时，高地也是很好的观景处，能获得鸟瞰的效果；谷地也有形成视线中心的效果，因此也常常被利用起来，组织重要的景点。

利用地形的分布变化、高程变化对人们视线进行阻挡和引导，也是很常见的设计方法。通过屏障视线，合理安排空间序列，并在后面的空间中组织意想不到的景观，除了可以有效组织人流外，往往也可以达到很有趣的艺术效果，这也正是古典园林中常说的“障景”。

另外，利用地形地貌来分隔空间，也都是很有效的设计手段。例如，利用水体分割陆地空间，可以有效地控制视距，如果配合景点的设置，也可以有效地组织人流。

（三）园林景观地形地貌的设计

园林中的地形设计概括地来讲，可以分为四个方面。

1. 平地

平地是指公园内坡度比较平缓的用地，这种地形在现代公共园林中应用普遍，平地功能上的优势在于能够高效地组织交通、集散人群，为市民组织各类活动，提供了便利的条件，因此，在公园的规划中，常常会设置一定比例的平地。此外，地形平缓的空间，常常伴随着开阔的视野，能够创造出气势恢宏的景观效果。

2. 堆山

堆山，又叫掇山、叠山。中国古典园林就是以山水地貌为骨架的山水园林而著称，有了山水就有高低起伏的地势，能调节游人的视线，造成仰视、平视、俯视等不同角度的景观；能丰富园林建筑的场地条件和园林植物的栽植条件，为丰富园景要素提供了更多的机会；同时，起伏的地形地貌，也能增加游人在园林空间中的活动形式，丰富了游人的感受。

3. 理水

在中国古典园林当中，山水是密不分的，叠山必须顾及理水，有了山还只是静止的景物，山有水才活，有了水则更能使景物生动起来，能打破空间的闭锁感。

4. 置石

所谓置石，主要以观赏为主，结合一些功能方面的作用，以山石为材料，作独立性或附属性的造景布置。有山也常有石，在园林景观中山与石都是不可或缺且密切联系的造园要素，既可以作为主景，也可以点缀在园景之中，丰富景观的色彩和空间的层次，在园林中起着非常重要的构图作用。置石组景既有其独特的观赏价值，也常常富有深刻的人文价值，给人们无穷的精神享受，丰富了园林的内涵。

二、水体

水在人类赖以生存的环境中，是最重要的元素。人对于水的依赖性赋予了它特殊的意义，远古先民，选择栖息地定居，首先就会考察水源的状况，之后在人类文明数千年发展的历史中，从饮用、沐浴、烹饪到交通运输、灌溉、养殖等各个方面，都离不开水的存在。

水对生命的滋养，增强了人对水的亲近程度，更加强了人对水的依恋，人们用文字去书写它，用画笔去描绘它，用音乐去模仿它。水之于人的意义早已超越了“水”本身的概念，而延伸到了精神的层次。从治水、使用水、利用水到观水、听水、亲水、玩水，从依山傍水而居到游山玩水而乐，都体现着人们对水的价值的认识在不断发展变化。在城市规划、园林建设中，水也是美化城市形象、优化城市环境、调节城市生态不可或缺的景观元素（图6-5）。

图 6-5 水景景观

(一) 水的形式和特性

1. 水的形式

由于地心引力和地形的起伏变化的共同作用，在自然界中，水以流动和静止两种状态存在，流动的水由于地形变化的程度，又会表现为江河、溪流、瀑布等不同的形式；静止的水则因为规模的大小，表现出海洋、湖泊和池沼等形式上的差异。不同状态的水景景观，会给人以不同的感受，通常动态的水景，通常会给人跳跃、活泼的感觉，而静态的水景则更多的会给人以安静、平和的心理感受。此外，水在受到外力的作用下，会产生更加丰富的状态变化，水花飞溅、粼粼波光、层层涟漪、喷射的水珠、升腾的水雾，都是水受到不同外力作用而表现出来的新的状态和形式。在园林创作中，水景的运用非常广泛，或模拟自然环境的水景状态，或从自然水景抽象和再创作，或运用技术手段创作别具一格的水景景观，在丰富园林景观内容、处理园林空间层次、增添园林环境情趣等方面有着非常重要的作用。

2. 水的特性

不同的水景景观会给人不同的心理感受，是通过不同水景的特性表达出来的。水具有透明、反射、折射等物理性质，但在景观中，不同状态的水景，在不同的地形、光线等条件的影响下，会表现出不同的特性。例如，水在平静的状态下会呈现环境的倒影，水面波动则会呈现扭曲的倒影；水在流经光滑坡面、台阶或不同材质的墙壁时，会表现出构筑物的材质和肌理；急速流动的、喷涌的水，会混入空间而呈现出白色泡沫，表现为特殊的肌理。熟悉水景表现出来的各种特性，对我们进行园林景观水景的创作有重要意义。

（二）水景的作用

人类离不开水，水也从单纯的使用功能逐渐发展出多元的景观功能。在园林空间中，水景形式多样，表现出来的作用也各不相同，具体来说，水景的作用主要包括以下几点。

1. 基底作用

利用宽阔的水面，衬托岸边的山峦、植物、天色等自然景观以及建筑等人文景观，形成具有景观价值并富有变幻的园林环境，在具有较大面积的水体，配合岸边的城市风貌和各类园林景观要素，形成滨江、滨河、滨湖等景观。

2. 焦点作用

以水为造景主体、突出不同类型水景的观赏价值，能够有效地吸引视线，形成空间的焦点，常常会作为广场、公园的出入口等环境的景观中心。作为造景主体的水景形式丰富多样，常见的有喷泉、叠水、静水水池等。

3. 带系作用

人类与生俱来就有依水生存的规律，聚居的群落大多都是分布在水系的两岸，从而构成了一定的社会关系。在大规模的园林规划设计中，也常常以完整的自然或人工水系贯穿全园，将各个园景形成联系，形成以水为主体的园林景观，为避免景观效果单一，也常常采用流水、静水、跌水等多种形式相互配合，来丰富视觉上的变化。

4. 灵动作用

水景是园林景观中最活跃的部分，能有效地活跃和改善环境的氛围，从而引发人们一定的精神感受，这也正符合传统古典山水园林中追求的意境的做法。具体来讲，在园林创作中，可以通过形式多样的水景，包括瀑布、溪流、跌水、涌泉、水池等，来营造所需要的环境气氛。

5. 生态作用

园林空间中，水景不仅有着广泛的景观价值，还具有重要的生态意义。它能够调节环境的温度和湿度，调节一定范围园林空间的小气候，能够改善环境中的空气质量，同时还滋养着环境中的各种生物，对维持园林环境中的生物多样性起着重要的作用。

（三）水景的类型

自然界中水的形态决定了水景的形式，人工水景的效果也都来源于自然水景的形态。园林中水景景观的设计，就是需要我们针对不同的园林空间气氛，选择不同的水景形式，来实现不同的视觉效果，这也刺激着水景设计在形式上的不断创新。在水景设计中常常运用的形式有流水、静水、叠水、喷泉等，这些水景形式在具体应用的过程中，由于其在营造方式、规模、尺度以及环境等方面的不同，能够演变出千变万化的水景效果，来烘托出不同的环境氛围。

1. 流水景观

流水因地形的高差而形成，流水表现出来的形态，则是受到岸线条件的制约而呈现出来，常见的有溪流、瀑布、跌水等（图 6-6）。在园林空间中，流水景观中可以分为自然流水景观和人工流水景观。

自然流水景观是在自然水域岸畔环境中，依据原有水体条件，进行的优化设计，对水岸线、护坡、河道、桥梁、建筑、观景平台、道路、植被等因素进行适度调整。自然流水景观的设计，虽受到原有河道、沟渠、高差等方面的限制，但自然的景色与不加修饰的动态水景，足以表现出很强的景观效果。

图 6-6 流水景观

人工流水则是在不具备自然河流的环境中进行的水景设置，需要根据场地的地形地貌、空间规模、周边环境以及其它景观要素的基础，来进行总体规划和设计。人工流水景观设计在形式上，应该更好地体现出水在环境中的作用，表现巧妙的创意以及人工景观的精致效果。

在进行流水景观的设计时，应注意以下几个方面。

① 岸线护坡　水岸修建起到了保障河道安全、加强景观效果、减少水流对岸线的冲蚀等多方面作用。宽大的河流修建岸线时必须根据防洪要求进行设计，小型流水景观的护坡则更讲究趣味性和效果。河道大多属于下沉式，形式上有自然护坡、石岸和混凝土护坡以及生态驳岸等。

② 形式与高差　流水的形态与高差有直接关系，地形落差越大水流越急，形成不同的流水形式。另外，河道的宽窄也能影响流水的急缓，对流水景观的形式也有很大的影响。因此，人工水流设计一方面要考虑水景景观的形式与落差之间的关系；另一方面要考虑流水水面的宽窄和急缓，使流水景观在多角度视觉关系上，实现丰富的效果。

③ 安全与环保　亲水性是人类与生俱来的，因此，流水景观的设计在注重观赏效果和亲水性的同时，还必须采取一系列措施来保障其安全性（图 6-7），例如合理设置护栏，人工景观流水的深度一般控制在 200～350mm 之间，滨水步行道路要注意材料的选择，如选用石材或者木材应注意表面进行防滑处理等。此外，还需要注意流水景观的环境质量的保护，应合理设置垃圾桶等公共卫生设施，加强管理，避免污染物的流入等导致的水质破坏。

流水景观效果的优劣是由环境中多种因素形成，受到水面与周围景观要素的影响，因此流水景观的创作，涉及园林空间中视线所及的各类景观要素，流水形式应与环境形势协调一致，与地形地貌、山石、植物、广场和建筑等要素的风格特征形成相互对映，相互作用。具体来讲，如何在自然流水景观的设计中既能够体现设计特征和人文关怀，又保持特有的风貌；在人工流水景观的设计中既能够表现巧妙的视觉效果，又能够表达出水自身的属性，这些都要求设计师通过完整的场地考察配合巧妙的构思和创意来完成。

图 6-7　流水景观和岸线处理

2. 静水景观

静水景观指的是以自然的或人工的湖泊、池沼等为主的景观对象，也是园林环境中最为常用的水景形式。静水景观可塑性强，形式变化丰富，平滑如镜的水面能够映照环境中其它景观要素，满足来自各个视角的观赏，广泛运用于各类园林环境（图 6-8、图 6-9）。

图 6-8　凡尔赛宫橘园和瑞士兵湖

静水景观的水体分自然静水水景和人工静水水景两种类型，因此在形态关系上也分为自然形态和人工形态。自然形态指的是自然形成的湖泊、池沼等，常呈现不规则水面形态，以自然模仿自然静水的形态为景观主体，水域面积宽阔，可以根据环境的风景条件、观景视线、地形关系等因素进行景观的规划和设计，在水景形态的丰富变化中体现生动、和谐和自然意趣；规则形态指的是人工水池以规则的几何形构成的水体形态，以几何形态为主要形式

图 6-9 西溪湿地公园

特征的人工水景，便于在城市环境中灵活应用，通过水景规模的大小、形状、宽窄、曲直的处理，形式上规则与不规则对比的巧妙运用，再结合环境中广场、植物、建筑、街道等其它景观元素共同形成景观效果（图 6-10）。

图 6-10 唐纳花园（Donnel Garden）的水池 托马斯·丘奇

在进行静水景观的设计时，应该注意一下几个方面。

① 水岸线 水岸线的处理是水景设计最重要的部分，在水域面积宽阔的自然环境中，岸线是自然形成的，起伏、曲折的变化成为天然的风景现象。水岸的修建不能一概而论地硬化成人工堤岸，而应该根据地势、地质、防洪要求、景观风格、植被状况等条件，进行针对性修建，除去不良因素和隐患。岸线修筑应低于常水位以下，并用混凝土做垫层，避免受到

侵蚀，造成岸线的破坏，表层则采用灵活多变的形式方法，丰富环境的景观效果。

② 景观设置　在规模较大的水体，水面平坦，岸线过于单调的情况下，在景观设计时可以适当修筑人工景观，来丰富园林景观内容，增添景观功能。

③ 安全与环保　在人们频繁接触的亲水景观中，例如桥梁、滨水栈道、涉水广场等，都应该合理地设置护栏，避免落水；而对于环境污染，多采用人流相对集中的观景区域，道路旁设置垃圾桶，并修建排水和注水设施保障水质清洁。

此外，在进行静水景观的设计时，我们应当注重与场地关系，根据园林空间的整体需要来考虑水景的形式和做法。

3. 跌水景观

跌水顾名思义是跌落的水，在自然界中是非常常见的水景现象，也是园林水景设计中常使用的形式，它是流水景观的演变形式，是由水道突然产生高差的变化而形成的，并且由于地形地貌的差异，跌水景观的形式也各不相同，如瀑布、叠水等。瀑布是地形出现较大的落差变化，使水流呈现直线下落的状态，而跌水则是地形呈现阶梯状的落差，使水流长线层层跌落的状态。跌水景观不仅具有很高的视觉景观价值，同时，也能创造出特殊的音响效果，不同的跌水景观可以营造出不同的视听效果，成为园林景观中重要的景观元素（图 6-11）。

图 6-11　演讲堂前庭广场跌水景观　劳伦斯·哈普林

在进行跌水景观设计时，应当注意以下几点。

① 跌水的形式和出水口的关系　出水口的形式，对跌水景观形成的状态影响很大。就瀑布来讲，常见的形式包括帘状、片状、散落状等；就叠水来说，常见的形式又包括水帘、洒落、涌流、管流、壁流、阶梯式、塔式、错落式等。由于跌水景观的主要表现形式来自于水面的变化，因此在设计时可以在出水口的形态、材质、规模、层次等方面进行不断的创新（图 6-12）。

② 注意蓄水和流水的关系　"水满则溢"，因此在跌水设计中，首先要具备蓄容的环境，这是形成跌水景观的重要条件。而流量则在很大程度上决定了跌水立面的景观效果，流量大则可能形成帘状、片状的跌水形式，而流量小则只能够形成线状的立面效果。

③ 安全性　在园林空间中，跌水景观是非常吸引人的部分，在满足人们亲水性的同时，必须充分从人们行为习惯出发，全面考虑安全因素。

跌水景观在园林环境中是非常活跃的元素，在整体园林空间中，可以有效地形成景观主体，丰富景观层次，更能增添园林景观的趣味性。

图 6-12 不同形式的叠水景观

4. 喷泉

喷泉是水在受外力作用下形成的喷射现象，在自然状态下也很常见。泉城济南便有形式各异的自然泉水，美国黄石国家公园的老忠实泉也是典型的自然状态下形成的喷泉。喷泉的历史非常悠久，古典主义的法国宫苑，文艺复兴时期意大利园林以及罗马的城市景观，都被各式各样的喷泉装点得多姿多彩。喷泉是城市和园林环境中常见的水景景观形式，通常是利用人工手段设计的，由于其多变的造型、可调节的喷射方式，受到观赏者和设计师的青睐。喷泉的种类繁多，就喷泉的形状来分，包括线状、柱状、扇形、雾状等；就规模来分，包括单射、阵列、多层等；就控制方法来分，又可以包括声控、光控等（图 6-13、图 6-14）。喷泉除了景观效果丰富以外，它还对环境空气状况有着很强的调节作用，在调节空气的温度、湿度，净化空气质量，调节场地小气候等方面有着非常明显的作用。

图 6-13 泰纳喷泉 彼得·沃克

在进行喷泉的设计时，应该注意以下几点。

① 喷泉影响的范围 喷泉的景观效果非常强，但水的溅落，对在其范围中活动的人群，也会有一定的影响。因此在进行喷泉设计时，要对它能够影响到的范围做一个比较精确的计算，作为设计的依据。通常情况下，喷泉高度的两倍是它覆盖四周范围的直径。此外，在考察喷泉影响范围的时候，还需要考虑到来自风等环境因子的影响。

② 给排水系统 喷泉的给排水系统，是保障喷泉效果所必需的装置，除此之外，喷泉喷出的水雾会对环境内的空气质量产生影响，因此应在给排水系统的基础上配备过滤和消毒设备，来保障及时更换洁净的水。

喷泉常常会和山石、植物、雕塑等其它的园林要素同时出现，相互配合营造园林景观，

图 6-14　凡尔赛宫苑　阿波罗战车喷泉

例如法国古典主义园林中常见的水花坛，就表现出喷泉和规则式花坛直接的配合，形式感优美，景象非常壮观；现代园林中，喷泉也常常和雕塑艺术共同出现，来表现具有人文意义、象征意义以及情节性的主题景观。

三、园林建筑

园林建筑比起山、水、植物，较少受到自然条件的制约，人工的成分最多，是造园要素中最灵活，也是最积极的一个。在传统的古典园林中，园林建筑的内容非常丰富，亭、台、楼、阁、榭、廊、桥、舫等都是常见的类型（图 6-15）。随着现代园林景观设计的发展，园林建筑的内容也变得越来越复杂，在园林中的地位也越来越重要，常具备特定功能和相应的建筑形象，包括桥、廊、花架、餐厅、展览馆、展览温室等类型。它们的形态、色彩、比例、尺度等形式要素都必须结合园林造景的要求进行全面的考虑，它的外观形象和空间布局除了要满足其特定的功能以外，还必须受到园林造景的需要，如何平衡好这两者的关系，是园林建筑创作中最重要的课题。

图 6-15　扬州瘦西湖　五亭桥

（一）园林建筑的景观功能

除了满足其特定的使用功能，园林建筑的景观功能主要表现在它对园林景观的创造所起的积极作用，具体来讲可以包括以下四个方面。

1. 点景

建筑与山水、植物等景观要素结合构成园林空间内的种种景观，在一般情况下，建筑往往是这些景观的主体，没有建筑就难以成景了。在园林中，重要的建筑往往会作为园林一定范围甚至整个园林的中心，其周围其它景观要素和整个园林景观的风貌也需要在一定程度上配合建筑本身的特点（图 6-16、图 6-17）。

图 6-16　拙政园　与谁同坐轩

图 6-17　颐和园　长廊

2. 观景

园林空间中，建筑物也会成为重要的观赏景色的场所，它的处理手法、空间布局、位置、朝向、封闭或者开敞等都取决于观赏者在建筑中能否获得良好的视觉画面。因此，无论是建筑群体空间序列的组织，还是园林建筑门、窗的处理，都能够形成良好的“景框”。

图 6-18　拙政园　香洲

3. 划分园林空间

利用园林建筑，配合其它景观要素划分空间，能够有效地组织园林空间序列，丰富园林景观的层次（图 6-18）。

4. 组织游览路线

以道路配合建筑物，相互穿插，形成“对景”、“障景”，创造出步移景异的效果，从而形成导向性明显的动态景观序列。

因此，根据其景观功能，园林建筑可以分为游览建筑、庭院建筑、建筑小品和交通建筑等。

（二）园林建筑设计的特点

任何一种建筑设计都是为了满足某种物质和精神的功能需要，采用一定的物质手段来组织特定的空间。建筑空间是建筑功能与工程技术和艺术技巧相结合的产物，都需要符合适用、坚固、美观、经济的原则，设计手法也都需要考虑统一、对比、尺度、比例、均衡、稳定等形式原则。但由于园林建筑在物质和精神功能方面的特点，其空间组织的方法和其它建筑会有些许不同之处，具体来讲有以下特征。

① 园林建筑的功能要求，主要是满足人们的休闲和文娱生活，艺术性要求很高，因此园林建筑的设计必须具备较高的观赏价值。

② 受到多样性的休闲活动以及观赏性强的影响，园林建筑在设计方面具有很强的灵活性，可谓“构园无格”，灵活性大带来了空间形式组合的多样化，这也给园林建筑的设计带来了机遇和挑战。

③ 园林建筑所提供的空间要能适合游客在流动中观赏景观的需要，力求景色富于变化，做到步移景异，也就是要在有限的空间中给人提供变幻莫测的视觉感受。因此，推敲园林建筑的空间序列和组织观赏线路是非常重要的工作。

④ 无论在风景区还是公共园林，出自对优美景色的向往，都要使园林建筑有助于增添景色，并与园林环境相协调。在空间的组织上，要特别重视对建筑外部环境的利用，通过设计手段将建筑内外空间融为一体。

⑤ 园林建筑的营建和筑山、理水、植物配置等园林设计的手段之间，彼此是不能孤立的，应该相互配合来共同营造景观效果，将各类景观要素融入环境，创造出有形有色、有味有声、变化多端的立体空间艺术。

（三）园林建筑的设计方法

园林建筑有其自身的特点，在设计手法上，会在造型、空间序列组织等方面表现得更为突出。概况来讲，主要注重以下几个方面。

1. 立意

园林建筑是一种占有时间空间、有形有色、有味有声的立体空间的营造，因此，园林建筑相比其它建筑的创作更需意匠。意便是立意，匠指的是技巧，立意和技巧相辅相成，才能创作出高质量的园林建筑作品。所谓立意，指的是设计者根据功能需要、场地条件以及艺术要求等条件，综合考虑而产生的总体设计意图。立意关系到设计的目的，也是设计中运用各种构图手法、空间组合的依据，正所谓“意在笔先”。园林建筑的立意受到功能需要、场地条件、艺术要求三个方面的影响，首先，园林建筑的创作必须满足特定的使用功能，这是园林建筑立意的基础；其次，园林建筑的立意受到地形地貌、植被、水体、气候等环节因素的影响，也必须仔细考察；最后园林建筑灵活性强，在创作时要特别注重艺术效果。

2. 选址

古典园林中常说的“花中隐榭、水际安亭”，这便是古典园林中，园林建筑的选址技巧。园林空间地形条件复杂，园林建筑的选址就显得非常重要。园林建筑的选址主要需要考察景观条件和环境条件两方面的内容，在景观条件上，既要注意大的方面，也要注意细微的因素，要珍视一切有价值的景观要素，一池、一树、一山、一石、清泉溪流、人文古迹都会对造园产生重要的作用，可以通过借景、对景等手法，将它们纳入景观范围；土壤、水质、风向、道路、构筑物等环节要素，对园林建筑的选址也有很大的影响（图 6-19）。

3. 布局

布局是园林建筑设计的中心问题，有了好的立意和场地条件，如果布局散乱则不可能成为佳作。园林建筑的布局，内容涉及总体规划到局部建筑空间的方方面面。

① 空间组合形式　园林建筑的空间组织形式常见的有：独立建筑和环境结合，这里建筑是空间的主体，因此，建筑物本身的造型要求较高，环境中的植物、道路、水景等要素起到陪衬和烘托主体建筑的作用；建筑自由组合的开放型空间，此时，建筑群自由组合，形成开敞性空间，各个建筑分布较为分散，由道路、廊、桥等相互联系，建筑之间相互烘托，主次明晰；建筑围合形成的庭院空间，是较为普遍的空间组织形式，此类空间有众多建筑组

图 6-19 万春亭 景山

成，能满足多种功能，庭院空间在视觉上向心聚集，容易形成视觉中心，常利用各类造景要素造景，院落可以是单一的，也可以由大小、规模、数量不等的庭院共同构成，各个院落相互衬托、穿插、渗透，形成统一的园林空间；混合式空间，园林环境中，由于功能和造景的需要，常常会将几种空间组合形式配合使用，营造出富于变化的园林空间。

② 对比 园林建筑布局为了实现多样统一和获得小中见大的景观效果，十分重视对比的运用。具体来讲，常用的对比手段包括：体量对比、形状对比、色彩对比、明暗虚实对比等，综合运用对比手段，是提高园林建筑布局艺术效果的重要方法。

③ 渗透与层次 园林建筑创作中，为了避免单调而丰富空间的变化，还常常会通过组织空间的渗透和层次来实现，处理好渗透和层次，能突破空间的局限性，丰富空间变化的效果，从而增强艺术感染力。

④ 空间序列 园林建筑的创作，还需要从总体上推敲空间序列的组织，力求做到统一中求变化、变化中求统一，使其在功能和艺术上都能获得良好的效果。

4. 借景

借景在园林建筑创作中有着特殊重要的地位，借景的内容不外乎借形、借声、借香等，形式上包括远借、临借、俯借、仰借等。借景的目的是把各种在形、声、色、香上能够增添艺术情趣，丰富画面构图的外界因素，引入到建筑空间中，使景色更具特色和变化，在扩大空间、丰富景观效果、提高环境的艺术质量等方面都有很大作用（图 6-20）。

5. 尺度与比例

在园林建筑的创作中，还必须重视尺度和比例的关系，不论是园林建筑中，还是园林建筑配合其它造园要素构成园林空间时，它对人们空间感受的影响非常明显。通常，大尺度的空间显得气势恢宏，小尺度的空间则显得亲切宜人，在设计中，需要设计师根据环境气氛的需要，仔细地推敲园林建筑和园林空间的尺度和比例。

此外，园林建筑的造型、色彩和材料的质感，对园林建筑、园林空间的感染力也有十分明显的作用，我们在进行园林建筑的创作时，也要特别注意。

四、广场、道路

广场和道路也是园林规划中不可或缺的要素，功能性强，又具备一定的形式感，它们相

图 6-20　拙政园

辅相成，共同构成了园林中的交通系统，同时将这个交通系统与整个城市的交通系统进行联系。另外，广场和道路的合理规划和设计，也能够给园林景观增加秩序性。

（一）广场景观设计

广场的概念源自西方，早起是民众集会或举行大型活动的场所，但随着历史的发展和城市的演变，广场无论在形式还是内涵上都有了巨大的变化。尤其从 20 世纪后半叶至今，城市的功能进一步明确和细化，人们对城市生态空间认识上的转变，使得广场的概念更加多元化，其外延也更加模糊。广场的作用也不仅仅局限在为集会或者大型活动提供场所，更多的表现在提高城市规划需求，城市空间整体艺术气质，为市民提供绿色休闲空间等方面上（图 6-21）。

1. 广场景观构成要素

广场作为园林规划中非常重要的组成部分，为市民们提供了休憩、娱乐的空间，随着时代的发展，城市广场的创作也在不断进步，构成广场的各种要素也不断地丰富，总体来讲，构成广场的景观要素可以包括动态要素、静态要素、造型要素和空间要素四个方面。

① 动态要素　动态要素包括广场上活动的人、交通工具以及一系列可移动的设施。

② 静态要素　静态要素包括地形地貌、植物、水体等自然景观以及建筑物、雕塑、铺装、公共设施等人工景观。

图 6-21 圣·彼得广场

③ 造型要素 造型要素指的是构成各个景观要素的形状、色彩、肌理等。

④ 空间要素 空间要素包括空间限定和空间引导两个方面。空间限定指的是广场空间范围界限的限定，让人们从视觉和心理上都能够感受到从一个空间进入另一个空间，具体的可以利用台阶、水体、道路、围墙、栏杆以及植物来划分空间。空间引导是采用引导手段使人们从一个空间进入到另一个空间，具体的可以设置道路、台阶、配合指示系统来引导人流。

2. 广场设计的原则

现代的广场的功能越来越复杂，这也对我们的设计提出了更高的要求，要从不同的角度去体验人们在广场上活动的需求，进而来指导我们的设计。在广场景观设计的过程中，我们需要遵循以下原则。

① 以人为本原则 “以人为本”的理念在园林景观设计中的表现非常突出，尤其在景观广场上，我们通过规划和设计需要为人们提供休闲空间、组织交通、提供优质的景观等。因此，在广场规划时，需要充分考察周围环境，合理组织交通联系和景观视线；在设计时，需要仔细地选择地面铺装形式、色彩、材质等，合理地布置座椅、垃圾桶、导向系统等公共设施，同时严格按照人体工程学的要求，选择它们的尺度、材料、色彩、肌理等（图 6-22)。

② 地域性原则 在广场的设计时，要充分考察当地的地域自然和文化特征，作为设计的依据。场地设计时要充分利用原有的地形地貌、原始植被；植物要尽量选择适应性强的乡土植物；要尽可能考察当地的历史文化、民俗民风等人文特征，作为广场创作的构思来源，恰如其分地表现地域特点。

③ 可持续性原则 现在的广场建设中有一个突出的问题，就是广场建设初始，广场的各类设施都非常完备，但经过一段时间，便很容易受到人为破坏，这个现象又相当的普遍，也显示出我们的日常使用、管理和维护有滞后的现象。因此，在广场的规划设计之初，就需要我们考虑到这一问题，是设计上表现出服务的、人性的、发展的定位，处理好规划设计和现实需要的关系，营建和维护管理的关系，通过细节的设计纠正人们不良习惯，提高全民素质，并通过建设经营机制来加强管理，实现可持续发展（图 6-23)。

图 6-22　欧莱·布尔广场

图 6-23　波奈特公园

（二）道路景观设计

街道景观对于城市景观或者园林环境来讲，是线性要素的综合，它们相互联系形成网络，是整个城市的绿色血脉，而具体到每一条街景，都是各类景观要素的综合，正如简·雅各布森在《美国大城市的死与生》中写道的，“城市中的道路负担着重要的任务，然而路在宏观上是线，在微观上都是很宽的面”。随着城市化进程的加速，城市街道景观设计也日趋复杂、合理和成熟。

1. 道路景观的特点

道路景观的特点主要表现在系统性、秩序性和艺术性等方面。

① 系统性　道路景观设计的系统性是多层次和多元化的，涵盖了街道范围，需要对范围内的整个景观系统进行全面的设计，涉及植被、水景、雕塑、建筑、公共设施等一系列元素。

② 秩序性　道路景观表现出的秩序性是其功能的需要，相对于街道景观设计来讲，主要指两个方面：一方面是道路作为建构城市的线，线性之间的联系需要流畅的连续性；另一方面则是道路景观需要表现出相对明显的层次关系，因此对应于各个层次的景观要素的规划、布置和设计上，需要表现出秩序感。

③ 艺术性　作为城市的窗口之一，现代的园林景观设计已经涉及社会的方方面面，众多社会学家、艺术家纷纷参与进来，丰富了园林景观设计的内涵，使其更具艺术性。道路景观是由于其受众广泛，自然首当其冲，成为艺术创作的载体，艺术雕塑涌现在街头绿地、道路上的公共设施的设计业更具艺术感（图 6-24）。

图 6-24　巴塞罗那城市景观大道

2. 道路景观的分类

道路的功能是满足不同类型的交通，从城市公路到园林道路，等级差别非常大，因此在道路景观设计时也必须根据道路的类型进行有针对性的设计。城市公路的交通功能更加明显，则景观设计更讲究秩序感，造景元素选择相对单一，为了保障视线无阻，植物选择层次比较明显，以乔木和低矮的灌木为主，种类也相对单一，色彩相对单调；而园林道路则更加追求观赏性，造景元素丰富，植物层次复杂，选择的植物种类繁多，景观色彩相对丰富。道路景观由于其满足功能的不同，在景观设计上也有一定的差异。

① 人行道　人行道又称步行道，通常指的是车行道至建筑红线之间专供人行走的通道。人

行道上成行的乔木、灌木以规则式、自然式或者规则式与自然式混合的方法进行带状绿化。

② 步行街　步行街是指在交通集中的城市中心区域设置的行人专用道，与商业活动紧密相关，原则上排除汽车交通。步行街的景观设计内容很灵活，元素也非常丰富，可以根据场地的尺度、环境气氛的需要来设置雕塑、水景、花坛、植物以及公共设施等（图 6-25）。

图 6-25　拉·维莱特公园步行道

③ 滨水道路　滨水道路是临河、临湖建设的道路，一面临水，空间开阔，环境优美，是市民休闲、娱乐的理想场所。滨水道路的用地地形复杂，道路设计常配合地形的曲折和起伏变化，呈现自由的形式。滨河道路是典型的景观道路，因此各类园林要素的运用也必定会非常丰富。首先，强调植物景观的营造，绿化面积大，植物景观层次丰富，植物种类选择空间也很大，要注重水生植物和岸边植物的配合；其次，喷泉、栈道、亲水平台、建筑、构筑物等人工景观的设置，既能够满足人们的亲水体验，又能够有效地丰富视觉景观效果；另外，滨水道路还需要特别注意安全性的考虑；最后，滨水道路与优美的自然环境融合，因此需要更加注重生态环境的保护，避免环境的人为破坏，以及土壤和水质的污染（图 6-26、

图 6-26　滨河道路景观

图 6-27 滨水栈道

图 6-27)。

3. 道路景观设计的原则

道路是联系大到城市、小到园林环境中各个环节的纽带，重要性不言而喻。既可以满足功能性的要求，又能够展现城市的精神风貌。道路景观的设计应把握以下原则。

① 整体性原则 道路景观的设计必须和城市整体的建设融为一体，道路的景观设计在兼具个性的同时必须考虑到为整个城市服务的原则，这样才能保证各个层面的景观设计协调统一（图 6-28)。

② 人性化原则 人的生活规律和行为方式是城市道路景观规划设计的依据。通过对人流量、环境中人口结构等方面的考察，来指定道路的宽窄、植物配置的方案以及公共设施的数量和类型等。只有从受众的角度出发，才能真正起到作用。

③ 可持续原则 道路景观的社会作用和生态作用的凸显，决定了它必然成为一个长期投资。随着城市化进程的加速，城市对道路规模和质量的要求越来越高，旧的城市道路早已无法满足现代城市的需求，因此，在进行道路景观规划和设计时，需要把目光放长远，注重可持续发展，例如，在城市规划阶段，限定建筑红线位置，为今后道路的扩展留足充分的空间，提高现有道路的使用寿命。

五、园林植物

以植物为设计素材进行园林景观的创造是风景园林设计所特有的，有生命的植物材料与建筑材料是截然不同的，因此，利用植物材料造景就必须既要考虑植物本身的生长发育特性，又要考虑植物与生境及其它植物的生态关系；同时还应满足功能需要、符合审美及视觉

图 6-28 公园道路景观

原则。总之，以植物材料为基础的种植设计必须既讲究科学性，又讲究艺术性。

（一）园林植物的类型

园林植物按形态特征和生长习性可以分为：草本植物（一二年生或多年生花卉等）、木本植物（乔木、灌木、竹类等）、水生植物（湿生植物、挺水植物、浮叶植物、沉水植物和浮水植物等）、藤本植物（缠绕、吸附、攀援等）和草坪植物（冷季型草和暖季型草等）（图 6-29）。

图 6-29 植物景观

（二）园林植物的属性

园林植物是构成园林景观的重要元素，我们需要了解以下几个方面。

1. 尺度

园林植物本身的体量和规模具有大小之分，也正是乔木、灌木和地被植物之分，园林植物的尺度会影响到园林空间格局以及人的视线。

2. 形态

园林植物种类繁多，形态也更是多姿多彩，大体上可以包括圆柱形、圆锥形、球形、垂直型以及特殊型等，园林植物的形态是我们进行植物造景最重要的依据，它会直接影响到植物造景的效果。

3. 色彩

园林植物的色彩丰富，总体上以绿色为主，但在不同的阶段，植物的色彩也会有不同的变化，例如花期植物的色彩将以花的色彩为主等。

4. 质感

园林植物的质感，与植物的枝型、叶型有密切的联系，与植物种植的密度、乔灌木搭配的方法也有很大的关系，可以有效地帮助我们创造出不同的空间效果。

5. 生长习性

园林植物的生长习性，包括植物萌发的时期、营养生长时期、花期、果期等，植物生长习性关系到植物在不同时期的形态、质感、色彩等，进而对造景产生很大的影响。

6. 植物的生长习性与环境条件

园林植物的生长习性，受到环境因素的影响很大，植物对光线、水分、温度和土壤等环境因子的要求不同，抵抗劣境的能力不同，因此需要针对特定环境的条件对植物进行选择，做到适地适树。

设计师必须掌握各类植物的这些特性，才会对所有的植物功能有透彻的了解，进而熟练地、准确地将植物运用于园林创作中去（图 6-30）。

图 6-30　规则式种植

(三) 园林植物的功能

园林植物的功能概况地来讲可以包括观赏功能、生态功能和建造功能三个方面。

1. 观赏功能

园林植物应该区别于观赏植物，观赏植物指具有观赏价值，适于园林绿地或日常生活装饰应用的一类植物，其定义的重心是“观赏”，仅仅强调了植物的观赏功能，不能等同于园林植物，或者说用于定义园林植物不全面。园林植物指能用于园林绿地中，可发挥植物的观赏、生态和空间营造功能的植物。

2. 生态功能

园林实体要素中，园林植物有很强的生态功能，具体表现在：能够有效地净化空气、水体和土壤，能够通过光合作用吸收二氧化碳释放氧气，某些植物具有很强的滞尘能力，某些植物能够吸收二氧化硫等有害气体；能够有效地改善环境小气候，夏季浓荫可以遮挡阳光，冬季又能够投射阳光，冬季植物可以阻挡寒风，作为风道可以引导夏季的主导风，表面水分蒸发又能够控制小环境的温度和湿度；能够有效地降低环境噪音；能有效地保持水土，植物的根系、地被等低矮植物可以作为护坡的天然材料，减少土壤的流失和沉积；另外，植物在恶劣的环境条件下，会显示出不良的生理反应，能够有效地检测环境污染状况（图 6-31）。

图 6-31　自然式种植

3. 建造功能

园林可以说是以植物材料为主，结合地形地貌、建筑、水体等素材，根据改善生态环境和游憩环境条件的要求，在一定的经济、技术前提下，遵循科学原理和艺术规律，创造的“四维时空空间”。园林植物与建筑、地形地貌、水体等实体要素共同营造外部空间，具体来讲，可以利用园林植物的布置来强化或弱化地形效果，形成背景；运用园林植物设置障景，配合道路引导人流，可以无形中扩大园林空间；此外，用于不同类型的园林植物，也可以进一步划分园林空间。

（四）园林植物的观赏特性

园林植物的观赏特性来自很多方面，不同园林植物的枝干、叶、花、果的大小、形状、质感、色彩都具有不同的观赏价值。此外，园林植物在幼年、壮年、老年以及一年四季的景观上，也会有很大差异。

1. 园林植物的整体形态

园林植物姿态各异。常见乔灌木的形态可以概括为：柱形、塔形、圆锥形、伞形、圆球形、半圆形、卵形、倒卵形、匍匐形等，此外，特殊的还有垂枝形、曲枝形、拱枝形、棕榈形、芭蕉形等。不同姿态的树种给人以不同的感觉：高耸入云或连绵起伏，平和悠然或苍虬飞舞。它们与不同地形、建筑、溪石相配合，形成万千景色。

① 柱形　冠形竖直、狭长呈筒状、纺锤状，树形整齐、占据空间小，引导视线垂直向上，垂直景观明显。如钻天杨、塔柏等。

② 圆锥形　外观圆柱状，整个形体从底部逐渐向上收缩，最后在顶部形成尖头，能引导人的视线向上，造成高耸的感觉，大量使用则会现出比实际高度还要高的尺度感，可以加强地形的起伏变化。如雪松、云杉等。

③ 伞形　形象比较安定、亲切，有水平的韵律感，分支有水平生长的特性，姿态舒展，枝条、叶有强烈的水平向上感，造景效果好，常用于开阔处。如合欢、栾树、楝树、元宝枫、国槐、白玉兰等。

④ 球形　包括半球形、卵形、倒卵形、椭圆形，树形以曲线为主，圆润柔滑，有温和感，多用于不同植物造型间联系，完善植物造景构图。如桂花、石楠等。

⑤ 垂枝形　枝条下垂，随风起舞、婀娜多姿，常种植于滨水堤岸，与水景景观相映成趣。如垂柳、垂枝桃、龙爪槐等。

⑥ 特殊形　不规则的形体，如风致形、曲枝形等，多见于以古树以及自然界生长的一些树木，造型奇特，常用于园林景观中局部的点景。

2. 叶

叶是占据植物体量最大的部分，它的观赏性主要集中在其叶形和叶色两个方面。

① 叶形　叶形对植物整体表现出的质感有很大的影响，常见的叶形有针形、披针形、圆形、椭圆形、卵形、倒卵形、扇形等。

② 叶色　叶色不仅仅是影响单叶的观赏效果，它还影响整体植物景观的观赏效果。具体来讲植物可以分为绿色叶植物和彩色叶植物。

植物的叶色给人们的记忆通常是绿色，绿色是叶子的基本颜色，但在自然环境中绿色叶植物又会有深绿、浅绿、暗绿、嫩绿、墨绿等差别，它们能有效地丰富园林景观的色彩，也能给人们带来不同的心理感受。如雪松、云杉、侧柏、女贞、桂花等都呈深绿色；落叶松、七叶树、玉兰等则呈淡绿色。植物的色彩还会因环境和季节不同而发生变化，如一些植物在早春呈嫩绿，夏季呈深绿，秋季也会发生颜色深浅的变化等（图 6-32）。

图 6-32　秋色叶植物景观

除了绿色叶植物，彩色叶植物叶在园林植物景观的营造中，也很常见。彩色叶植物可以分为色叶植物和变色叶植物两大类型。色叶植物指的是植物的叶片常年保持绿色以外的色彩，常见的有金色（金叶女贞、红花继木）、紫色（紫叶李、紫叶小檗）以及杂色（变叶木、洒金桃叶珊瑚）等。变色叶植物指的是植物在生长的某个时期产生色彩变化，具体的包括秋色叶植物和春色叶植物。春色叶植物指的是植物叶色在春季产生变化的植物种类，在园林中常用的有石楠、七叶树等；秋色叶植物则是指在秋季叶色有明显变化的植物，在设计中使用较多的品种由黄栌、槭树、银杏、乌桕等。色叶植物全年或者某个时期保持特殊的色彩，与绿色植物相比较，具有特殊的观赏效果。

3. 花

就观赏特性而言，花是植物最重要的部分。其观赏特性主要从花相、花色和花香等方面表现出来。

① 花相　花或花序着生在树冠上的整体表现形貌称为花相。就园林植物的观赏特性来讲，花相的概念比花形更有价值。园林植物的花相，根据植物开花时有无叶簇的存在，可分为纯式花相和衬式花相两种形式。“纯式”花相指在开花时，叶片尚未展开，全树只见花不见叶的一类；“衬式”花相指的是在展叶后开花，全树花叶互相映衬。具体到花叶组合的形式，花相具体的又可以分为：独生花相（苏铁）；线条花相（连翘、金钟花、绣线菊）；星散花相（珍珠梅、鹅掌楸）；团簇花相（白玉兰、木兰）；覆被花相（七叶树、栾树）；密满花相（榆叶梅、火棘、紫荆、碧桃）；干生花相（槟榔、枣椰、鱼尾葵）等（图 6-33）。

图 6-33　春季花期植物景观

② 花色　园林植物的花，在色彩上更是千变万化、层出不穷。宋代文人洪适在《盘洲记》中，比较详细地记载了花木的色彩：“白有海桐、玉茗、素馨、茉莉、水栀；红有扶桑、杜鹃、丹桂、木槿、山茶、海棠、月季；黄有木犀、棣棠、迎春、秋菊；紫有含笑、玫瑰、木兰、凤薇、瑞香”。

常见的园林植物的花色可以归纳为：红色系的海棠、月季、玫瑰、蔷薇、杜鹃、牡丹、紫薇、榆叶梅、合欢等；黄色系的有迎春、桂花、连翘、腊梅、黄杜鹃、金花茶、黄牡丹等；蓝紫色系的有杜鹃、紫丁香、紫藤、泡桐、薄皮木、八仙花、木槿、木蓝等；白色系的有石楠、珍珠梅、茉莉、刺槐、栀子花、络石、梨树等。各种色彩的花卉相映成趣，极大地提升了园林景观的视觉效果。

③ 花香　赏花时更喜闻香，香味也是植物花朵特有的属性，有的植物花朵的大小和色彩并不突出，但迷人的香味也是园林创作中重要的元素。木香、月季、菊花、桂花、梅花、白兰花、含笑、夜合、米兰、九里香、木本夜来香、暴马丁香、茉莉等都是常见的芳香类植物。

暖温带及亚热带的树种，多集中于春季开花，因此夏、秋、冬季及四季开花的植物更显珍贵，如合欢、栾树、木槿、紫薇、凌霄、美国凌霄、夹竹桃、石榴、栀子、广玉兰、醉鱼草、海州常山、红花羊蹄甲、扶桑、蜡梅、梅花、金缕梅、云南山茶、冬樱花、月季等；更有一些花形奇特的植物种类，也有很强的吸引力，如鹤望兰、兜兰、旅人蕉等，它们在园林植物景观的营造中都扮演着重要的角色。不同花色组成的绚丽色块、色斑、色带及图案在配植中极为重要，有色有香则更是上品。因此，根据植物的观赏特性，在园林景观的创作时，可有意识地利用植物材料创作色彩园、芳香园、季节园等。

4. 果实

园林植物的果实往往也极富观赏价值，其观赏点主要体现在形和色两个方面。

① 果形　有些植物果实形态特别，也常常运用于园林景观的造景，例如果形奇特的秤锤树、蜡肠树、神秘果等；果实巨大的木菠萝、柚、番木瓜等。

② 果色　很多果实的色彩也很艳丽，也常常用于造景，例如紫色的紫珠、葡萄；红色的天目琼花、欧洲荚蒾、平枝栒子、小果冬青等；蓝色的白檀、十大功劳等；白色的珠兰、红瑞木、玉果南天竺、雪果等都有普遍的运用。

5. 枝干

某些植物的枝干也具重要的观赏特性。如垂柳枝条柔软飘逸；酒瓶椰子、佛肚竹等枝干造型奇特；白皮松具有斑驳的树干；白桦、白桉、粉枝柳等枝干发白；红瑞木紫竹等的枝干呈红紫色；棣棠、竹、梧桐、青榨槭、毛白杨等枝干呈绿色或灰绿色；山桃、华中樱、稠李等枝干呈古铜色；金竹等枝干呈黄色。植物枝干这些特性都有一定的观赏价值，在园林创作中经常得到运用。

(五) 植物空间的基本类型

园林植物通过合理的配置，也能够形成不同类型的空间效果，在园林环境中，给人提供不同的心理感受，植物种类结合其种植特点，形成的空间类型可以分为：开敞空间、半开敞空间、覆盖空间、封闭空间和垂直空间。

1. 开敞空间

开敞空间，通常是利用低矮灌木、地被植物围合形成，不阻挡视线，因此空间效果开敞、外向，无私密性，空间的采光和通风都很好，通常公园中的广场、大草坪等具有集会功能的场所都是这种类型。

2. 半开敞空间

利用乔木、灌木和地被植物相互配合，对周围空间一部分被完全遮挡，而将视线引导向另一侧，使其具有一定的方向性。此类空间有一定的开敞性，与外界有良好的视线联系，通常开敞的一面会面向水面等景观效果良好的方向。

3. 覆盖空间

由大型乔木覆盖形成，通常顶部覆盖，四周开敞，形成良好的林荫效果的同时，又不阻挡视线。林荫道、疏林广场等空间都是这种类型（图 6-34）。

4. 封闭空间

利用乔木、灌木等植物类型，将顶部和四周都完全封闭形成，空间感极强，私密性好，空间分隔的效果明显。

5. 垂直空间

由高耸的垂直方向生长的植物群落组成，顶部开敞，四周视线被植物阻挡，能形成较强的水平方向的围合感（图 6-35）。

园林创作也是一种空间艺术，利用植物组合形成各类空间的做法，在园林创作中很常

图 6-34　植物形成林下空间

见，能够在有效地分割空间、丰富园林空间层次的同时，不失自然的景观效果，给游人提供了多姿多彩的空间感受。

六、公共设施

公共设施是与人们日常生活密切相关的辅助设施，设置在室内外公共空间，服务于市民，在园林规划设计中，多指室外的公共场所中的设施。公共设施设计是伴随城市发展产生的，综合了工业设计和环境艺术设计等领域的知识。

（一）公共设施的概念

公共设施又常被称作“城市家具”，是城市空间必不可少的元素，是城市和园林环境中的细节设计，它们具有多样的功能、丰富的色彩和别致的造型，不仅满足了人对环境景观的视觉要求，同时，还从功能上满足人的各方面需求。

所谓公共设施，指的是由政府的公共部门提供的，属于社会公众共享或使用的公共物品或场所。从归属的角度来看，公共设施是政府提供的公共产品；从社会学角度来看，公共设施是满足人们各类型公共需求的设施，如公共服务设施、公共信息设施等。从艺术角度来看，公共设施设计是指在公共空间中为环境提供便利于人活动、休息、娱乐及交流的公共产品设计；从形式上讲，它们可以和环境互补，丰富园林空间的形式；从色彩上讲，可以利用多变的色彩，丰富环境的变化，从而满足视觉效果；从艺术形式上讲，不同的艺术形式也可

图 6-35 垂直空间

以给园林景观提供多层次的视觉感受。

（二）公共设施的类型

随着社会的发展，休闲环境的类型也日渐丰富，公共设施也逐步完善和发展起来，由原来的座椅、凉亭、雕塑等原始的公共设施，发展成公共电话亭、候车亭、自动售货机、标志、路牌等，为公共环境提供了丰富的景观元素，也为人们在各类公共环境中的活动提供了极大的便利。

公共设施根据它们的功能性来分类，可以包括以下几种类型。

1. 交通设施

园林空间中，围绕交通设置的环境设施多种多样，公交站点、道路护栏、台阶、坡道、自行车停放处等都属于交通设施的范畴，它们的任务包括维护交通秩序、保障交通安全等（图 6-36）。

2. 信息设施

信息设施的种类繁多，大体来说，包括传达视觉信息和传递听觉信息两种类型。在园林环境中，具体的信息设施主要有：各类型的标志、宣传栏、广告牌、电话亭、钟塔、音响设

图 6-36 交通设施

图 6-37 信息设施

施等（图 6-37）。

3. 卫生设施

卫生设施的任务是要保持环境卫生清洁而设置的具有收纳、清洗等各种功能的设备。在园林环境中，常见的卫生设施包括雨水井、垃圾箱、饮水器等（图 6-38）。

4. 休息设施

图 6-38 造型别致的垃圾桶

休息设施是园林环境中最常见的设施，它直接服务于人，是使用频率最高的公告设施，也最能体现人性关怀。休息设施以椅凳为主，也包括休息廊架等，设置在园林环境中，供人们休息、读书、交谈（图 6-39）。

图 6-39 公园休息设施

5. 游乐设施

在园林环境中，游乐设施是针对不同类型人群户外活动的需要而设置的设备。主要根据年龄层次可以区分为儿童游乐设施和老年人健身设施等。

6. 服务系统设施

园林空间中的服务系统设施，主要是为了方便人们在户外空间中购物、咨询等活动设置的公共设施，包括售货亭、电子取款机、问讯处等（图 6-40）。

7. 景观雕塑

景观雕塑是一门造型艺术，与所处的空间环境相互配合，烘托环境气氛，反映着城市精

图 6-40　公园导向系统

神和时代风貌，也对提高园林环境的人文精神有很大的意义。景观雕塑的类型很丰富，按艺术处理形式来分，可以包括具象和抽象的雕塑；按在城市环境中的功能来分，可分为主题性雕塑、纪念性雕塑和装饰性雕塑等（图 6-41、图 6-42、图 6-43、图 6-44）。

图 6-41　雕塑景观

8. 绿化设施

绿化是园林景观最主要的元素之一，也是环境中最富有生命力的部分。因此在园林景观中，承载着绿色植物的容器，也是很常见的公共设施，主要包括树池、种植槽以及花坛等。

图 6-42　乌镇雕塑场景

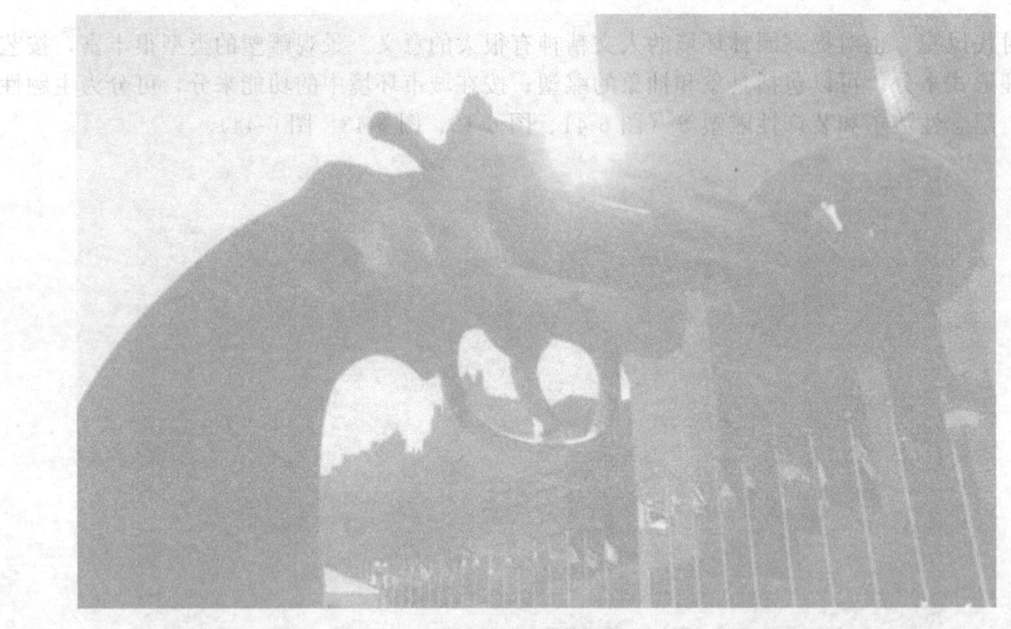

图 6-43　抽象雕塑

9．传播设施

传播设施是园林环境中具有一定商业和非商业目的的宣传设备。一般来讲，壁画、路边广告栏、宣传栏、灯箱、商业橱窗以及一些活动性设施，都具有信息、咨询的传播功能（图 6-45）。

10．照明设施

照明设施最初主要是满足人们在园林空间的夜间活动而设置的。但随着科技的发展，照

图 6-44　景观雕塑“结合”

图 6-45　公园中的壁画

明设施也出现了多元发展的趋势，从光源来讲，出现了各类霓虹灯、卤素灯、氙气灯等；从用途来讲，有发展出水景照明、广场景观灯、商业橱窗、建筑立面照明等。各种类型的景观灯相互配合，造就了丰富的景观夜景和独特的城市夜景文化（图 6-46）。

（三）公共设施的性质

在园林空间中，公共设施是联系人与环境的媒介，对协调人与环境的关系有非常重要的作用，而公共设施也需要根据人们生活习惯和思想观念的变换，不断细化，不断具体，推陈

图 6-46 公园照明设施

出新。我们在进行公共设施设计时，应该注意到公共设施在实用性、艺术性、科学性和便利性等方面的需要。

公共设施在园林环境中是实用性非常强的元素，不同的公共设施表现出来的实用性是非常具有针对性的。在园林规划设计时，我们应当充分体验人们在环境中的活动规律，体验他们对公共设施的需求，进而满足他们。

公共设施设计的艺术性的内容应包括“形式”和“内涵”两个方面，“形式”是公共设施设计给予的视觉效果，涉及造型、色彩等形式要素的创作和选择；“内涵”则是公共设施设计的文化价值等深层次内容的体现。

公共设施的科学性体现在设施在园林空间中的布局和细节设计等方面。公共设施设计是综合性非常强的工作，涉及社会学、人体工程学、艺术设计等学科的相关知识。在设计时，应该按照一定的结构形式，配合符合人类使用习惯的人体工程学规范，来作为设计的依据，运用先进的技术和设备，合理地解决设计和施工等各个方面的问题，进而保障人们在使用设施时的安全。

公共设施是为了满足人们的需求来进行布置和设计的，目的是为人们方方面面的活动提供便利，因此，便利性是公共设施不可或缺的属性。便利性可以归纳为方便休息、提供照明、提供导向、提供休闲娱乐活动、满足便利的生活细节等方面。在园林规划时，应该充分考察环境，体验人们的需求，对公共设施进行合理的布置；在细节设计时，也应充分考虑人们使用的普遍习惯。

（四）公共设施的功能

公共设施除了要完成它们各自的实用功能之外，在园林景观的艺术创作中，还能够实现以下功能。

1. 丰富空间色彩

园林空间的色彩通常以大块同类色相出现，比如大面积的绿色植被、大面积的地面铺装、大面积的水面等。大面积的色块给人的感觉更多的是无限的延展，但难免会给人带来单调的感受，缺少色彩的点缀。此时，公共设施可以针对环境的色彩特征进行色彩的搭配和协调，使空间的色彩更加丰富。

2. 呼应空间造型

园林空间中，各种元素都以独特的造型存在，这些元素的造型通常都具有一定的规律。公共设施的造型却多种多样，可以配合不同的环境特点，进行有针对性的设计，可以通过造型、体量与园林空间进行对比，这样也能够有效地弥补空间的不足，丰富空间的层次。

3. 营造地方文化气息

不同的地域环境，由于不同的宗教信仰、文化传统、不同的生活方式和生活习惯，会表现出不同的地域文化，而这些文化的差异常常会通过环境中的各种构成元素体现出来。在园林环境中，公共设施由于其灵活性，自然而然成为地域文化的重要载体，记录历史，传承文化。公共设施的设计在满足功能需要的同时，也要尽力体现文化内涵，让人们接受文化的熏陶。针对不同的环境，公共设施的设计应当充分考虑地域文化和传统的差异，设计出能够体现地域特色的公共设施，这样才能和自然环境、人文环境融为一体，协调统一。

（五）公共设施的发展趋势

公共设施的设计、施工、管理和使用的状况，能够反映出一个城市的文化基础、管理水平以及市民的修养和素质。因此，公共设施的设计需要适应时代的发展，运用高技术的同时注入人文关怀，进而获得高品质、高层次的设计。时代的发展要求公共设施的设计和制作，更加专业、更加细致，这也为设计师提出了更高的要求，需要我们更好地结合环境要求，发挥创造力，设计出更好、更合理的产品，服务社会。

公共设施的发展趋势表主要表现在以下几个方面。

1. 多元化和专业化

科技的发展，为公共环境设施由单调向多元发展提供了很多机会，各类新产品的出现，也会带动公共设施的发展；而不同性别、不同年龄层次的人群在公共环境中的活动也有着各自的特点，对公共设施也会有不同的需求。因此公共设施的设计也向着越来越细致的方向发展。

2. 智能化

科技的进步也会为设计领域带来巨大的变革。公共设施的设计也伴随着一次次的科技进

图 6-47　遮阳设施

步不断地发展，一步步向智能化迈进。例如，法国的铁路系统已经设置了智能的售票系统，自动售票机可以无线连接乘客的行动电话，乘客可以轻松地通过手机支付票款，大大地节省了人力的投入，也为乘客提供了便利。

3. 人性化

环境景观中的公共设施与人们的生活息息相关，人们要求的不断提高，刺激着高质量、高效率、高技术的公共设施不断涌现，这些公共设施不仅为环境提供了具体的实用功能，更强调对人的关怀，为人服务的宗旨，也正是所谓“人性化设计”。具体来讲，园林环境中的公共设施，应该能够满足人们日常的需求和使用安全；功能明确，使用方便，符合人体工程学的要求；同时也不能忽视对环境生态质量的保护（图 6-47）。

本章小结

园林绿地种类繁多，大至风景旅游区，小至庭院绿化，虽然功能效果各不相同，但都是由地形、建筑物、植物、场地的历史文化等构成，它们相辅相成，共同组成了丰富多彩的园林空间。

复习思考题

1. 简述园林的自然景观要素。
2. 园林的人文要素有哪些？
3. 框架性要素包括哪些内容？

第七章　绘图语言与设计程序

第一节　园林设计图的类型

园林设计图是在掌握园林艺术理论、设计原理、有关工程技术及制图基本知识的基础上绘制的专业图纸，是园林设计人员的语言，它能够将设计者的思想和要求通过图纸直观地表达出来，使人们可以形象地理解到其中的设计意图和艺术效果，并按照图纸去施工，从而创造优美的环境。

园林设计图的种类较多，根据其内容和作用的不同，可以分为以下几种类型。

一、现状图

在做园林设计时，必须先对建设地区有关的自然条件及周围的环境和城市规划的有关资料搜集调查并进行深入的研究。对建设地区的调查结果最终主要以图纸的形式表现出来，从而为以后的设计打下良好的基础。现状图主要包括以下内容。

① 地形图　根据面积大小，提供1∶2000，1∶1000，1∶500设计范围内总平面地形图。图纸应明确显示以下内容：a. 设计范围（红线范围、坐标数字），包涵设计范围内的地形、标高及现状物（现有建筑物、构筑物、山体、水系、植物、道路、水井，还有水系的进、出口位置、电源等）的位置。现状物中，要求保留利用、改造和拆迁等情况要分别注明。b. 四周环境情况，即与市政交通联系的主要道路名称、宽度、标高数字以及走向和道路、排水方向；周围机关、单位、居住区的名称、范围，以及今后的发展状况。

② 局部放大图　1∶200图纸主要提供为局部详细设计用。该图纸要满足建筑单位设计及其周围山体、水系、植被、园林小品及园路的详细布局。

③ 要保留使用的主要建筑物的平、立面图，平面位置注明室内、外标高；立面图要标明建筑物的尺寸、颜色等内容。

④ 现状树木分布位置图（1∶200，1∶500），主要标明要保留树木的位置，并注明品种、胸径、生长状况和观赏价值等。有较高观赏价值的树木最好附以彩色照片。

⑤ 地下管线图（1∶500，1∶200），一般要求与施工图比例相同。图内应包括要保留的上水、雨水、污水、化粪池、电信、电力、暖气沟、煤气、热力等管线位置及井位等。除平面图外，还要有剖面图，并需要注明管径的大小，管底或管顶标高，压力、坡度等。

二、位置图

属于示意性图纸，表示该园林绿地在城市区域内的位置，要求简洁明了。

三、现状分析图

根据已掌握的全部资料，经分析、整理、归纳后，分成若干空间，对现状作综合评述。可用圆形圈或抽象图形将其概括地表示出来。例如，经过对四周道路的分析，根据主、次城市干道的情况，确定出入口的大体位置和范围。同时，在现状分析图上，可分析园林绿地设计中有利和不利因素，以便为功能分区提供参考依据。

四、功能分区图

根据总体设计的原则、现状图分析，根据不同年龄段游人活动规划，不同兴趣爱好的游人的需要，确定不同的分区，划出不同的空间，使不同空间和区域满足不同的功能要求，并使功能与形式尽可能统一。另外，功能分区图可以反映不同空间、分区之间的关系。该图属于示意说明性质，可以用抽象图形或圆圈等图案予以表示。

① 以简单的“泡泡”表示拟设计基地的主要功能、空间。

② 功能、空间相互之间的距离或临近关系。

③ 各个功能、空间围合的形式（即开敞或封闭）。

④ 障壁或屏隔。

⑤ 引入各功能、空间的景观视域。

⑥ 功能、空间的进出点。

⑦ 除基地外部功能、空间以外，还要表示建筑内部功能、空间。

五、园林总体规划设计图

简称总平面图，它表明了一个区域范围内园林总体规划设计的内容，反映了组成园林各个部分之间的平面关系及长宽尺寸，是表现总体布局的图样。总体平面图的具体内容包括：

① 表明用地区域现状及规划的范围。

② 表明对原有地形地貌等自然状况的改造和新的规则，道路系统规划。

③ 园林绿地与周围环境的关系：主要、次要、专用出入口与市政关系，即面临街道的名称、宽度；周围主要单位名称，或居民区等；与周围边界是围墙或镂空栏杆要明确表示。

④ 第一、第二，主要、次要，专用出入口的位置、面积、规划形式；主要出入口的内、外广场，停车场、大门等布局。

⑤ 以详细尺寸或坐标网格标明建筑物、道路、水体系统及地下或架空管线的位置和外轮廓，并注明标高。

⑥ 全园植物设计图。图上反映密林、疏林、树丛、草坪、花坛、专类花园、盆景园等植物景观。

⑦ 总体设计图应准确标明指北针、比例尺、图例等内容。

六、效果图

设计者为更直观地表达园林设计的意图，更直观地表现园林设计中各景点、景物以及景区的景观形象，通过计算机制图或钢笔画、铅笔画、钢笔淡彩、水彩画、水粉画、中国画等绘画形式表现，都有较好效果。效果图是反映某一透视角度设计效果的图样，它把局部园林景观用透视的方法表现出来，好像是一幅自然风景照片。这种图具有直观的立体景象，能清楚表明设计意图，但在效果图上，不能注出各部分的远、近、长、宽、高的尺度，所以效果图不是具体施工的依据。

七、鸟瞰图

根据透视原理，用高视点透视法从高处某一点俯视全园绘制成的立体效果图。它就像从高处鸟瞰制图区，比平面图更有真实感。视线与水平线有一俯角，图上各要素一般都根据透视投影规则来描绘，其特点为近大远小，近明远暗。如直角坐标网，东西向横线的平行间隔逐渐缩小，南北向的纵线交会于地平线上一点（灭点），网格中的水系、地貌、地物也按上述规则变化。鸟瞰图可运用各种立体表示手段，表达地理景观等内容，可根据需要选择最理想的府视角度和适宜比例绘制。鸟瞰图是反映园林全貌的图样，其性质与透视图一样。不同的是，鸟瞰图的视点较高，如同飞鸟从空中往下看。它主要帮助我们了解整个园林的设计效果。目前鸟瞰图的绘制主要由计算机软件来完成。

八、地形设计图

地形是全园的骨架，要求能反映出全园的地形结构。以自然山水园而论，要求表达山体、水系的内在有机联系。根据分区需要进行空间组织；根据造景需要，确定山地的形体、制高点、山峰、山脉、山脊走向、丘陵起伏、缓坡、微地形以及坞、岗、岘、岬、岫等陆地造型。同时，地形还要表示出湖、池、潭、港、湾、涧、溪、滩、沟、渚以及堤、岛等水体造型，并要标明湖面的最高水位、常水位、最低水位线。此外，图上标明入水口、排水口的位置（总排水口方向、水源及雨水聚散地）等。也要确定主要园林建筑所在地的地坪标高、桥面标高、广场高程，以及道路变坡点标高。还必须标明公园周围市政设施、马路、人行道以及与公园邻近单位的地坪标高，以便确定公园与四周环境之间的排水关系。

九、道路总体设计图

首先，在图上确定园林的主要出入口、次要入口与专用入口，还有主要广场的位置及主要环路的位置，以及作为消防的通道。同时确定主干道、次干道等的位置以及各种路面的宽度、排水纵坡，并初步确定主要道路的路面材料、铺装形式等。图纸上用虚线画出等高线，再用不同的粗线、细线表示不同级别的道路及广场，并标出主要道路的高程控制点。

十、种植设计图

根据总体设计图的布局、设计的原则以及苗木的情况，确定全园的总构思。种植总体设计内容主要包括不同种植类型的安排，如密林、草坪、疏林、树群、树丛、孤立树、花坛、花境、园界树、园路树、湖岸树、园林种植小品等内容。还有以植物造景为主的专类园，如月季园、牡丹园、香花园，观叶观花园、盆景园、观赏或生产温室、爬蔓植物观赏园、水景园；公园内的花圃、小型苗圃等。同时，确定全园的基调树种、骨干造景树种，包括常绿、落叶的乔木、灌木、草花等。

种植设计图上，乔木树冠以中、壮年树冠的冠幅，一般以5～6m树冠为制图标准，灌木、花草以相应尺度表示。

十一、管线设计图

根据总体规划要求，设计出水源的引进方式、水的总用量（消防、生活、造景、喷灌、浇灌、卫生等）及管网的大致分布、管径大小、水压高低等，以及雨水、污水的水量，排放方式，管网大体分布，管径大小及水的去处等。北方冬天需要供暖，则要考虑供暖方式、负荷多少，锅炉房的位置等。

十二、电气规划图

以总体设计为依据，设计出总用电量、利用系数、分区供电设施、配电方式、电缆的敷设，以及各区各点的照明方式、广播通讯等设施。可在建筑道路与竖向设计图的基础上用粗线、黑点、黑圈、黑块表示。

十三、园林建筑布局图

要求在平面上，反映全园总体设计是建筑在全园的布局，主要、次要、专用出入口的售票房、管理处、造景等各类园林建筑的平面造型。大型主体建筑，如展览性、娱乐性、服务性等建筑平面位置及周围关系；还有浏览性园林建筑，如亭、台、楼、阁、榭、桥、塔等类型建筑的平面安排。除平面布局外，还应画出主要建筑物的平面、立面图。

十四、设计说明书

方案设计完成图纸内容后，还须编写说明书，说明设计意图。主要内容包括：

① 园林绿地的位置、范围、规模、现状及设计依据；

② 园林绿地的性质、设计原则、目的；

③ 功能分区及各分区的内容、面积比例（土地使用平衡表）；

④ 设计内容（出入口、道路系统、竖向设计、山石水体等）有关方面；

⑤ 绿化种植安排、理由；

⑥ 电气等各种管线说明；

⑦ 分期建园计划；

⑧ 其它。

方案设计完成以后，把所有设计图纸和文本装订成册，送甲方审查。

十五、园林工程施工图

在园林建设中，园林施工图是重要的技术文件，是工程施工的依据，是所有参建单位和个人都必须遵守的准绳。园林工程施工图是指导园林工程现场施工的技术性图纸，类型较多。如总平面图、施工放线图、竖向设计图、植物配置图等。

第二节　园林施工图

一、园林施工图概述

（一）施工图的分类

园林工程施工图按不同的专业可分为以下几类。

① 施工放线：施工总平面图，各分区施工放线图，局部放线详图等。

② 土方工程：竖向施工图，土方调配图。

③ 建筑工程：建筑平面图、立面图、剖面图，建筑施工详图等。

④ 结构工程：基础图、基础详图，梁、柱详图，结构构件详图等。

⑤ 电气工程：电气施工平面图、施工详图、系统图、控制线路图等。大型工程应按强电、弱电、火灾报警及其智能系统分别设置目录。

⑥ 给排水工程：给排水系统总平面图、详图、给水、消防、排水、雨水系统图、喷灌系统施工图。

⑦ 园林绿化工程：种植施工图、局部施工放线图、剖面图等。如果采用乔、灌、草多层组合，分层种植设计较为复杂，应该绘制分层种植施工图。

（二）施工图设计深度

园林工程施工图的设计深度应符合下列要求：

① 能够根据施工图编制施工预算。

② 能够根据施工图安排材料、设备订货及非标准材料的加工。

③ 能够根据施工图进行施工和安装。

④ 能够根据施工图进行工程验收。

（三）图纸编号

园林工程施工图图纸编号以专业为单位，各专业编排各专业的图号。

① 对于大、中型项目，应按照以下专业进行图纸编号：园林、建筑、结构、给排水、

电气、材料附图等。

② 对于小型项目，可以按照以下专业进行图纸编号：园林、建筑及结构、给排水、电气等。

③ 每一专业图纸应该对图号加以统一标示，以便查找，如，建筑结构施工可以缩写为："建施（JS）"，给排水施工可以缩写为"水施（SS）"，种植施工图可以缩写为"绿施（LS）"。

二、园林施工总平面图

园林施工总平面图主要反映的是园林工程的形状、所在位置、朝向及拟建建筑周围道路、地形、绿化等情况，以及该工程与周围环境的关系和相对位置等。

（一）包括的内容

① 指北针（或风玫瑰图），绘图比例（比例尺），文字说明，景点、建筑物或者构筑物的名称标注，图例表等。

② 道路、铺装的位置、尺度，主要点的坐标、标高以及定位尺寸。

③ 小品主要控制点坐标及小品的定位、定形尺寸。

④ 地形、水体的主要控制点坐标、标高及控制尺寸。

⑤ 植物种植区域轮廓。

⑥ 对无法用标注尺寸准确定位的自由曲线园路、广场、水体等，应给出该部分局部放线详图，用放线网表示，并标注控制点坐标。

（二）绘制要求

① 布局与比例：图纸应按上北下南方向绘制，根据场地形状或布局，可向左或向右偏转，但不宜超过45°。施工总平面图一般采用1∶500、1∶1000、1∶2000的比例绘制。

② 图例：《总图制图标准》（GB/T 50103—2001）中列出了建筑物、构筑物、道路、铁路以及植物等的图例，具体内容参见相应的制图标准。如果由于某些原因必须另行设定图例时，应该在总图上绘制专门的图例表进行说明。

③ 图线：在绘制总图时应该根据具体内容采用不同的图线。

④ 单位：施工总平面图中的坐标、标高、距离宜以"m"为单位，并应至少取至小数点后两位，不足时以"0"补齐。详图宜以"mm"为单位，如不以"mm"为单位，应另加说明。建筑物、构筑物、铁路、道路方位角（或方向角）和铁路、道路转向角的度数，宜注写到"秒"，特殊情况，应另加说明。道路纵坡度、场地平整坡度、排水沟沟底纵坡度宜以百分计，并应取至少小数点后一位，不足时以"0"补齐。

⑤ 坐标网格：坐标分为测量坐标和施工坐标。测量坐标为绝对坐标，测量坐标网应画成交叉十字线，坐标代号宜用"X、Y"表示。施工坐标为相对坐标，相对零点宜选用已有建筑物的交叉点或道路的交叉点，为区别于绝对坐标，施工坐标用大写英文字母A、B表示。

施工坐标网格应以细线绘制，一般画成100m×100m或者50m×50m的方格网，当然也可以根据需要调整。

⑥ 坐标标注：坐标宜直接标注在图上，如图无足够位置，也可列表标注，如坐标数字的位数太多时，可将前面相同的位数省略，其省略位数应在附注中加以说明。

三、园林施工放线图

（一）包括的内容

① 道路、广场铺装、园林建筑小品放线网格（间距1m或5m或10m不等）。

② 坐标原点、坐标轴、主要点的相对坐标。

③ 标高（等高线、铺装等）。

(二) 作用

园林工程施工放线图主要有以下作用：

① 现场施工放线；

② 确定施工标高；

③ 测量工程量、计算施工图预算。

(三) 注意事项

① 坐标原点的选择：固定的建筑物构筑物角点，或者道路交点，或者水准点等。

② 网格间距：根据实际面积的大小及其图形的复杂程度，不仅要对平面尺寸进行标注，同时还要对立面高程进行标注（高程、标高）。写清楚各个小品或铺装所对应的详图标号，对于面积较大的区域给出索引图（对应分区形式）。

四、竖向设计施工图

竖向设计是指在一块场地中进行垂直于水平方向的布置和处理。

(一) 包括的内容

园林工程竖向设计施工图一般应包括以下内容：

① 指北针、图例、比例、文字说明、图名。文字说明中应该包括标注单位、绘图比例、高程系统的名称、补充图例等。

② 现状与原地形标高，地形等高线，设计等高线的等高距一般取 0.25～0.5m，当地形较为复杂时，需要绘制地形等高线放样网格。

③ 最高点或者某些特殊点的坐标及该点的标高。如道路的起点、变坡点、转折点和终点等的设计标高（道路在路面中、阴沟在沟顶和沟底），纵坡度、纵坡距、纵坡向、平曲线要素、竖曲线半径、关键点半径、关键点坐标；建筑物、构筑物室内外设计标高；挡土墙、护坡或土坡等构筑物的坡顶和坡脚的设计标高；水体驳岸、岸顶、岸底标高，池底标高，水面最低、最高及常水位。

④ 地形的汇水线和分水线，或用坡向箭头标明设计地面坡向，指明地表排水的方向、排水的坡度等。

⑤ 绘制重点地区、坡度变化复杂的地段的地形断面图，并标注标高、比例尺等。

当工程比较简单时，竖向设计施工平面图可与施工放线图合并。

(二) 具体要求

① 计量单位。通常标高的标注单位为“m”，如果有特殊要求的话应该在设计说明中标注。

② 线型。竖向设计图中比较重要的就是地形等高线，设计等高线用细实线绘制，原有地形等高线用细虚线绘制，汇水线和分水线用细单点长划线绘制。

③ 坐标网格及其标注。坐标网格采用细实线绘制，网格间距取决于施工的需要以及图形的复杂程度，一般采用与施工放线图相同的坐标网体系。对于局部的不规则等高线，或者单独做出施工放线图，或者在竖向设计图纸中局部缩小网格间距，提高放线精度。竖向设计图的标注方法同施工放线图，针对地形中最高点、建筑物角点或者特殊点进行标注。

④ 地表排水方向和排水坡度。利用箭头表示排水方向，并在箭头上标注排水坡度。

五、植物配置图

(一) 内容与作用

① 内容。植物种类、规格、配置形式、其它特殊要求。

② 作用。可以作为苗木购买、苗木栽植、工程量计算等的依据。

（二）具体要求

（1）现状植物的表示。

（2）图例及尺寸标注。

① 行列式栽植。对于行列式种植形式（如行道树、树阵等）可用尺寸标注出株行距、始末种植点与参照物的距离。

② 自然式栽植。对于自然式的种植形式（如孤植树），可用坐标标注种植点的位置或采用三角形标注法进行标注。孤植树往往对植物的造型、规格的要求较严格，应在施工图中表达清楚，除利用立面图、剖面图表示以外，可与苗木表相结合，用文字来加以标注。

③ 片植、丛植。植物配置图应绘出清晰的种植范围边界线，标明植物名称、规格、密度等。对于边缘线呈规则的几何形状的片状种植，可用尺寸标注的方法标注，为施工放线体统依据，而对边缘呈不规则的自由线的片状种植，应绘坐标网格，并结合文字标注。

④ 草皮种植。草皮是用打点的方法表示，标注应标明其草坪名、规格及种植面积。

（3）应注意的问题

① 植物规格：图中为冠幅，根据说明确定。

② 借助网格定出种植点位置。

③ 图中应写清楚植物数量。

④ 对于景观要求细致的种植局部，施工图应有表达植物高低的关系、植物造型形式的立面图、剖面图、参考图或通过文字说明与标注。

⑤ 对于种植层次较为复杂的区域应该绘制分层种植图，即分别绘制上层乔木的种植施工图和中下层灌木地被等的种植施工图。

六、园路、广场施工图

（一）园路、广场施工图是指导园林道路施工的技术性图纸

园路、广场施工图能够清楚地反映园林路网和广场布局，一份完整的园路、广场施工图纸主要包括以下内容：

① 图案、尺寸、材料、规格、拼接方式；

② 铺装剖切段面；

③ 铺装材料特殊说明。

（二）园路、广场施工图主要具有下列作用

① 购买材料。

② 施工工艺、工期确定、工程施工进度。

③ 计算工程量。

④ 如何绘制施工图。

⑤ 了解本设计所使用的材料、尺寸、规格、工艺技术、特殊要求等。

七、假山施工图

为了清楚地反映假山设计，便于指导施工，通常要作假山施工图，假山施工图是指导假山施工的技术性文件，通常一幅完整的假山施工图包括平面图、剖面图、立面图或透视图、做法说明和预算。

八、水景施工图

为了清楚地反映水景的设计、便于指导施工，通常要做水景施工图，水景施工图是指导水景施工的技术性文件，通常一幅完整的水景施工图包括平面图、剖面图和各单项土建工程详图。

（一）平面位置图

依据竖向设计和施工总平面图，画出泉、溪、河湖、水池等水体及其附属物的平面位置。用细线画出坐标网，按水体形状画出各种水景的驳岸线、水底、山石、汀步、小桥等的位置，并分段注明岸边及池底的设计标高。

（二）纵横剖面图

水体平面及高程有变化的地方都要画出剖面图。通过这些图表示出水体的驳岸、池底、山石、汀步及岸边的处理关系。

某些水景工程，还有进水口、溢水口、泄水口大样图；池底、池岸、泵房等工程做法图；水池循环管道平面图。水池管道平面图是在水池平面位置基础上，用粗线将循环管道走向、位置画出，并注明管径、每段长度以及潜水泵型号，并加简短说明，确定所选管材及防护措施。

九、照明电气施工图

（一）内容

① 灯具形式、类型、规格、布置位置。

② 配电图（电缆电线型号规格，联系方式；配电箱数量、形式规格等）。

（二）作用

① 配电，选取、购买材料等。

② 取电（与电业部门沟通）。

③ 计算工程量（电缆沟）。

（三）注意事项

① 网格控制。

② 严格按照电力设计规格进行。

③ 照明用电和动力电分别设配电。

④ 灯具的型号标注清楚。

十、喷灌、给排水施工图

喷灌、给排水施工图的主要内容包括：

① 给水、排水管的布设、管径、材料等；

② 喷头、检查井、阀门井、排水井、泵房等；

③ 与供电设施相结合。

十一、园林小品详图

园林小品详图的主要内容包括建筑小品平、立、剖面图（材料、尺寸）、结构、配筋、园林小品材料规格等。如一个单体建筑，必须画出建筑施工图（建筑平面位置图、建筑各层平面图、屋顶平面图、各个方向立面图、剖面图、建筑节点详图，建筑说明等）、建筑结构施工图（基础平面图、楼层结构平面图、基础详图、构件详图等）、设备施工图，以及庭院的活动设施工程、装饰设计、铺装形式等。

十二、编制施工预算

在施工图设计中要编制预算。它是实行工程总承包的依据，是控制造价、签订合同、拨付工程款项、购买材料的依据，同时也是检查工程进度、分析工程成本的依据。

预算包括直接费用和间接费用。直接费用包括工人、材料、机械、运输等费用，计算方法与概算相同。间接费用按直接费用的百分比计算，其中包括设计费用和管理费。

十三、施工设计说明

说明书的内容是方案设计说明书的进一步深化。说明书应写明设计依据、设计对象的地理位置及自然条件，园林绿地设计的基本情况，各种园林工程的论证叙述，园林绿地建成后的效果分析等。

第三节　园林设计效果图

一、效果图的作用

效果图又称为表现图，主要目的在于表达工程竣工后的设计效果，这种图最能表现空间真实感，形象地体现出种种气氛和情调，以其综合表现力和最直观的感受而受人欢迎。

由于效果图提供了对竣工效果的预期印象，而为甲方和审批者关注，以其先入为主的感染力有助于得到甲方和审批者的认可取用。因此在社会中的工程招标中效果图的吸引力往往具有举足轻重的作用，投标的成功与失败很大程序上有赖于效果图的表现魅力，效果图的表现质量不可忽视。

此外从专业设计的角度来看，根据效果图可以分析到设计方案的物质功效、精神作用、环境效益、设计技巧、时代性、艺术性、技术性和经济性等内在特色。

由此可知，必须熟知效果图，不可低估效果图的效用，将效果图作为园林设计人员所特有和必备的工作图，起到设计者与其它人员之间的感情交流和技术语言沟通的作用。

二、效果图的表达方式

由三面投影体系形成的三视图作为工程设计中细致而具体的详图，充分表达技术性要求，但其表现力是有限的。效果图以截然不同的表达方式直观地表达设计意图，其外在形式为图画，并且没有直接的文字标注，以图示化的语言体现真实感。

效果图往往运用透视法迎合人们正常的视觉，有时亦为了成图简便也用轴测图，特别是在透视上运用阴影、色彩后，极大地表现出立体感与空间感，增强了真实感。由此，效果图不需口头上的千言万语，却能一见之下令人反复思考、回味和领悟。

(一) 效果图的形象

效果图中的形象首先是让人知道图中说明形体的外轮廓形象；第二，了解物体的大小体量，即所占的实际空间，主要利用物体形象在图中的相对尺度，产生彼此的大小概念；第三，表现出形体彼此之间的相对位置，主要通过透视关系表达相互在空间中的上下、前后、左右的关系。

可见效果图中的形象不仅对形体本身进行说明，并且展示各形象的内在构成联系。

(二) 质感

质感是形体印象的重要因素，影响着表现效果。表现手法的差异将会表现不同的材料质感。如细密的点用来表现粉刷面和粗石面，或者用于表现草皮；线多用于表现木质纹理、线形材料、或曲或直刻画形体表面的纹理和光泽。

(三) 色彩

任何构图要素都要有自身色彩，效果图运用色彩是突出表现效果的常选方法，首先可反映物体的真实感，同时又可反映特定的环境、气氛，形和色的配合使物体趋于完美表达。

色彩亦是最敏感的视觉印象，认识色彩、理解色彩、掌握和表现色彩是效果图制作的基础要素，是需要热闹、欢快还是静穆、恬静；是令人舒展平和还是使人激情勃发都可从色彩分析过程中予以影响。

（四）光影

光影对于构图要素的立体感有着不可缺少的装饰作用。光影的运用可以利用直接的天然光源，也可以利用各种不同的人工光源，或者将二者复合使用，极大地丰富效果图的感染力，突出构图要素的优美形象。

（五）环境氛围

构图要素形体周围的环境气氛和情调可以简称为氛围。氛围往往也是设计者精心营造的一种要素，良好的氛围能激起欣赏者的身心舒展、欢快等，取得愉悦的精神效果。

氛围在效果图上体现的是整体感受，是整幅画面所生成的表现效果，不论其形象、材质、色彩、光影都围绕氛围来体现。

第四节　园林设计图的手工绘制

一、园林设计图的绘制要求

（一）培养丰富的想象力

园林设计图本身就是一种无形的立体空间艺术。它是以自然美为特征的空间环境规划设计，而绝不是单纯的平面构图和立面构图。园林设计图主要是平面图，它是将立体景物通过正投影而以平面图的方式绘制出来。这就要求设计者经过相当程度的作图技术训练，培养丰富的想象力以后，在设计作图的过程中，将出现在脑海里的园林立体景物，随即变成平面的正投影图像。另一方面，在阅读平面图时，也应在脑海中迅速转化成栩栩如生的立体景物。

（二）具备综合美感

园林设计图又是门综合的造型艺术。园林美是自然美、生活美、建筑美、绘画美、文学美的综合。现实风景中的自然美，通过提炼可以成为艺术美，最后上升为诗情画意。而园林设计，就是要把这种艺术中的美，把诗情和画意搬回到现实中来。作为设计者，首先必须具备这种综合美感，通过园林设计图，让人们走进现实的园林风景之中，从而触景生情，产生出新的诗情画意。

（三）练好徒手画

由于园林设计图所表现的主要对象是树木、山石、水体、自然曲折的道路等，它们没有统一的尺寸和形状，所以很难画出一张“标准图”，也不可能完全使用绘图工具。在绘图过程中，建筑、道路、广场可以用绘图工具画出来，而各种树木的位置、树冠线、自然式水池、自然式道路、山石的形状和位置以及地形设计中的等高线等，大多需要用徒手画法来完成。徒手画与用绘图工具绘图有很大的不同，徒手画要做到线条流畅，画面自然美观。这需要设计者经常反复练习，才能达到得心应手的程度。

（四）掌握植物的特点

园林设计图中极为重要的内容，就是对植物的表现。由于它们的种类繁多，姿态万千，所以难于准确地表现和掌握。若想画好园林设计图纸，不仅需要一定的绘画技巧，而且还需要掌握和了解各种不同种类的园林植物的特点，从树形轮廓到枝干结构，从叶片形状到树冠整体，都需要有较深刻的认识，才可能用简单的轮廓线条概括出不同树木的形状及特点。

（五）严格遵守制图规范

为了在园林设计中能准确把握设计的技巧及制图的基本方法和要求，就要求每一个园林设计者，都必须牢固掌握基础知识。学习绘图，就要掌握制图的基本标准、制图工具要求及使用方法，必须掌握绘图的步骤及园林设计图的配景表现图例等。

二、手工绘图工具

(一) 绘图用笔

① 铅笔。绘图铅笔有软、硬之分，“B”表示软，“H”表示硬，其前面的数字越大，则表示该铅笔的笔芯越软或越硬，“HB”介于软硬之间属中等。画线时，铅笔应向走笔方向倾斜。

② 直线笔。直线笔又称鸭嘴笔，笔尖由两片钢片构成，用螺钉调整两钢片间的距离，可画出不同宽度的线。画图时，应使直线笔向走笔方向稍微倾斜。

③ 针管笔。针管笔又叫绘图墨水笔，能像钢笔一样吸水、储水，且有 0.1～1.2mm 不同的型号，可以画出不同线宽的墨线。它使用和携带都很方便，使用的非常广泛。在使用针管笔时，针管笔的笔尖要垂直于纸面且走笔速度要均匀。另外，较长时间不用时，要将笔内残留墨水冲洗干净，以防止余墨干结，堵塞出水管。

④ 绘图钢笔。绘图钢笔是由笔杆和钢质笔尖组成，绘图钢笔适用于写字或徒手画图。

(二) 圆规、分规

① 圆规。圆规是画圆和画弧线的专用仪器，使用圆规要先调节好钢针和另一插脚的距离，使钢针尖扎在圆心的位置上，使两脚与纸面垂直，沿顺时针方向速度均匀地一次画完。

② 分规。分规是用来量取线段或等分线段的工具，分规的两个脚都是钢针。用分规量取或等分线段时，一般用两针截取所需要长度或等分所需线段的长度。

(三) 比例尺

比例尺是按一定比例缩小线段长度的尺子，常用的比例尺是三棱尺，比例尺上的单位是米（m）。比例尺上有 6 种不同刻度，可以有 6 种不同的比例应用，还可以以一定比例来换算，较常用刻度有 1∶100，1∶200，1∶300，1∶400，1∶500 和 1∶600。

(四) 模板

在有机玻璃上把绘图中常用到的图形、符号、数字、比例等刻在上面，以便作图。常用的有曲线板、建筑模板、数字和字母模板等。

① 曲线板。曲线板是用来画非圆曲线的工具，可用它来画弯曲的道路、流线形图案等，非常方便。用曲线板画曲线时，应根据需要先确定曲线多个控制点，然后根据所画曲线的形状，选择和曲线板上相同的部分，按顺序把曲线画完。

② 建筑模板。建筑模板主要绘制常用的建筑图例和常用符号，也可绘制相关形态的图形和量取尺寸等。

(五) 丁字尺

丁字尺是一个丁字形构图的工具，是由尺头和尺身两部分组成，尺头与尺身相互垂直。尺身的一边带有刻度，是用来画直线的。使用时，尺头内侧始终靠紧绘图板的一边，用手按住尺身，沿尺子的工作边画线。

(六) 三角板

一幅三角板有两块，一块为 45°的等腰直角三角形，另一块为 30°、60°的直角三角形，且等腰直角三角形的斜边等于 60°角所对的直角边。三角板有多种规格可供绘图时选用。

两个三角板可以相互配合画出不同角度的线及它们的平行线，也可以与丁字尺相互配合画线。

(七) 图板

图板表面平整、光滑，是用来放图纸的工具，轮廓呈矩形，材质一般为木质。它可分为

0 号图板（900mm × 1200mm）、1 号图板（600mm × 900mm）、2 号图板（400mm × 600mm）三种。绘图时可以根据绘图内容来确定所选用图板的型号。

三、手工绘制园林设计图步骤

园林制图为了表现出良好的效果，要求在绘图过程中按照一定的步骤去完成，否则易出现失误，损坏绘图效果。下面就介绍绘图方法和步骤。

（一）准备阶段

① 准备好绘图用工具和仪器，并检查其有无损坏。

② 确定图幅大小，裁好图纸。

③ 图纸用胶带固定在绘图板上，纸要平整，不能有突起。

（二）画底稿线

① 选用稍硬点的铅笔，如 H 或 2H，用力要轻。

② 画出图框线、标题栏和会签栏外框线。

③ 立意、构思，根据设计的内容、在图纸上进行布局，应对整个图面合理安排，图面应美观大方，整体协调。

④ 开始画图，应先确定构图中心，然后是其它内容。

（三）加深底稿线

① 认真检查无遗漏或错误后，用软铅笔进行加深，笔尖不要太粗。

② 加深一般是从细线、中线到粗线来进行。

（四）上墨线

① 底稿线画好后，用针管笔、鸭嘴笔、圆规等工具来完成，上墨时应对准，保证准确。

② 按照不同线条的特点，采用先后不同的顺序来完成，同类线条一次完成，这样不易出错。

③ 如果出现错误，要用单面刀片轻轻刮去，再进行修改。

④ 上完墨线后，对整个图纸进行全面检查，经确认无误后最终定稿。

（五）色彩渲染

色彩渲染又称为上色，与墨相比当然要麻烦一些。但由于色彩渲染的表现力较强，可以比较真实、细致地表现出各种园林组成要素的色彩和质感，因而在当今园林设计中经常被用来作为设计方案的最后变现图。

色彩渲染的材料一般是水彩颜料和水粉颜料。

色彩渲染的工具主要是画笔，也可以是普通的毛笔。除此以外，还要准备一个调色盒或调色碟，若干个大小不同的杯子，小的杯子供调色用，大的杯子供洗笔用。

水彩与水粉最大的区别就在于前者具有透明性，而后者是不透明的。由于这一根本差别，两个画种的着色程序恰恰相反。在水彩渲染中，一般是先着浅色，后着深色，而在水粉渲染中，则正好倒过来，一般是先着深色，后着浅色，用浅色盖在深色之上。这是因为水粉颜料具有这样一个特点：即愈是浅的颜色，含粉量愈大，覆盖的能力愈强。水粉渲染还有一个好处，就是当局部的地方画坏时，可以等颜色干透后再用较稠的颜色将其盖掉，因而便于改正错误，而水彩渲染则不具备这种条件。

第五节　园林手绘设计

手绘作为一项基本技能曾是园林设计人员，乃至整个环艺设计人员表现设计意图的一种绘图语言，设计师借助手绘图将自己的设计思想、场地的空间特性表现出来。园林的地形、水体、建筑、植物等四要素都要在平面图上清楚地表现出来，园林手绘效果图是个人的、直觉的和表意的绘画艺术形式。如果一个优秀的园林设计者，即使有很高的设计天赋，却不会用手绘图快速表现出来，不能及时让客户了解他的构思，那么就像一个不懂外语的学者无法与外国学者交流一样，你有再高的能耐也感到十分困难和尴尬。

一般的园林设计程序是，在接到业主的设计要求后，现场勘察、测量、绘制原始平面结构图，查阅优秀的图片资料和案例等，然后通过手绘表现设计草图，再经过整理最终确定设计方案。在一些园林公司，对设计人员的培养，也强调手绘设计表现的重要性，在阶段考核和晋升方面，手绘表现也是主要内容。一个有创意的设计是从“想”和“画”的反复推敲中诞生的。手绘图的快速表现可以激发设计师的灵感。因此，作为一个园林设计者，在深入了解手绘设计重要性的同时，必须从加强自身的手绘能力、提高手绘水平方面，付出更多的努力。

一、手绘表现的重要作用、意义

（一）手绘表现有助于提高设计师的艺术修养

手绘表现过程是扎实的美术绘画基本功的具体运用与体现的过程，同时也是一个提升设计师自身素质的过程，提高设计师对形体的把握能力，对色彩、质感、明暗、光影、虚实、主次等关系的控制能力以及整体协调能力。基本的手绘表现能力和艺术修养是每个设计人员都必须具备的，它的作用是基础性的，如果没有这种美术基础，即便是采用电脑表现，做出的效果也是不尽如人意的。

（二）有助于提高设计师的空间想象能力与形象思维能力

作为一名园林设计师，必须具备空间思维能力、对场景的认知能力以及对场景的表现能力。而要获得这三方面的能力，如果你不是天才，途径就只有一条，那就是手绘表现的训练。手绘表现有助于培养手、脑的协调能力，如果有了电脑而放弃手绘的话，将大大阻碍空间思维的发展。因为手绘图就是表现设计师的空间、形象思维的过程，是记录灵感延续与完善的发展过程。

（三）手绘表现有助于设计师设计素材的累积

设计表现就是将设计思想用一系列的图形语言、图形符号表达出来，而这种图形语言、图形符号是通过设计师长时间积累起来的。设计师如能随时记录下不同物体的形状、质感以及各种空间的特定印象，不仅能使设计师的表现技法更为娴熟，还会在大脑中形成一个庞大的素材库，这样在做设计的时候，结合实际整合大脑中已储存的信息，才能做出合理的设计，使设计显得更加得心应手，否则设计也就成了无源之水。

二、园林手绘常用的表现形式

（一）钢笔画

钢笔画作为一门绘画艺术具有独特的表现力，它起源于19世纪的欧洲。当时许多欧洲古典文学作品中一些著名插图都采用了钢笔画的形式。我国20世纪30年代也曾流行过钢笔画，20世纪50年代以后出版了大量钢笔画形式的连环画。

钢笔画指以普通钢笔或美工笔绘制的以点、线、面（排线）为主要绘图语言的画。钢笔笔尖由粗、细、直、弯之分，不同的笔尖可以产生不同的艺术效果。钢笔画也是素描的一种，是通过单色线条的变化排列、线条的轻重疏密节奏组成的黑白色调来表现物象的。具有用笔肯定、线条刚劲流畅、黑白对比强烈、画面效果细密紧凑的特点，对所画事物既能做精细入微的刻画，也能进行高度的艺术概括，具有比较强的造型能力。

钢笔画在素描的基础上，糅合了中国绘画的线描特点，更适合于表现清新、幽雅的园林景观特色，体现出自然美与艺术美的和谐。钢笔画工具简单，易于掌握，所以被画家们广泛运用于速写、漫画、插图及连环画和装饰画创作中。它已经成为重要的素描造型手段之一。

对于园林设计工作者来说，无论是创作园林风景画，收集园林创作素材，还是制作园林景观效果图，钢笔都是一种非常简便好用的工具，画一手好的钢笔画是每个园林设计师的追求。

1. 工具

① 钢笔：可以选择弯尖的美术书法钢笔，也可以用制图专用针管笔。

② 墨水：选择不洇的碳素墨水。

③ 纸张：普通绘图纸、复印纸。

④ 其它：素描用铅笔、素描用橡皮、速写本或画夹。

2. 钢笔绘画的基本形式

① 线画法。以单线或复线为主，以线的疏密来表现画面节奏。单线放松，一次一条，切忌重复；过长断开，不要搭接；局部小弯，整体大直；轮廓清晰，转折加粗。多用于轮廓的勾勒，为以后的色彩渲染勾勒出边界。

② 线面结合画法。以素描明暗色调为主的表现画法。用层次、线的疏密、粗细、交叉、重叠、方向的变化表现出韵律和节奏，表现画面美感。

（二）色彩渲染

园林制图中的彩色平面图、鸟瞰图可以用水彩、水粉在钢笔线的基础上进行渲染，也可用彩色铅笔、马克笔。

1. 步骤

① 裱纸　不经裱糊的绘图纸直接接触水分会起皱，先用喷壶或毛巾纸在纸的一面打湿，并保持中间水分多一些（保证中间部分最后干），然后用胶带或刷过糨糊的报纸把四边贴在绘图板上。让图纸慢慢阴干，不要让阳光直晒。

② 画墨线　图纸干后，先用铅笔画出草稿再画出钢笔线条轮廓。

③ 色彩渲染　用水彩或其它工具在平面图或透视图上上色。

2. 水彩渲染

水彩颜料是透明的绘画颜料，在渲染时可以用重叠法使得色彩比较含蓄。

(1) 水彩渲染基本技法　水彩渲染表现图的特点有三：总的色调浅，层次分明，渲染完毕后线稿仍清晰可见。

水彩渲染的基本技法有三：平涂法，退晕法，分格叠加法。

① 平涂法。上色用平涂方式，在一定范围内的色彩不加变化，自上而下可以采用叠加法使色彩更加丰富。主要技巧在于平涂时纸的干湿程度。

② 退晕法。将图板倾斜 10°～20°。用画笔引导图纸上的颜色逐渐淌下，同时在小杯内加浓色使杯中颜色加深。再将这加深的颜色调匀后用笔涂在图纸上，使颜色加深，再用笔引导使之平行淌下。如此重复，画面上的墨水逐渐变深，慢慢平行向下渐变。每加深一次，往下画 3cm 左右（视画面大小而定）。此即从浅到深、从明到暗的退晕。反之，如果开始用杯中较深的颜色，用笔涂在画纸上，而后用水冲淡杯中的颜色，再用笔把冲淡的颜色加在纸上原来积下的较深的颜色中调匀，使积水颜色减浅，用笔引导使之平行淌下。如此反复，图纸上留下了从深到浅的颜色，即是从深到浅、从暗到明的退晕。要注意渲染用笔不用作调深调浅用的笔。一支笔专用作调杯中颜色之用，另一支笔则只用于渲染。

③ 分格叠加法。在狭长面上要作一退晕，或在小曲面上表现明暗变化，可以顺长面绘

出一条条狭长条，根据受光强弱，用浅颜色平涂，亮面少几遍，暗面多几遍，最亮面或高光所在，则平涂遍数最少。退晕是一格格的变化，但相对来说是十分均匀的。

（2）水彩渲染程序　以鸟瞰图为例：

① 清洗画面。用浅土黄水或浅蓝洗图。

② 渲染底色。不同材料、不同部位用不同底色。底色有微弱退晕，底色作为高光色。

③ 渲染天空。用叠加法。可用清水开始，从明到暗，从地面到天空。接近地面部分用红、黄带有暖色的颜色，接近天顶时加紫色或群青。

④ 渲染建筑、建筑周围环境（建筑群及地面）。将建筑群与主体拉开距离。渲染主体建筑，渲染阴影。

⑤ 调整建筑与天空的明暗关系。

⑥ 刻画建筑的细部。

⑦ 渲染配景、树丛和地面、水面等。远处树丛可以先画，可再加最后一遍天空，使远景与天空融合。

⑧ 调整天空和建筑后，画汽车、街道设施、人物、近处树木、草丛。

（3）水粉渲染　水粉是一种不透明的颜料，用于绘制建筑表现图已有很久的历史。由于覆盖力强，绘画技法便于掌握。下面介绍一下水粉渲染退晕技法。

建筑表现图中退晕是表现光照和阴影的关键。水粉和水彩渲染主要区别在于运笔方式和覆盖方法。大面积的退晕用一般笔不易均匀，必须用小板刷把十分稠的水粉颜料迅速涂布在画纸上，往返反复地刷。面积不大的退晕则可用水粉画笔一笔一笔地将颜色涂在纸上。在退晕过程中，可以根据不同画笔的特点，运用多种笔同时使用，以达到良好的效果。

水粉退晕有以下几种方法。

① 直接法或连续着色法。这种退晕方法多用于面积不大的渲染，这种画法是直接将颜料调好，强调用笔触点，而不是任颜色流下。大面积的水粉渲染，则是用小板刷刷，反复地刷，一边刷一边加色使之出现退晕。必须保持纸的湿润。

② 仿照水墨水彩“洗”的渲染方法。水粉虽比水彩浓，但是只要图板坡度陡些也可以缓缓顺图板倾斜淌下。因此，可以借用水彩方法渲染大面积退晕。

（4）马克笔　马克笔是比较常用的上色工具，色彩分得极其细致，普通的是120色的。有油性和水性两种。油性马克笔的色彩相容性较好，水性笔绘制出的笔触较为明显。比较好的马克笔还可以与气泵组合成为喷笔。马克笔有多种特性，如透明性、柔软性等。使用马克笔绘图的颜色比较鲜艳有光泽，而且也比水彩、水粉方便快捷。

马克笔色彩丰富，易于掌握，方法简单，表现力强，是比较常用的工具。

主要用单线画轮廓，复线增加趣味增强质感，排线表现面的色调。

（5）彩色铅笔　彩色铅笔最大的优点就是能够像普通铅笔一样运用自如，同时还可以在画面上表现出笔触来。一般使用水溶性彩铅。

水溶性彩色铅笔的用法：要充分体现出水溶性彩色铅笔的特点，也就是将一幅彩铅稿画得如同水彩画一样华丽精致，有三个办法：其一，用彩铅绘画完成后，加水便成为水彩画；其二，用彩铅画完后，使用喷雾器喷水；其三，将画纸先涂一层水，然后再在上面用彩色铅笔作画。

以上几种色彩渲染方式可单独运用，也可以相互配合使用，从而营造出更加生动、富有艺术美感的园林绘画作品。

三、手绘表现在园林设计中的具体应用

（一）场地速写

速写不仅是提高绘画水平必经的一个过程，也是园林设计过程中必须采用的一种技术手段。面对某一个园林场景，在对它进行设计之前，首先要对场景有所了解，形成基本的空间印象，特别是在对某一个场景进行改造之前，在原始土建图纸不在的情况下，就要对这个场景进行全面测绘，这就需要手绘图，而且要求详实准确。即使是在相关资料齐全的前提下，对现场进行踏勘也是绝对必要的，因为从平面图纸和文字资料中得到的空间印象与现场感觉是有很大差异的。从地形图上无法直观地看到地形的起伏、周围的环境变化，这就需要设计师亲临现场，收集资料，用速写的方式描述场景，在环境地形稍微复杂一点的空间、结构复杂的部分，需要用立体空间透视将这些部分的结构、造型形象表达出来。在园林设计中会常见这样的问题：有些设计师为了取得图面上的好看，以损失场地的使用功能和人的心理感受为代价，生硬地把某些线条拉直，来满足图纸上面的视觉感受。殊不知，人对环境的认识是有偏差的，在现实环境中一条稍微有点偏斜的道路，大多数人都会认为其是直的，一个稍呈椭圆形的大广场，人们置身其中时绝大多数人会认为其就是圆形的，人对事物的认识本来就有完整化和简单化的倾向。因此园林设计并不是拿图纸给人看的，而是要创造实实在在的人的感受空间。要抓住人的这种错觉，这时候，照片、地形图就不可能具备这种功能，利用速写记录下设计师对现场的感觉才是最佳方法。只有基于这样的设计才是充分尊重人的心理感受。这就是为什么许多设计大师在做一个设计之前花上大量时间去观察、体验环境本身的原因。

（二）勾勒方案

如果说效果图方面电脑表现已经一统天下的话，那么手绘表现在方案勾勒上仍占据着大半壁江山，而且几乎所有的设计大师都是用徒手表现来进行方案构思和方案表达的。设计草图的勾勒是方案形成的关键。设计作为一种原创性的思维活动，如同作家进行文学创作一样，需要随时用笔记录下自己脑中冒出的灵感的火花，如果只是停留在“想”的层面，作品就无法出来。这样人们就很容易理解为什么作家会三更半夜突然从床上爬起来写东西。设计师同作家一样，只不过是设计师需要用图形化的语言来表达而已。一个有创意的设计是从“想”和“画”的反复推敲中诞生的。手绘图的快速表现可以激发设计师的灵感。

（三）园林平面图的手绘

园林平面图是手绘设计的第一步，也是设计的基础。园林的地形、水体、建筑、植物等四要素都要在平面图上清楚地表现出来。因为各要素的不同特点，线条表现也不同，而且在现实条件下各要素之间的衔接要紧密，设计要有理可依。要将立体景物以平面图的方式绘制出来，需要设计者丰富的想象力和熟练的作图技术。这样才能在景物与图形之间建立对应关系。

1. 地形手绘

在设计之初，要对所设计的场地做现场勘察、测量。地形的高低变化及其分布情况通常用等高线表示。设计地形等高线用细实线绘制，原有地形等高线用细虚线绘制。等高线绘制要求一笔合成，运笔平稳，线条流畅，圆润，忌手颤抖。绘制时胳膊尽量保持平稳，靠手腕带动运笔。因此要多加练习，加强手绘的基本功。最后需要注意的是不可出现等高线的交差，除非是有陡峭山地的园林设计。

2. 水体手绘

水是地球的灵魂，是人类的生命源泉，是园林景观构成的一个重要因素。它既有静态美，又能显示动态美，是最活跃的园林构成要素。因此，水体设计是园林设计中一个非常重要的部分，对其设计的好坏可以直接决定整个园林设计的成功与否。因此，水体手绘要求比

较高。由于平面图只能表现水体的轮廓，在空间设计方面只能在效果图上表现，因此，如果想要在平面图上绘出水的静态与动态美，就要靠不同线条来表现。为表达水之平静，常用拉长的平行虚线画水，长短交替，疏密有致；动水常用波形短线表示，但要柔和。水体的驳岸要求线条流畅自然，用特粗线绘制，湖底为缓坡时用细实线绘出湖底等高线。绘图运笔技法可参照等高线的方法。

3. 建筑手绘

园林建筑是园林的另一组成要素，在园林中占有重要地位。它既要满足建筑的使用功能要求，又要满足造景要求。由于建筑构造的复杂性，多利用效果图与立面图表现。因此，建筑在平面图上表现比较简单，要求形状规范，尺寸精确。多数情况下，按比例绘制简单的平面几何图形代表建筑的位置与轮廓，注意加粗建筑的轮廓线条。

4. 植物手绘

园林植物既可单独成景，又是园林其它景观不可缺少的衬托，是重要的造园材料。在园林设计平面图的绘制上是比较复杂和耗费精力的一个程序。画法可以参考有关的园林制图书籍，这里只介绍一些认为比较好的绘制方法。树木的平面画法有很多，可以学习书上的，也可以自己创作。但最好能让人直观地看懂是针叶还是阔叶，是乔木还是灌木，具体的树种要求详细地绘制植物配植表。第一，用线条绘制树木轮廓，线条可粗可细，可光滑也可带有缺口或尖凸；第二，用线条的组合或排列表示树冠的质感；第三，不同的颜色表现，可以利用2～3种颜色搭配绿色，打破单一的绿色调。虽然树木的绘制技术要求不高，但要绘制出好的效果，还要有一定的耐心和创作力。

（四）手绘效果图

园林效果图是园林设计成果的一种视觉传达与交流的语言，是对未来场景的预见，要求具有很强的真实性。效果图中表现与抽象出的空间，构思又成为启发创作的催化剂。设计与表现一向是互动共生的，正是因为如此，电脑效果图以其超逼真的效果大受人们的青睐。手绘效果图也有超写实的画法，但其真实程度是很难与电脑效果图相媲美的，而且相对电脑来说，手绘写实的画法用时太长，耗费的人力也比较大。但这并不意味着手绘效果图就没有市场，在画面效果和写意方面，手绘技法永远存在着它的魅力，这也是电脑绘图无法比拟的。①手绘表现方式多种多样，方法灵活；②手绘效果图更灵动，有利于营造画面意境；③手绘效果图更有利于体现设计师的个人风格，更具有原创性。园林手绘效果图是个人的、直觉的和表意的绘画艺术形式。绘画使创作愿望转变为创作活动，它融合知觉与想象，揭示视觉思考的实质，是造型的简单工具，要绘制出高水平的效果图就必须具备美术绘画基础。手绘效果图根据不同的绘制方式可以明显地分为两种形式：写意式和工笔式。

1. 写意式手绘

在绘制上气魄大而不拘小节，用笔大胆，多采用美工钢笔勾勒设计构思，马克笔和彩色铅笔制作色彩效果，用时比较短，是一种“以形写神”的高度概括和个性鲜明的即兴之作。自由感和灵活性比较强，但完整性相对较弱。

2. 工笔式手绘

在绘图上要求精细准确，用笔小心翼翼，细节小到一株小草的叶片、路的铺装、天空的云朵等，总是追求完美。多采用针管笔和签字笔表现设计构思，勾勒轮廓，用水粉、水彩、彩色铅笔表现色彩效果。图面表现与现实生活中的实物误差较小，但时间利用上往往很长，需要不断地斟酌与修改，最终达到画面与意境的完美体现。

从事园林设计的专业人员，应该清醒地认识到要成为的是设计师而不是绘图员，电脑只是作为设计的一种辅助手段，过度依赖电脑将大大限制设计思维的发展。而手绘能力则是对设计师一种基本要求，就像作家必须会写字一样，否则就无法直观地达自己的设计理念。手绘能及时记录下设计师的原创性思维，捕捉到设计师内心瞬间的思想火花。值得欣慰的是，现在园林设计行业里，手绘已经开始受到重视，有的甚至已经把设计师与绘图员做出明确界定，这些信息预示着在园林设计中手绘将发挥越来越重要的作用。

第六节 计算机绘图在园林设计中的应用

一、园林设计中的计算机技术应用

现阶段，计算机在园林设计中不断发展壮大、与时俱进，已成为一种产业。三维园林漫游将成为现实，即可同时完工，不同的视点，不同的路线，不同的季节，动态的流水，光线的变换，都可以完整地表现出来，模拟出一个充满设计理念的作品。令计算机与设计过程紧密结合，包括园林设计过程任务书阶段，基础调查和分析阶段，方案阶段，详细设计阶段，施工图制作阶段等，设计师利用计算机软件进行辅助园林设计，把基本资料输入计算机，让计算机参与分析、计算、设计的过程，并能够实时进行三维效果预视或者三维虚拟，与实景环境合成，一边观察、感受效果，一边设计和修改创作，设计过程结束时设计图纸也就相应地输出。当然也能独立完成透视、鸟瞰、轴测、立面、平面等效果图和平面施工图的绘制，甚至是三维动画漫游的效果。本节就计算机辅助设计软件在园林规划中的发展概况及园林设计中广泛应用的相关计算机技术作一简单介绍。

随着高性能的个人计算机和计算机图形输入输出设备（绘图仪、扫描仪、数码相机）的日益发展和不断普及，使得计算机辅助设计（CAD）深入到各行业，先进高效的CAD技术提高了设计的效率和质量，降低了工程成本。在我国现阶段利用计算机软件作为制图工具的绘制园林图，一般都是在AUTODESK公司开发的AUTOCAD作为平台，并配合其它建筑模块（如天正建筑等）和辅助软件（如PHOTOSHOP，3DMAX等）来完成园林平面图、种植图、效果图制作。国际上比较出名的园林类专业软件AUTODESK公司开发的LAND-CADD，目前已有10个功能模块：数据采集处理模块（Go Go/Development）、方格网地模块（Quadrangle DTM）、叠加分析模块（Site Ana lysis）、竖向设计模块（Plan & Profile）、土方工程模块（Earth Works）、方案设计模块（La ndscape Design）、种植设计模块（Plant Specified）、喷灌设计模块（Irrigation）、细部结构模块（Construction Details）、造价估算模块（EZE stimare），功能强大，已基本能够满足园林规划的需要。

国内的园林设计软件有天元图圣、赛廷园林规划CAD（GARDEN）等。赛廷园林规划CAD是在AUTOCAD平台上开发的园林设计软件，它包含了道路设计、园林设计、三维、土方等模块，能够完成道路的设计、行道树绘制、各类乔灌木的绘制、园林建筑的绘制、土方量的计算等工作。同时它还有一个强大的图库，提供了各类服务设施符号，工程设施符号，各类平面树、建筑小品、场地小品、比例尺、指北针等，减轻了园林设计者的繁重的制图工作。

作为园林设计者及使用者都希望能看到绿化设计实施后的效果，但施工中栽植的花木规格较小，不能看到树木花草生长旺盛时期的景象。目前已经发明了用来模拟植物生长的程序组合软件，通过L-ACAD（风景设计计算机辅助装置），用这种装置可以模拟植物的生长和显示园林环境的效果。个人电脑和园林规划设计软件的广泛应用，将更加高效、经济、美观地改变传统的手工设计方式。目前在园林规划中使用的软件很多，绝大部分都是以AUTO-CAD为基本平台开发，如LANDCAD、天元图圣等软件。由于这些软件价钱较贵，而AU-TOCAD系列、PHTOT-SHOP系列、3DMAX系列三个软件因价格便宜、实用性强等优点应用最广。

总之，园林设计是一门综合艺术，其重要性在当今已得到人们的普遍重视，将来不管是在城市建设、居住区开发等方面都大有用武之地，园林计算机辅助设计高效规范，代表着园林行业的发展水平，园林绿化计算机辅助设计软件的出现，为我国园林设计的发展提供了有力的保障。

二、园林设计中常用的计算机绘图软件与应用

（一）AutoCAD 在园林设计中的应用

AutoCAD 是美国 Autodesk 公司开发的通用计算机辅助设计软件，是用计算机硬、软件系统辅助人们对产品或工程进行设计、修改及显示输出的一种设计方法。它具有易掌握、使用方便、体系结构开放等特点。AutoCAD 自 1982 年问世，其版本不断更新，到目前为止，已相继推出了 R14、2000、2002 及 2004 等十几个版本。随着软件版本的不断升级，它不仅具有很强的二维绘图编辑功能，而且具备了较强的三维绘图及实体造型功能。在建筑、机械、电子、服装、广告、城市规划等各领域被广泛应用。近年来，随着计算机的普及应用，也尝试着运用 AutoCAD 来绘制园林设计中的各种图纸，如园林建筑图纸、园林设计图纸、园林施工图纸等。通过反复的实践总结，体会到了 AutoCAD 绘图的优越性。在园林设计中主要用来制作平面图。采用 CAD 可将方案设计、图形绘制、工程预算等环节形成一个相互关联的有机整体。借助计算机可以有效降低设计人员的劳动强度，节省描图、制图的材料消耗，同时，在计算机上校核方案时具有可观性好、修改方便和不破坏原始方案等优点。设计者每做一项工程设计就可以将其中有用的图样制作成块，作为园林素材存入图库，当有类似的需要时，可通过调用图库中的素材而不必重画，既减轻了设计者的劳动强度，又大大加快了工程设计的速度。使用计算机辅助设计还能够通过互联网更加有效地进行分工协作。在较大的工程中要求园林工程设计者同建筑师、结构工程师以及水电、道路等专业人员相互协调，紧密配合。即各类专业人员通过计算机联网实现数据资源共享，使设计方案更加完美。

（二）3DMAX 在园林设计中的应用

3DMAX 是由 Autodesk 公司旗下的 discreet 公司开发并推出的，该软件率先将以前仅能在图形工作站上运行的三维制作与动画制作软件移植到个人电脑硬件平台上。在园林设计中主要用来建立三维模型、材质贴附、灯光阴影设置及三维动画制作。3DMAX 作为世界上应用最广泛的三维建模、动画、渲染软件，完全满足制作高质量动画、设计效果等领域的需要。通过 3DMAX 在空间上的表达，不但使设计师能更好地理解和扩充自己的设计思路，还可以更直观地将设计者所设计的园林绿化景观的全貌及每个细节展现给观众。3DMAX 是工具，更是媒介，是设计师与观众之间的桥梁。它通过它自身的特点将人们引入一个崭新的园林绿化景观设计的新时空。

1. 方便快捷的建模功能

在 3DMAX 里，形象丰富的 2D 及 3D 基本物体可以保留其参数或者转化成其它的基本几何体。用 MERGE 工具可以轻松导入 AUTOCAD 或 LANDSCAPE 等软件的图形；通过完整的工具可以直接或参数化完成创建曲线、多边形、多边形网格物体、贝斯曲线面片或相关的 NURBS 表面；通过快速网格物体建模，可直接或过程化建模，包括剪切、斜切、导角、分割、切片、平整，交互法线翻转和本地网格化；ISO 线的显示模式，使设计师将注意力集中于创建模型拓扑结构，而无需注意图中生成的每一个多边形。

2. 丰富的纹理贴图

3DMAX无限量的贴图混合给予材质编辑超强的能力。

材质贴图浏览器使用图标层次结构并采用拖放方式方法赋予材质；着色效果（shader）包括anisotropic、Blinn、Oren-Nayar-Binn、Phong、metal、multi-layer及Strauss；提供了30多种2D和3D程序贴图；多重UVW贴图，最多可达到100个贴图通道：通道可基于单个顶点和无限平面物体或者单个面的世界贴图层；贴图投影方式包括：程序化、平面、圆柱、球型、方体、面、收缩变形、相机和屏幕等。

直接使用扩展的UVW就可以展开工具调整贴图点。

3. 绚丽的灯光处理

3DMAX拥有全照片级的IES照明系统控制方案，包括：阴影、阴影颜色和强度、投影图像、对比度、边界柔度、弱化及衰减；通过独立的环境光、散射光和高光调节，实现物体表面级别的照明调节；2D照明数据输出器（2D Lighting Data Exporter）可以将照明分析数据。

（三）Photoshop在园林设计中的应用

Photoshop是美国Adobe公司推出的目前市场上最成功的图像处理软件。无论是PC机还是MAC（苹果机）的用户，只要谈到图像处理软件，首先就会想到Adobe公司的产品。Adobe Photoshop是在PC机与MAC机的计算机上运行最为流行的图像处理软件，最早的成形产品Photoshop3.0一推向市场，便给图像处理的各个行业带来了一场不小的革命，在世界上掀起了一场计算机图像处理热潮，被广泛地应用于美术、广告设计、彩色印刷、排版、多媒体、动画制作、摄影和文字效果的处理等诸多领域。在园林设计中主要用来制作彩色平面图、设计文本及效果图的后期处理。

三、利用AutoCAD-3DMAX-Photoshop三软件配合制作园林效果图和鸟瞰图的方法与步骤

（一）流程解析

① 绘制实地测量调查结果和对方提供的基础材料与要求，运用AutoCAD绘制平面图。

② 建模：将平面图导入3DMAX中，运用3DMAX建模，即建立效果图中所需的物体如建筑、水体、道路、地形等的三维模型。

③ 将3DMAX中所建立的模型导入Photoshop中完成后期处理，即将所得的彩色影像与植物及人物、交通工具、天空等配景合成，得到最终效果图。

（二）制图工序探讨

① 建模　计算机建模过程等同于手工效果图中的透视线条稿。不同之处是，手工初稿只有一个特定的视点，而计算机模型可以从不同视角观看，得出不同视点的画面，直至满意为止。园林效果图中有一部分物体的表现需建立三维模型，如建筑、道路、水体、地形等。常用的一些配景，如人物、汽车、天空等可以直接在后期处理中进行合成。

② 赋材质　在3D中，对模型赋“材质”即运用软件的指令，把不同物体按设计要求赋予诸如水泥、花岗岩、木材、面砖等材质。这一过程将使模型达到满意的逼真效果。当对模型布置好“灯光”并赋予材质后就可以交由计算机进行“渲染”了。手工效果图“画幅”的设置从一开始绘画就必须确定，而计算机效果图的“画幅”仅在渲染前确定即可。

③ 渲染　渲染类似于手工绘图的上色过程，在手工上色时需分出物体间的素描关系和被表现物体的质感。渲染过程中通过“灯光”体现素描关系，通过赋予模型材质来体现物体的质感。这一过程可以使用3DMAX软件。3DMAX是Win98、WinXP平台的应用软件，其渲染时间较前者显著缩短。二者都能进行光影跟踪。通过精心操作，就能真实地再现材料

的质感、光的特性，包括阴影、倒影、高光、反影情况。就软件中布置“灯光”这一过程而言，为了获得大致正确的光线，在 3DMAX 中仅布置一盏灯光是不够的，这样模型的暗部太黑。为此，需要在主灯光的对面添加少许“补光”，而调整好这些灯光的亮度与色彩是比较困难的（利用 3D 中的光能跟踪技术加以解决）。

④ 后期处理　后期处理过程类似于手工绘画的最后修改润色过程。由于渲染所得透视图的影像文件还有很多内容尚未添加。后期处理过程对于园林效果图来说相当重要，耗时也长，其应用软件 Photoshop 是一种平面处理软件。植物和其它配景透视效果的获得是参考渲图中建筑、道路等的透视变化，依靠经验将调入的配景影像进行大小与色彩的调整而得到。

第七节　园林规划设计程序

各种项目的设计都要经过由浅入深、由粗到细、不断完善的过程，园林设计也不例外。它是一种创造性工作，兼有艺术性和科学性。设计人员在进行各种类型的园林设计时，要从基地现状的调查与分析入手，熟悉委托方的建设意图和基地物质环境、社会文化环境、视觉环境等；然后对所有与设计有关的内容进行概括和分析，寻找构思主线；最后，拿出合理的方案，完成设计。

设计过程一般包括接受设计任务书、基地现场调查和综合分析、方案设计、详细设计、施工图设计、项目实施等阶段。每个阶段有不同的内容，需要解决不同的问题，对设计图纸也有不同的要求。

一、设计任务书阶段

设计单位（乙方）在对园林绿地进行设计之前，必须取得委托单位（甲方）获城规和园林主管部门批准的设计任务书（小型绿地可口头委托），方可进行设计。没有经过批准的设计任务书，设计单位不得接受设计任务。

接受设计任务书阶段是设计方与委托方之间的初次正式接触，通过交流协商，双方对建设项目的目标统一认识，并对项目时间安排、具体要求及其它事项达成一致意见，一般双方以签订合同协议书的形式落实。

设计人员在该阶段应该利用与对方交流的机会，充分了解设计委托单位的具体要求，有哪些意愿，对设计所要求的造价和时间期限等内容，为后期工作做好准备。这些内容往往是整个设计的基本要求，从中可以确定哪些值得深入细致地调查分析，哪些只要做一般了解。在任务书阶段很少用图纸，常用以文字说明为主的文件。

设计任务书是确定建设任务的初步设想，是进行园林绿地设计的指示性文件。它由甲方制定，也可以甲方为主，乙方参与共同编制。设计任务书的内容包括：

① 园林绿地的作用和任务、服务半径、使用效率；

② 园林绿地的位置、方向、自然环境、地貌、植被及原有设施；

③ 园林绿地用地面积、游人容量；

④ 园林绿地内拟建的政治、文化、宗教、娱乐、体育活动等大型设施项目的内容；

⑤ 建筑物的面积、朝向、材料及造型要求；

⑥ 园林绿地布局在风格上的特点；

⑦ 园林绿地建设近、远期的投资经费；

⑧ 地貌处理和种植设计要求；

⑨ 园林绿地分期实施的程序；

⑩ 完成日程和进度安排。

二、基地现状调查阶段

掌握了任务书阶段的内容之后就应该着手进行基地现状调查，收集与基地有关的材料，补充并完善所需要的内容，对整个基地及环境状况进行综合分析。

基地现状调查是设计人员到达基地现场全面了解现状，并同现状图纸进行对照，掌握一手资料的过程。调查的主要内容如下。

（一）自然条件调查

① 气象方面　每月最低、最高和平均气温、湿度、降雨量、无霜期、冰冻期、每月阴晴日数、风力、风向和风向玫瑰图等。

② 土壤方面　土壤的种类，氮、磷、钾的含量，土壤的pH值，土层深度，地基承载力，冻深，自然安息角，不同土壤的分布区域，内摩擦角及其它有关的物理、化学性质。

③ 地形方面　位置、面积、用地的形状、地表起伏变化状况、走向、坡度、裸露岩层的分布情况。

④ 水系方面　水系范围，水的流速、流量、方向，水底标高，河床情况，常水位、最低及最高水位，水质及岸线情况，地下水状况等。

⑤ 植被方面　原有植被的种类、数量、高度、生长势、群落构成、古树名木分布情况、观赏价值的评定、苗源等。

（二）社会条件调查

① 规划发展条件调查　城市规划中的土地利用，社会规划，经济开发规划，产业开发规划等。

② 使用效率的调查　居民人口，服务半径，其它娱乐场所。用者要求：使用方式、时间，使用者年龄构成，习俗与爱好，人流集散方向等。

③ 交通条件调查　建设用地与城市交通的关系，游人来向、数量，以便确定园林绿地的服务半径和设施内容：包括交通线路、交通工具、停车场、码头桥梁等状况调查。

④ 现有设施调查　建设用地的给水、排水设施，能源、电力、电讯的情况；原有的建筑物、构筑物的位置、面积、用途等的调查。

⑤ 工农业生产情况的调查　调查农用地及其主要产品，工矿企业分布，有污染工业的类别、程度等。

⑥ 城市历史、人文资料的调查

a. 地区性质　如乡村，未开发地，大、中、小型城市，人口、产业、经济区等；

b. 历史文物　文化古迹种类，历史文献中的遗址等；

c. 居民习俗　传统节日、纪念活动，民间特产，历史沿革，生活习惯禁忌等。

（三）设计条件调查

（1）城市规划资料图纸　比例为1：5000～1：10000的城市用地现状图。

比例为1：5000～1：10000的城市土地利用规划图。参照城市绿地系统规划，明确规划对建设用地的要求和控制性指标，以及详细的控制说明文本。

（2）建设用地的地形及现状图（详见第一节相关内容）　熟悉设计任务书后，设计者要取得现状资料及其分析的各项资料，这些资料可以到相关部门收集，缺少的可实地进行调查勘测，尽可能掌握全面情况。

① 基地界限（地界红线）。

② 房屋（表示内部房间布置、房屋层数和高度、门窗位置）。

③ 户外公用设施（水路管线及给排水管线，室外输电线、室外标灯的位置）。

④ 毗邻街道。

⑤ 基地内部交通（汽车道、步行道、台阶等）。

⑥ 基地内部垂直分隔物（围墙、栅栏、篱笆等）。

⑦ 现有绿化（乔木、灌木、地被植物等）。

⑧ 基地内的地形地貌。

⑨ 影响设计的其它因素，有利及不利因素。

三、调查资料的综合分析和整理阶段

综合分析是建立在基地现状调查的基础上，对基地及其环境的各种因素做出综合性的分析评价，使基地的潜力得到充分发挥。基地综合分析首先分析基地的现状条件与未来建设目标，找出有利与不利因素，寻找解决问题的途径。分析过程中的设想很有可能就是方案设计时的一种思路，作用之大可想而知。综合分析内容包括基地的环境条件与外部环境条件的关系、视觉控制等，一般用现状分析图来表达。

收集来的材料和分析结果应尽量用图纸、表格或图解的方式表示，通常基地资料图记录调查的内容，用基地分析图表示分析的结果。这些图常用徒手线条勾绘，图面应简洁、醒目、说明问题，图中常用各种标记符号，并配以简要的文字说明或解释。

四、调查资料的分析整理

资料的选择、分析判断是设计的基础。把搜集到的上述资料制成图表，从而在一定方针指导下，进行分析判断，选择有价值的内容。依据地形、环境的变化，勾画出大体的骨架，作为设计的重要参考（整理资料应有所侧重，分析资料应着重考虑采用性质差异大的材料）。

五、走访建设单位和使用者

在基地调研和分析之后，设计者需要向建设单位和使用者征求意见，共同探讨有关问题，使设计问题能得到圆满解决，并能使设计正确反映建设单位和使用者的愿望，满足使用者的要求。

六、设计纲要的拟定

设计纲要是设计方案必须包含和考虑的各种组成内容和要求，通常以表格或提纲的形式表示。它服务于两个目的：

① 它相当于“基地调查、调查资料分析及访问使用单位”三个步骤中所得到的综合概括。

② 在比较不同的设计处理时，它起对照或核对的作用。

在第一个目的里，纲要促使有预见性的探求设计必须达到的目的，并以简明的顺序作为思考的步骤。在第二个目的里，纲要可提醒设计者需要考虑什么、需要做什么。当研究一个设计或完成一个设计方案时，纲要还可以帮助设计者检查或核对设计，看看打算要做的事情是否如实达到要求、设计方案是否考虑全面、有否遗漏等。

七、方案设计的初步总体构思及修改阶段

在着手进行总体规划构思之前，必须认真阅读建设单位（甲方）提供的“设计任务书”（或“设计招标书”）。在设计任务书中详细列出了甲方对建设项目的各方面要求：总体定位性质、内容、投资规模、技术经济相符控制及设计周期等。要特别重视对设计任务书的阅读

和理解，一遍不够，多看几遍，充分理解，“吃透”设计任务书最基本的“精髓”。

在进行总体规划构思时，要将甲方提出的项目总体定位作一个构想，并与抽象的文化内涵以及深层的警世寓意相结合，同时必须考虑将设计任务书中的规划内容融合到有形的规划构图中去。

构思草图只是一个初步的规划轮廓，接下去要将草图结合收集到的原始资料进行补充、修改。逐步明确总图中的入口、广场、道路、湖面、绿地、建筑小品、管理用房等各元素的具体位置。经过这次修改，会使整个规划在功能上趋于合理，在构图形式上符合园林景观设计的基本原则：美观、舒适。

前期的工作是方案设计的基础和基本依据，有时也会成为方案设计构思的基本素材。当基地规模较大及所安排的内容较多时，就应该在方案设计之前做出整个园林的用地规划或布置，保证功能合理，尽量利用基地条件，使诸项内容各得其所，然后再分区、分块进行各局部景区或景点的方案设计。若范围较小、功能不复杂，实践中多不再单独做用地规划，而是可以直接进行方案设计。

(一) 方案设计阶段的内容

方案设计阶段本身又根据方案发展的情况分为构思立意、布局和方案完善等几部分。构思立意是方案设计的创意阶段，构思的优劣往往决定整个设计的成败与否，优秀的设计方案需要新颖、独特、不落俗套的构思。将好的构思立意通过图纸的形式表达出来就是我们所讲的布局。布局讲究科学性和艺术性，通俗地讲就是既实用又美观。图面布局的结束同时也是一个设计方案的完成。客观地讲，方案设计首先要满足功能的需求，满足功能可以由不同的途径解决问题，因此实践中对某一绿地的方案设计可能一个还不行，有时须做出2～3个方案进行比较，这就是方案的完善阶段。通过对比分析，并再次考虑对基地的综合分析，最终挑出最合理的一个方案进行深入完善，有时也可能是综合几个方案之所长，最后综合成一个较优秀的方案向委托方进行汇报。

该阶段的工作主要包括进行功能分区，结合基地条件、空间及视觉构图确定各种使用区的平面位置（包括交通的布置和分级、广场和停车场的安排、建筑及入口的确定等内容）。方案设计阶段常用的图纸有总平面图、功能分析图和局部构想效果图等。

(二) 方案设计的要求和评价

方案设计是设计师从一个混沌的设想开始，进行的一个艰苦的探索过程。由于方案设计要为设计进程的若干阶段提出指导性的文件并成为设计最终成果的评价基础，因此，方案设计就成为至关重要的环节。方案设计的优劣直接关系到设计的成败，它是衡量设计师能力高下的最重要标准之一。因为，一开始如果在方案上失策，必将把整个设计过程引向歧途，难以在后来的工作中得以补救，甚至造成整个设计的返工或失败。反之，如果一开始就能把握方案设计的正确方向，不但可使设计满足各方面的要求，而且为以后几个设计阶段顺利展开工作提供了可靠的前提。

面对若干各有特点的比较方案如何选择其中之一作为方案发展的基础呢？这就需要对各方案进行评价工作。尽管评价始终是相对的，并取决于做出判断的人，做出判断的时刻，判断针对的目的以及被判断的对象，但是，就一般而言，任何一个有价值的方案设计应满足下列要求：

① 政策性指标　包括国家的方针、政策、法令以及各项设计规范等方面的要求，这对于方案能否被上级有关部门获准尤为重要。

② 功能性指标　包括面积大小、平面布局、空间形态、流线组织等各使用要求是否得到满足。

③ 环境性指标　包括地形利用、环境结合、生态保护等条件。

④ 技术性指标　包括结构形式，各工种要求等。

⑤ 美学性指标　包括造型、尺度、色彩、质感等美学要求。

⑥ 经济型指标　包括造价、建设周期、土地利用、材料选用等条件。

上述六项是指一般情况下对比较方案进行评价所要考虑的指标大类。在具体条件下，针对不同评价要求，项目可以有所增减。

由于方案阶段是采取探索性的方法产生很粗略的框架，只求特点突出，而允许缺点存在，这样，在评价方案时就易于比较。比较的方法首先是根据评价指标体系进行检验，如果违反多项评价指标要求，或虽少数评价指标不满足条件，但修改却困难，即使能修改也使方案面目全非失去原有特点，则这种方案可属淘汰之列。反之，可进入方案之间的横向比较。

八、方案的第二次修改与文本的制作包装

经过了初次修改后的规划构思，还不是一个完全成熟的方案。设计人员此时应该虚心好学、集思广益，多渠道、多层次、多次数地听取各方面的建议。不但要向有经验的设计师们请教方案的修改意见，而且还要虚心向中青年设计师们讨教，往往多请教讨教别人的设计经验，并与之交流、沟通，更能提高整个方案的新意与活力。

由于大多数规划方案，甲方在时间要求上往往比较紧迫，因此设计人员特别要注意两个问题：

① 只顾进度，一味求快，最后导致设计内容简单枯燥、无新意，甚至完全搬抄其它方案，图面质量粗糙，不符合设计任务书要求；

② 过多地更改设计方案构思，花过多时间、精力去追求图面的精美包装，而忽视对规划方案本身质量的重视。这里所说的方案质量是指：规划原则是否正确，立意是否具有新意，构图是否合理、简洁、美观，是否具可操作性等。

整个方案全都定下来后，图文的包装必不可少。现在，它正越来越受到业主与设计单位的重视。

最后，将规划方案的说明、投资框（估）算、水电设计的一些主要节点，汇编成文字部分；将规划平面图、功能分区图、绿化种植图、小品设计图、全景透视图、局部景点透视图，汇编成图纸部分。文字部分与图纸部分的结合，就形成一套完整的规划方案文本。

九、方案提交与甲方的信息反馈

甲方拿到方案文本后，一般会在较短时间内给予一个答复。答复中会提出一些调整意见：包括修改、添删项目内容，投资规模的增减，用地范围的变动等。针对这些反馈信息，设计人员要在短时间内对方案进行调整、修改和补充。

现在各设计单位电脑出图已相当普及，因此局部的平面调整还是能较顺利按时完成的。而对于一些较大的变动，或者总体规划方向的大调整，则要花费较长一段时间进行方案调整，甚至推倒重做。

对于甲方的信息反馈，设计人员如能认真听取反馈意见，积极主动地完成调整方案，则会赢得甲方的信赖，对今后的设计工作能产生积极的推动作用；相反，设计人员如马马虎虎、敷衍了事，或拖拖拉拉，不按规定日期提交调整方案，则会失去甲方的信任，甚至失去这个项目的设计任务。

一般调整方案的工作量没有前面的工作量大，大致需要一张调整后的规划总图和一些必要的方案调整说明、框（估）算调整说明等，但它的作用却很重要，以后的方案评审会以及施工图设计等，都是以调整方案为基础进行的。

十、方案设计评审会

由有关部门组织的专家评审组，会集中一天或几天时间，进行一个专家评审（论证）会。出席会议的人员，除了各方面专家外，还有建设方领导，市、区有关部门的领导以及项目设计负责人和主要设计人员。

作为设计方，项目负责人一定要结合项目的总体设计情况，在有限的一段时间内，将项目概况、总体设计定位、设计原则、设计内容、技术经济指标、总投资估算等诸多方面内容，向领导和专家们作一个全方位汇报。汇报人必须清楚，自己心里了解的项目情况，专家们不一定都了解，因而，在某些环节上，要尽量介绍得透彻一点、直观化一点，并且一定要具有针对性。在方案评审会上，宜先将设计指导思想和设计原则阐述清楚，然后再介绍设计布局和内容。设计内容的介绍，必须紧密结合先前阐述的设计原则，将设计指导思想及原则作为设计布局和内容的理论基础，而后者又是前者的具象化体现。两者应相辅相成，缺一不可。切不可造成设计原则和设计内容南辕北辙。

方案评审会结束后几天，设计方会收到打印成文的专家组评审意见。设计负责人必须认真阅读，对每条意见，都应该有一个明确答复，对于特别有意义的专家意见，要积极听取，立即落实到方案修改稿中。

十一、扩初设计评审会与详细设计阶段

设计方结合专家组方案评审意见，进行深入一步的扩大初步设计（简称“扩初设计”）。在扩初文本中，应该有更详细、更深入的总体规划平面，总体竖向设计平面，总体绿化设计平面，建筑小品的平、立、剖面（标注主要尺寸）。在地形特别复杂的地段，应该绘制详细的剖面图。在剖面图中，必须标明几个主要空间地面的标高（路面标高、地坪标高、室内地坪标高）、湖面标高（水面标高、池底标高）。

在扩初文本中，还应该有详细的水、电气设计说明，如有较大用电、用水设施，要绘制给排水、电气设计平面图。

扩初设计评审会上，专家们的意见不会像方案评审会那样分散，而是比较集中，也更有针对性。设计负责人的发言要言简意赅，对症下药。根据方案评审会上专家们的意见，我们要介绍扩初文本中修改过的内容和措施。未能修改的意见，要充分说明理由，争取能得到专家评委们的理解。

在方案评审会和扩初评审会上，如条件允许，设计方应尽可能运用多媒体电脑技术进行讲解，这样，能使整个方案的规划理念和精细的局部设计效果完美结合，使设计方案更具有形象性和表现力。

一般情况下，经过方案设计评审会和扩初设计评审会后，总体规划平面和具体设计内容都能顺利通过评审，这就为施工图设计打下了良好的基础。总体来说，扩初设计越详细，施工图设计越省力。

十二、基地的再次踏勘与施工图的设计阶段

在园林规划设计步骤（二）中，我们谈到过基地的踏勘。这次所谈的基地的再次踏勘，至少有 3 点与前一次不同：

① 人员范围的扩大　前一次是设计项目负责人和主要设计人，这一次必须增加建筑、结构、水、电等各专业的设计人员；

② 深度的不同　前一次是粗勘，这一次是精勘；

③ 掌握最新、变化了的基地情况　前一次与这一次踏勘相隔较长一段时间，现场情况必定有了变化，我们必须找出对今后设计影响较大的变化因素，加以研究，然后调整随后进

行的施工图设计。

现在，很多大工程，市、区重点工程，施工周期都相当紧促。往往最后竣工期先确定，然后从后向前倒排施工进度。这就要求我们设计人员打破常规的出图程序，实行“先要先出图”的出图方式。一般来讲，在大型园林景观绿地的施工图设计中，施工方急需的图纸是：总平面放样定位图（俗称方格网图）；竖向设计图（俗称土方地形图）；一些主要的大剖面图；土方平衡表（包含总进、出土方量）；水的总体上水、下水、管网布置图，主要材料表；电的总平面布置图、系统图等。

同时，这些较早完成的图纸要做到两个结合，各专业图纸之间要相互一致，每一种专业图纸与今后陆续完成的图纸之间，要有准确的衔接和连续关系。总体来说，每一专业各自有特点，在这里就不赘述。

社会的发展伴随着大项目、大工程的产生，它们自身的特点使得设计与施工各自周期的划分已变得模糊不清。特别是由于施工周期的紧迫性，我们只得先出一部分急需施工的图纸，从而使整个工程项目处于边设计边施工的状态。

前一期所提到的先期完成一部分施工图，以便进行即时开工。紧接着就要进行各个单体建筑小品的设计，这其中包括建筑、结构、水、电的各专业施工图设计。

另外，作为整个工程项目设计总负责人，往往同时承担着总体定位、竖向设计、道路广场、水体以及绿化种植的施工图设计任务。不但要按时，甚至要提早完成各项设计任务，而且要把很多时间、精力花费在开会、协调、组织、平衡等工作上。尤其是甲方与设计方之间、设计方与施工方之间、设计各专业之间的协调工作更不可避免。往往工程规模越大，工程影响力越深远，组织协调工作就越繁重。

从这方面看，作为项目设计负责人，不仅要掌握扎实的设计理论知识和丰富的实践经验，更要具有极强的工作责任心和优良的职业道德，这样才能更好地担当起这一重任。

十三、施工图预算编制

严格来讲，施工图预算编制并不算是设计步骤之一，但它与工程项目本身有着千丝万缕的联系，因而有必要简述一下。

施工图预算是以扩初设计中的概算为基础的，该预算涵盖了施工图中所有设计项目的工程费用。其中包括：土方地形工程总造价，建筑小品工程总价，道路、广场工程总造价，绿化工程总造价，水、电安装工程总造价等。

施工图预算与最终工程决算往往有较大出入。其中的原因各种各样，影响较大的是：施工过程中工程项目的增减，工程建设周期的调整，工程范围内地质情况的变化，材料选用的变化等。施工图预算编制属于造价工程师的工作，但项目负责人脑中应该时刻有一个工程预算控制度，必要时及时与造价工程师联系、协商，尽量使施工预算能较准确反映整个工程项目的投资状况。

整个工程项目建成后良好的景观效果，是在一定资金保证下，优良设计与科学合理施工结合的体现。

十四、施工图的交底

甲方拿到施工设计图纸后，会联系监理方、施工方对施工图进行看图和识图。看图属于总体上的把握，识图属于具体设计节点、详图的理解。

之后，由甲方牵头，组织设计方、监理方、施工方进行施工图设计交底会。在交底会上，业主、监理、施工各方提出看图后所发现的各专业方面的问题，各专业设计人员将对口进行答疑，一般情况下，业主方的问题多涉及总体上的协调、衔接；监理方、施工方的问题常提及设计节点、大样的具体实施。双方侧重点不同。由于上述三方是有备而来，并且有些问题往往是施工中的关键节点。因而设计方在交底会前要充分准备，会上要尽量结合设计图纸当场答复，现场不能回答的，回去考虑后尽快做出答复。

园林规划设计步骤应该是到此为止了。但在工程建设过程中，设计人员的现场施工配合又是必不可少的。

十五、设计师的施工配合

设计师的施工配合工作往往会被人们所忽略。其实，这一环节对设计师、对工程项目本身恰恰是相当重要的。

甲方对工程项目质量的精益求精，对施工周期的一再缩短，都要求设计师在工程项目施工过程中，经常踏勘建设中的工地，解决施工现场暴露出来的设计问题、设计与施工相配合的问题。如有些重大工程项目，整个建设周期就已经相当紧迫，甲方普遍采用“边设计边施工”的方法。针对这种工程，设计师更要勤下工地，结合现场客观地形、地质、地表情况，做出最合理、最迅捷的设计。

如果建设中的工地位于设计师所在的同一城市中，该设计项目负责人必须结合工程建设指挥的工作规律，对自己及各专业设计人员制定一项规定：每周必须下工地一至两次（可根据客观情况适当增减），每次至工地，参加指挥部召开的每周工程例会，会后至现场解决会上各施工单位提出的问题。能解决的，现场解决；无法解决的，回去协调各专业设计后出设计变更图解决，时间控制在2～3天。如遇上非设计师下工地日，而工地上恰好发生影响工程进度的较重大设计施工问题，设计师应在工作条件允许下，尽快赶到工地，协调业主、监理、施工方解决问题。上面所指的设计师往往是项目负责人，但其它各专业设计人员应该配合总体设计师，做好本职专业的施工配合。

如果建设中的工地位于与设计师不同城市，俗称“外地设计项目”而工程项目又相当重要（影响深远，规模庞大）。设计单位就必须根据该工程的性质、特点，派遣一位总体设计协调人员赴外地施工现场进行施工配合。

其实，设计师的施工配合工作也随着社会的发展、与国际间合作设计项目的增加而上升到新的高度。配合时间更具弹性、配合形式更多样化。俗话说，“三分设计，七分施工”。如何使“三分”的设计充分体现、融入“七分”的施工中去，产生出“十分”的景观效果？这就是设计师施工配合所要达到的工作目的。

上述设计步骤表示了理想设计过程中的顺序，实际上有些步骤可以相互重叠，有些步骤可能同时发生，甚至有时认为改变原来的步骤是必要的，这要视具体情况而定。设计程序不是公式或处方，真正优秀的设计，要通过合理处理设计中的各种要素来获得。设计程序仅仅是每一设计步骤所要进行工作的纲领，设计的成功取决于设计者的观察力、经验、知识，正确的判断能力和直觉的创造能力。所有这些，都要在设计程序中加以应用。

本章小结

园林设计：“设”者，陈设，设置，筹划之意；“计”者，计谋，策略之意。园林设计是园林设计师对现场的重新布局，而在设计师的方案未实施之前，需要设计师通过某种手段表现自己的园林设计原理、园林设计布局、园林设计程序，以确定方案的可行性。而园林设计图纸及说明书正是表达设计师系列意图的最佳工具，这就要求设计师熟悉基本的绘图语言，这是园林设计的必要技能。

复习思考题

1. 园林设计图有哪些类型？
2. 园林设计图的绘制要求有哪些？
3. 阐述计算机在园林设计中的应用？
4. 叙述园林规划设计的程序。

第八章　园林空间设计

第一节　空间的概念

园林空间的概念如下。

园林空间意指人的视线范围由树木花草、地形、建筑、山石、水体、铺装道路等构图单体所组成的形形色色的景观区域，这些空间既相互封闭，又相互渗透；既静止，又流通。包括平面的布局，又包括立面的构图，是一个综合平、立面艺术处理的概念。

构成空间的要素，主要由边界和主题构成，主题包含园林的道路、植物、建筑、广场、雕塑、水域等；边界则是由围绕空间的道路、建筑物、绿篱、围墙等构成。

第二节　园林空间的类型

一、按照服务对象的流线划分

（一）静态空间

园林静态空间是指在游人视点不移动的情况下，观赏静态风景画面所需的空间。组织静态空间时必须注意在优美的“静态风景”画面之前布置广场、平台、亭、廊等设施，以利于游人静态赏景；而在人们经常逗留之处，则应该设立“静态风景”观赏画面。

驻足于园林静态空间，人们不但可以欣赏到美丽如画的风景，而且能引人沉思、冥想，达到陶冶性情、愉悦精神的效果。

（二）动态空间

动态空间是指在游人视点移动的情况下，观赏动态风景画面所需要的空间。组织动态空间时，要使空间视景具有节奏感和韵律感，有起景、高潮和结尾，形成一个完整的连续构图，从而达到移步换景的效果。

二、按照视景空间的类型划分

（一）开敞空间

开敞空间是指人的视平线高于四周景物的空间。在开敞空间中所见到的风景为开敞风景。人在开敞空间里视野无穷，心胸开阔，视觉不易疲劳，远景鉴别率高，但对景物形象、色彩、细部的感觉模糊，感染力差。

（二）闭合空间

闭合空间是指人的视线被四周屏障遮挡的空间。在闭合空间中所见到的风景为闭合风景，四周屏障物的顶部与视线所成的角度愈大，人与景物愈近，则闭合性愈强；反之，闭合性愈小。闭合风景离人较近，所以感染力最强，但是若人们长时间观赏闭合风景，则容易产生视觉疲劳。园林中的闭合风景主要是林中空地、群山环绕的谷底以及园中园。

（三）纵深空间

纵深空间是指在城市街道、河滨两岸、峡谷的两旁因设有建筑或树林而形成的狭长空间。在纵深空间中轴线端点上的风景叫集聚风景，通常为纵深空间的主景，吸引人们的注意力，成为视觉焦点（图 8-1）。

图 8-1　纵深空间

（四）拱弯空间

拱弯空间是指地下或山中的洞穴所组成的空间。在拱弯空间中所见到的景观为拱弯风景。对于天然岩洞，应加以保护，宣扬其自然美景，营造奇特的拱弯风景；人工洞穴应认真组织拱弯空间，使人犹如身临天然岩洞之感。

三、按照垂直界面对空间的围合程度划分

（一）弱度围合空间

弱度围合空间指一对平行的垂直面，在它们之间限定出一个空间领域（图 8-2）。该领域敞开的两端，是由面的垂直边缘形成的，赋予空间一种强烈的方向感。它的基本方向是这两个面的对称轴。由于平行面不相交，不能形成交角，也不能完全包围这一领域，所以这个空间属于开敞型。

（二）中度围合空间

垂直面的 U 形组合限定一个空间范围，具有一定朝外的方向性，内向的焦点带来明显的向心感、安全感。封闭端，空间得到很好的界定；开放端，空间视线变得具有一定的开阔性。这种空间常存在一条较强的轴线，这就使得对应于开敞端的界面非常重要，另一方面，开敞端也常常成为借景的窗口，并使该范围与相邻的空间保持视觉的连续性，这种连续性，通常还采用把水平界面延伸超出该空间开敞端的手法，从视觉上加以强化（图 8-3）。

（三）强度围合空间

四个面组合围合的空间围合度高，建筑空间是四角完全闭合的阴角空间，而户外空间多

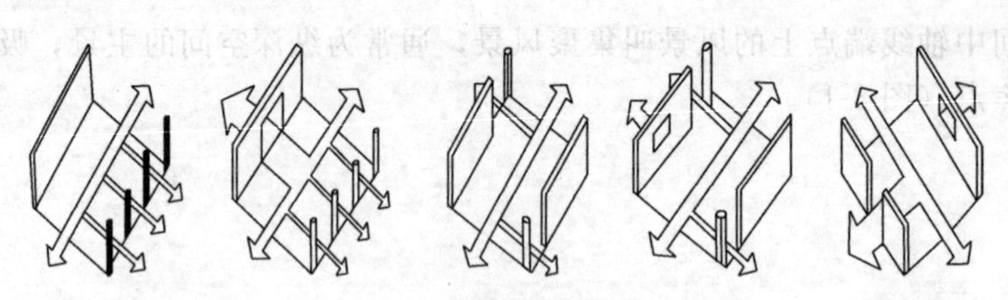

图 8-2　弱度围合空间

资料来源：《交往与空间》

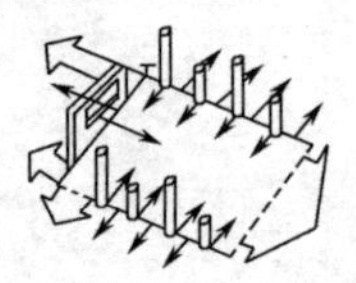

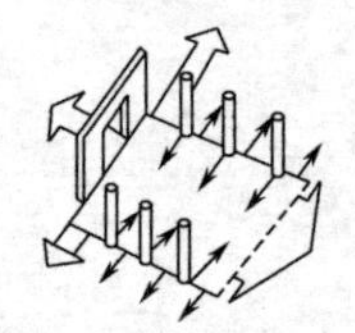

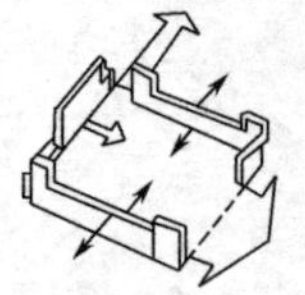

图 8-3　中度围合空间

资料来源：《交往与空间》

数为四角开敞的阳角空间。户外空间中作为四面围合的垂直界面有些绝对高度较小，有些界面存在虚形，相邻空间有一定贯通性和渗透性（图 8-4）。

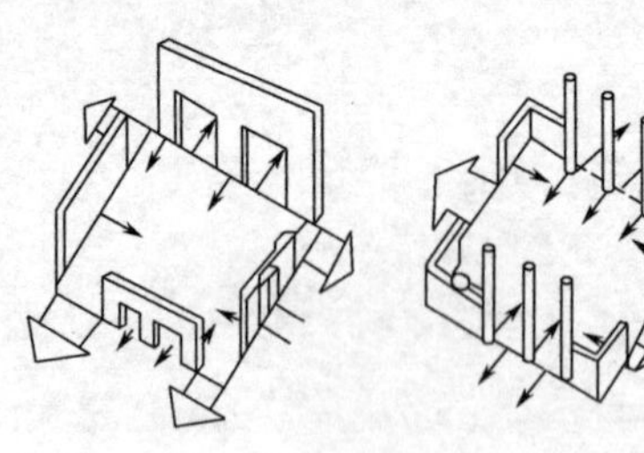

图 8-4　强度围合空间

资料来源：《交往与空间》

第三节　园林空间的序列

一、园林空间序列的基本概念

园林空间序列是指将不同的园林空间按一定的空间序列轴线连接起来，其实质是考虑空间的对比、渗透及空间功能的合理性和艺术意境的创造性，从整体出发，按规则式或自由式安排空间，使游人通过对景观序列的欣赏获得美的感受和精神上的愉悦。空间序列通过其界定之间的配合关系，呈现出不同的形状和尺度，可以带来完全不同的心理感受。

空间序列设计的一般规律是要经过起始阶段、发展阶段、高潮阶段和结束阶段四个阶段。

（一）起始阶段

起始阶段是整个序列的开端，它预示着将要展开的内容。良好的开端在任何艺术中无不予以重视。起始阶段除要有一个良好的开端外，还要考虑与延续阶段（即展开的内容）的衔接和融合过渡，其核心是使空间具有一个足够的吸引力，同时起到引导和过渡空间的作用。

（二）发展阶段

发展是序列设计中过渡部分，起培养人的感情，并引向高潮的重要作用，并具有引导、启示、酝酿、期待以及引人入胜的功能。

在整个序列空间中，各独立空间之间也应考虑互相衔接关系，必要时可适当地引入过渡空间或转折空间。一方面可以加强序列的节奏感，另一方面也起到引导与暗示的作用，增强空间与空间之间的连续性。

发展阶段是高潮阶段的前奏，所以适当地加强节奏感，以重复的手法来组织空间，可以为高潮的到来作好充分的准备。

（三）高潮阶段

高潮阶段是序列设计中的主体，使人在环境中产生最佳的感受。高潮出现的位置和次数各不一样，综合性较强而规模较大的建筑空间序列具有多中心多高潮的特点，在多高潮中也有主要高潮和次要高潮之分，使整个空间序列好似高低起伏的波浪，有高潮有低谷，从中可以找出最高的波峰，这就是主要高潮的位置。

一般情况下，空间序列的高潮阶段在整个空间序列的中部偏后，也有布置在整个空间序列的后部。但也有特殊，如宾馆的空间序列，为了吸引和招揽旅客，高潮常布置在接近门厅入口和建筑中心位置的中庭，中庭是社交、休息、服务、交通集中表现的空间区域，同时也是更好地显示宾馆规模、气魄、标准、舒适、方便的场所，使其成为整个空间序列中最引人注目的高潮阶段。

（四）结束阶段

结束阶段是从高潮阶段恢复到正常状态后的终结部分，结束阶段要有利于对高潮的追思和联想，以加深对整个空间序列的印象。

二、静态空间设计

（一）静态空间艺术的类型

1. 静态空间艺术的构图

一般按照活动内容，静态空间可分为生活居住空间、游览观光空间、安静休息空间、体育活动空间等。按照地域特征分为山岳空间、台地空间、谷地空间、平地空间等。按照开朗程度分为开朗空间、半开朗空间和闭锁空间等。按照构成要素分为绿色空间、建筑空间、山石空间、水域空间等。按照空间的大小分为超人空间、自然空间和亲密空间。还有依其形式分为规则空间、半规则空间和自然空间。根据空间的多少分成单一空间和复合空间等。

在一个相对独立的环境中，随着诸多因素的变化，使人的审美感觉各不相同。有意识地进行构图处理，就会产生丰富多彩的艺术效果。

2. 风景界面与空间感

局部空间与大环境的交接面就是风景界面。风景界面是由天地及四周景物构成的。以平地（或水面）和天空构成的空间特征有旷达感。以峭壁或高树夹持，其高宽比大约为（6∶1）～(8∶1）时的空间有峡谷或夹景感；由六面山石围合的空间，则有洞府感；以树丛和草坪构成的≥1∶3空间，有明亮亲切感；以大片高乔木和矮地被组成的空间，给人以荫浓景深的感觉；一个山环水绕，泉瀑直下的围合空间则给人清凉世界之感；一组由山环树抱、庙宇林立的复合空间，给人以人间仙境的神秘感；一处四面环山，中部低凹的山林空间，给人以深奥幽静感；以烟云水域为主体的洲岛空间，给人以仙山琼阁的联想；还有，中国古典园林的咫尺山林，给人以小中见大的空间感；大环境中的园中园，给人以大中见小（巧）的感觉。

（二）静态空间的视觉规律

空间感是由人的视觉、触觉或习惯感觉而产生的。经过科学分析，利用人的视觉规律，可以创造出预想的艺术效果。

1. 最宜视距

正常人的清晰视距为25～30m，明确看到景物细部的视野为30～50m，能识别景物类型的视距为150～270m，能辨认景物轮廓的视距为500m，能明确发现物体的视距为1200～2000m，但这已经没有最佳的观赏效果。一般而言，眼睛同物体相距0.3m左右是欣赏花朵的形状与姿态的最清晰的距离；相距50m以内是欣赏细部景物清晰的距离；而在250m左右以内的距离是欣赏景物轮廓的最好距离，欣赏主景的距离就不宜更远了。对主景起直接衬托作用的背景，应设在500m距离之内，再远的景物便模糊不清了。然而远景也有起衬托近景的作用，也有高度的欣赏价值。

2. 最佳视域

在不转动颈部的情况下，人类的水平视域为45°，垂直视角为30°范围之内，即人们静观景物的最佳视距为景物高度的2倍，宽度的1.2倍。这就是观赏景物的最佳视点。

3. 视角

水平视线上下各13°，共26°范围内的视角，称平视。以平视欣赏景物，有平静、安宁与深远的感觉。一般景物都以作平视的安排为宜。仰角大于13°时便是仰视。以仰视欣赏的景物有庄严、雄伟的气派，主景及需要强调的景物不妨作仰视欣赏的设计。俯角超过13°时称为俯视。欣赏俯视景物，会使欣赏者有喜悦、自豪或孤独的感觉。

① 仰视高远　一般认为视景仰角为大于45°、60°、80°、90°时，由于视线的消失程度可以产生高大感、宏伟感、崇高感和危严感。若大于90°，则产生下压的危机感，这种视景法又叫虫视法。在中国皇家宫苑和宗教园林中常用此法突出皇权神威，或在山水园中创造群峰万壑、小中见大的意境。如北京颐和园中原中心建筑群，在山下德辉殿后看佛香阁，则仰角为62°，产生宏伟感，同时，也产生自我渺小之感。

② 俯视深远　居高临下，俯瞰大地，为人们的一大游趣。园林中也常利用地形或人工造景，创造制高点以供人俯视，绘画中称之为鸟瞰。俯视也有远视、中视和近视的不同效果。一般俯视角＞45°、30°、10°时，则产生深远、深渊、凌空感；当＜10°时，则产生欲坠危机感。登泰山而一览众山小，居天都而有升仙神游之感，也使人产生人定胜天之感。

③ 中视平远　以视平线为中心的30°夹角视场，可向远方平视。利用或创造平视观景的机会，将给人以广阔宁静的感受，坦荡开朗的胸怀。因此园林中常要创造宽阔的水面、平缓的草坪、开敞的视野和远望的条件，这就把天边的水色云光，远方的山廓塔影借来身边，一饱眼福。

高远、深远、平远视景都能产生良好的借景效果，当然根据“佳则收之，俗则屏之”的原则，对远景的观赏应有选择，但这往往没有近景那么严格，因为远景给人的是抽象概括的朦胧美，而近景则给人以具象细微的质地美。

4. 视距与视角的相关效应

以平角至仰角欣赏的景物，往往是主景或主要景物的立面。人们观赏景物的垂直视角在18°，即观赏距离为最高的三倍时，为欣赏包括背景在内的全貌观赏视角在27°，即观赏距离为最高的两倍时，为欣赏这一主景最为清晰的观赏视角在45°，即距离等于景高时，为欣赏景物细部的视角。不论在地形有高差的庭园中，或在已定高度的景物前，设置欣赏立地时，务必以此为依据。在景物比较高大时，人眼的高度可以不计。同样，水平视角以60°为最佳，但一般往往取54°作为准则。因为此角度，欣赏地点与景物被欣赏面之间的距离恰好等于这一欣赏面的水平宽度。

当以平角至俯角欣赏的近景中，往往是花坛或水池的平面。平视即俯角26°以内的形象是变形的，60°以外的形象是不被注意的，只有30°～60°之间的部分才是十分清晰的。如以人眼高度为1.5～1.7m计，距立足点1m以内的地面是不被注意的，1～3m的地面上的景物是清晰的，3m以外地面上的形象便是变形的。这对路边花坛设置的位置提供了数据参照。

5. 幻觉

幻觉也包括错觉。幻觉会使景物产生不良的效果，应该予以避免。但另一方面，却可以利用人类的这一视觉上的弱点，使有缺陷的景物得到弥补，有时甚至能起到节省材料的作用。

利用人类视力所不能判断的，可造成误以为真的幻象。如，同直角或平角上下3°范围以内的差异人们的视觉是无法察觉的；在较大的面积中，偏圆、歪圆与椭圆往往都会被认作圆形；在道路的交错点上设置圆形树坛，里面配植乔、灌木以阻隔视线，也就很难判别这交角是否是正角了。

利用透视的原理，实现梯形同长方形或正方形、卵圆形同圆形等同的视觉效果。

此外，色彩透视原理的利用，能实现距离感觉上的改变。水中的倒影有使建筑物高度增加的感觉。庭园山路线的曲折、景物的半掩，可用以造成幽深的感觉。这些都是联想上幻觉的运用。

（三）静态构图

静态构图，是由导游线（如道路、水体、墙垣等）和风景视线串联形成的。设计中应注意以下几个方面。

1. 远近景相互衬托

在每一视域中，任何良好的景观，都应该有近景、中景与远景的组合。近景、中景与远景，不论以哪一种作为欣赏主体，都需要其余两种的衬托，才能得到良好的景观效果。不同视距与不同视角的欣赏，都能加强景物丰富的感觉。

2. 主次景相互呼应

这里所谓的主次，不同于一单位庭园总体上的主景与配景，而是指每一视域，景观中景物间的主次关系。每一良好的景观中，主次关系同样是必须存在的，并且在两者之间还有相互呼应的关系，主与次并不是各自孤立的。

3. 主次景排布交措

在一视域中的许多景物，不论是主次之间或次与次之间的排列与组合，都要求做到疏密有致、左右参差与高低错落，才能避免呆滞，而起到俯仰盼顾莫不有景。

4. 造景空间纵横分隔

分隔可在地形平坦或景观平庸的视域中谋求出奇的造景。用复廊、园墙、高绿篱与密林等来阻隔、规定赏景视线与导游路线，是一种分隔手法。这能使被分隔的各个闭锁空间中，既能排除相邻接的、性质相异的景物之间的相互干扰，又能顺序展示出丰富的景物或景观。

用堤岸或桥、绿篱或穿廊、塔或参天古木来分割广大的水体、辽阔的草原与广阔的天空，虽然并不改观其开朗的景观，但却有打破单调的效果。

能将一视域分隔成几个不同平面的空间，有限的视域也会丰富起来。如层楼、高台是对垂直空间的直接分隔；透漏的岩山能纵横透、漏出许多不同的景色，使景观更为丰富。

三、动态空间设计

园林是一个动态的流动空间，一方面体现在园林风景的时空变幻，另一方面体现在游人置于其中步移景异的变化，有起有结，有开有合，有低潮有高潮，有发展也有转折，构成了丰富的连续景观。

（一）园林空间的展示程序

园林空间的展示程序应按照游人的赏景特点来安排，常用的方法有一般序列、循环序列和专类序列3种。

1. 一般序列

一般简单的展示有所谓两段式或三段式之分。所谓两段式就是从起景逐步过渡到高潮而结束。如一般纪念陵园从入口到纪念碑的程序，便多采用两段式。但是多数园林空间序列具有比较复杂的程序，分为起景、高潮、结景三个段落。在这个过程中还有多次转折，由低潮发展为高潮景序，接着又经过转折、分散、收缩以至结束，即序景、起景、发展、转折、高潮、转折、收缩、结景、尾景。如北京颐和园从东宫门进入，以仁寿殿为起景，穿过牡丹台转入昆明湖边豁然开朗，再向北通过长廊的过渡到达排云殿，再拾级而上直到佛香阁、智慧海，到达主景高潮。然后向后山转移再游后湖、谐趣园等园中园，最后到北宫门结束。

2. 循环序列

为了展现现代社会的生活特点，在现代园林设计中，多采用循环系列，以满足分散式旅游功能。以主景区主景物为构图中心，划分多个景区，以多条循环系列展示次要景区，主次结合，分散人流，从而达到较好的观赏效果。

3. 专类序列

以专类活动内容为主的专类园林即采用专类序列展示各自特点。如植物园多以植物演化系统组织园景序列，从低等到高等，从裸子植物到被子植物，从单子叶植物到双子叶植物等，不少植物园因地制宜创造自然生态群落景观形成其特色。又如动物园一般从低等动物到鱼类、爬行类到鸟类、食草、食肉及哺乳动物，国内外珍奇动物乃至灵长类高级动物等，形成完整的景观序列，并创造出以珍奇动物为主的全园构图中心。

（二）风景园林景观序列的创作手法

人在景观空间中移动，景观空间则相对于人来说是一个流动的空间，一方面表现为人在风景区中步移景异的动态变化，另一方面表现在景色的四时转换。景观序列的动态演变具有一定的章法，或依靠空间起结开合，或依赖地形连绵起伏，或借天时物候塑造季相变化的动态景观，或人工配置出具有主调、基调、配调的植物景观。这些手法都离不开形式美法则的范围。

1. 风景序列的主调、基调、配调和转调

在静态观赏空间的布局中，往往有主景、背景、配景之分，其中主景必须突出，背景从烘托方面来烘托主景，配景则从调和方面来陪衬主景，把一个静态布局反复演进以后，就构成连续序列布局，连续的主景构成了布局的主调，连续的背景构成了布局的基调，连续的配景构成了布局的配调。主调必须突出，基调和配调在布局中也不是可有可无的，不是偶然存在的，必须对主调起到烘托，相得益彰的作用。以植物景观要素为例，作为整体背景或底色的树林可谓基调，作为某序列前景和主景的树种为主调，配合主景的植物为配调，处于空间序列转折区的过渡树种为转调，过渡到新的空间序列区段时，从而产生渐变的观赏效果。

2. 风景序列的起结开合

游人在空间中，由小空间进入大空间，或者由大空间进入小空间，开合相间，会给人留下小空间更小、大空间更大的错觉。通过这种开合关系，给人产生动态的节奏感。在园林设计中，这种开合序列通常应用在涓涓细流汇入河流、地形的起伏变化以及园中园的建造等。

3. 风景序列的断续起伏

这是利用地形地势变化而创造风景序列的手法之一。多用于风景区或郊野公园。一般风景区山水起伏，游程较远，我们将多种景区景点拉开距离，分区段布置，在游步道的引导下，景序断续发展，游程起伏高下，从而取得引人入胜、渐入佳境的效果。

4. 园林植物景观序列的季相与色彩布局

园林植物四时而变，根据园林植物季相的变化，利用植物个体与群落在不同季节的外形与色彩变化，再配以山石水景、建筑道路等，必将出现绚丽多姿的景观效果和展示序列。如扬州个园内春植青竹，配以石笋；夏种槐树、广玉兰，配太湖石；秋种枫树、梧桐，配以黄石；冬植腊梅、南天竹，配以白色英石，则在咫尺庭院中创造了四时季相景序。一般园林中，常以桃红柳绿表春，浓荫白花主夏，黄叶红果属秋，松竹梅花为冬。在更大的风景区或城市郊区的总风景序列中，更可以创造春游梅花山、夏渡竹溪湾、秋去红叶谷、冬踏雪莲山的景相布局。

5. 园林建筑群组的动态序列布局

园林建筑在风景园林中占有面积不大，但往往是景区的构图中心，起到画龙点睛的作用。由于使用功能和建筑艺术的需要，对建筑群体组合的本身以及对整个园林中的建筑布置，均应有动态序列的安排。对一个建筑群组而言，应该有入口、门厅、过道、次要建筑、主体建筑的序列安排。对整个风景园区而言，从大门入口区到次要景区，最后到主景区，都有必要将不同功能的建筑群体，有计划地排列在景区序列线上，形成一个既有统一展示层次，又有变化多样的组合形式，以达到应用与造景之间的和谐统一。

本章小结

在空间设计的领域中，常用的设计手法可归纳为实与虚、高低错落、看与被看、渗透与层次、引导与暗示、疏与密、蜿蜒曲折与空间的对比等。而处理空间的手法是根据移步换景之手法来体现的，以流动空间来表现清净自然的艺术精神。对于空间设计初学者而言，体验空间中压缩、伸张、开合、对比等的变化；巧妙掌握空间尺度；学习与模拟自然空间处理的手法，将是最好的一种选择。

复习思考题

1. 简述园林空间的概念及其构成要素。
2. 简述园林空间的各种类型。
3. 请结合实例说明园林空间序列应如何设计。

第九章　城市景观规划设计

第一节　城市景观的概述

一、城市景观的含义

（一）景观的含义

“景观”一词最早出自希伯来文的《圣经》（旧约全书）中，用来描绘具有所罗门王国教堂、城堡和宫殿的耶路撒冷城美丽的景色。景观一词的原意是表示自然风光、地表形态和风景画面，它与汉语中的风景、景致、景象等一致，等同于英语中的 scenery，都是视觉美学意义上的概念。在德语中，景观（landschape）本身的含义是一片或一块乡村土地，但通常被用来描述美丽的乡村自然风光。英语中的景观（landscape）源于德语，也被理解为形象而又富于艺术性的风景概念。此外，从17世纪开始直到现在，大多数风景园林学者所理解的景观，也主要是视觉美学意义上的景观，即风景。而到文艺复兴之后，景观逐渐被引申为包含着“土地”的地理空间概念，尤其在18～19世纪，这个空间概念获得了一个更为广泛的含义，即景观是总体环境的空间可见整体或地面可见景象的综合，这时景观才被赋予了科学的含义。

综上所述，景观是一个特定的科学术语，在不同的学科领域具有不同的含义。目前对景观含义比较全面的理解是：①景观由不同空间单元镶嵌而成，具有异质性；②景观是具有明显形态特征与功能联系的地理实体，其结构与功能具有相关性和地域性；③景观既是生物的栖息地，更是人类的生存环境；④景观是处于生态系统之上、大地理区域之下的中间尺度，具有尺度性；⑤景观具有经济、生态和文化的多重价值，表现为综合性。景观与风景、园林、土地、环境、生态系统、区域、文化、资源等词语既有联系又存在差别，在使用时应当特别注意。

（二）城市景观

城市景观指城市布局的空间结构和外观形态，包括城市区域内各种自然要素的外观形态和人文设施的外观形态，它既包括自然景观如山河湖泊布局形式、植物群落外观等，也包括人文景观如城市各种用地的外部几何形态及其布局格式、城市建筑空间组织和城市面貌、公园绿地系统布局特点和形式等。

二、城市景观的要素与关系

（一）城市活动景观

根据人们活动的性质可将这类景观划分为：

① 休闲活动　如早操、散步、饮茶、棋艺、郊游、野餐、风筝、钓鱼等。

② 节庆活动　如春节、元旦、国庆等法定假日；元宵、端午、中秋等民俗节日；赛龙舟、牡丹花会等文化节日。

③ 交通活动　以车站、码头、机场为中心的大量人流、车流的集散活动。

④ 商业活动　商业活动形式多种多样。设置少量的店铺，营业各种民间手工艺品及旅游产品；设置娱乐活动场地；设置各种特色小吃、饮料、水果等饮食商店；开展吧台、咖啡屋、茶馆、游泳池、SPA 洗浴中心等。

⑤ 观光活动　针对观光游客设置观光游览路线，以期在最短的时间内将城市的独特风貌、重要景点、民俗特征展现出来，使游客获得城市的信息。

（二）城市实质景观

1. 自然因素景观

① 地形地势因素　城市的地形影响城市的风貌，如平原城市上海、丘陵城市重庆、水乡城市绍兴等。

② 水岸因素　水是大地景观的血脉，是生物繁衍的条件。人类对水有着天然的亲近感。水景是自然风景的重要因素，包括泉水、瀑布、溪涧、峡谷、河川、湖池、滨海、岛屿八种景观类型。

a. 泉水：地下水的自然露头，分冷泉和温泉。如杭州虎跑泉（图 9-1）、济南趵突泉、西安华清池、西藏羊八井。

图 9-1　杭州：虎跑泉

b. 瀑布：如贵州黄果树瀑布，九寨沟诺日朗瀑布（图 9-2）、珍珠瀑布。

③ 山岳因素　山岳是构成大地景观的骨架，山岳风景景观包括山峰、岩崖、洞府、溪涧与峡谷、火山口景观、高山景观、古化石及地质奇观七种景观类型。

a. 山峰：包括峰、峦、岭、崮、崖、岩、峭壁等不同的自然景象。如华山、黄山的花岗岩山峰，高耸威严（图 9-3）；桂林、路南石林的石灰岩山峰，柔和清秀。

b. 岩崖：如庐山龙首崖（图 9-4）、厦门鼓浪屿、海南天涯海角石、桂林象鼻山的象眼岩。

c. 洞府：如喀斯特地形石灰岩溶洞、浙江瑶琳洞、江苏善卷洞、安徽广德洞、江西龙宫洞、四川芙蓉洞（图 9-5）。

d. 溪涧与峡谷：如五夷山九曲溪（图 9-6）、贵州郊区花溪。

e. 火山口景观：如东北五大莲池、火山、堰塞湖；长白山天池、火山湖（图 9-7）；新疆火焰山。

图 9-2 诺日朗瀑布

图 9-3 黄山：花岗岩山峰，高耸威严

f. 高山景观：如青藏、云贵高原地区（图 9-8）；云南玉龙雪山。

④ 风景区因素 风景区是以自然景观为主的自然、人文复合景观。自然资源加强了风景区的旷奥度，人文资源加强了时间上的返逆度，并起到了传神点睛的作用。

2. 人工因素景观

① 城市公共空间结构 它是城市实质景观的主体框架。不同的公共空间结构表现在城市形态上也有很大的区别，可以从以下几个方面来进行分析。

图 9-4　庐山：龙首崖

图 9-5　四川：芙蓉洞

图 9-6　五夷山：九曲溪

a. 城市的平面结构有集落结构　它是一种以水路、街道为骨架的线型衔廓结构，有面背之分，正面沿街整齐，背面呈不规则的进深，这是一种自然状态的结构，如上海市区的平

图 9-7 长白山天池、火山湖

图 9-8 青藏、云贵高原

面结构；另一种宇宙观结构是根据一定的意识、风水观念来设定的城市平面结构。城中官衙、庙宇、城门各有其位置及方向，最典型的是北京古城的平面结构，有几何线型结构，如方格棋盘式、圆环放射式，这在现代的一些城市中并不少见。

b. 城市的高度结构 它影响着城市空间的量感、天际线、空间比例以及空间的感觉品质。其形式有主从型、排比型、混合型等多种。

c. 街廓空间 由沿街建筑界面、路面的连续状态、活动尺度、街面类型等组成。

d. 城市中的开放空间 指的是城市中，室外非建筑实体的公共空间，如广场、公园、道路、天空空间等。

e. 城市中的方向指认 方向指认系统一般分为逻辑的（不可见的）和形象的（可见的）两种。逻辑的方向指认系统如地区名称、道路名称、门牌编号、公交线路、社会各层次认同的地区意义等；形象的方向指认系统如路牌路标、广告招牌、高楼地标、名胜古迹、街面特质、喷泉雕塑、远眺景点等。

② 城市建筑形态 建筑的形态是形成城市景观特征的极重要的因素。不同的自然地理条件，不同的建筑材料，不同的量、相、比的关系和技术以及人们各不相同的建筑观，是产生丰富多彩的建筑形态的原因。

③ 城市街廊设施　街廊设施指的是城市中除了建筑物之外的一切地上物。如具实用性的路障、路灯、路钟、座椅、电话亭、邮筒、垃圾箱、烟灰缸、公交站亭、地下道口、人行天桥等；具审美特性的行道树、花坛、喷泉、雕塑、户外艺术品、地面艺术铺装等；具视觉传达性的交通标志、路标、路牌、海报、地面标志等。街廊设施可以塑造路径或城市开放空间的特色，使空间引发活动，使活动强化空间。它可以明确地界定人、车的使用空间，使它们互不干扰而又能紧密地转换，它可以塑造活动空间品格，强调空间的运动感与滞留性，以促发不同性质的动态与静态的活动。

④ 城市次生自然环境　城市中的次生自然环境主要指水、地、绿化三个方面。而它们被人工化的程度，则根据不同的功能、不同的审美需求而有不同的强调。

a. 水的形态　主要体现在岸边的处理上。自然岸坡虽然原始，但只是在城市郊外才能见到。其次是硬质护坡，常见于市郊结合部。再其次是垂直驳岸，岸边尚能形成河滨公园。最为甚者是防汛高堤，完全变成一种人工的景观。

b. 土地　在城市的繁华街道上几乎见不到自然的土地，只有在公园、河滨以及绿化区才可能见到自然状态的土地。它可以向下渗透雨水，向上蒸发地气、表面植被丛生，使城市充满生气。除此之外在人行、休闲活动为主的场所，则以绿地与硬地相互交织的铺地多见，静、动各得其所。城市中更多的是硬质铺装，车行的、人行的、集聚的、巡回的许多场所，都是硬质地面，形成了城市特有的硬质景观。它们与人接触密切、频繁，应根据不同的功能和审美要求进行精心的设计和施工，使城市环境的质量有明显的提高。

c. 绿化　是自然的象征。城市里几乎没有原始的自然植被群落，即便是城市的结构性绿地，也是以人工养护为主。行道树和局部性绿化不仅是人工养护，而且是按照一定的尺寸定位的，表现出了人工集群的特点。更有完全从审美角度出发的装饰性绿化，或是把平面模仿地毯式图案来种植花草，或是把树木修剪成特定的规则形体，使它们完全表现了人工的意愿。

三、城市景观特性

（一）城市景观的人类主导性

人类活动强烈影响着城市景观的自然条件、水文状况、气象特点、地表结构、动植物区系等。城市景观的特点，在很大程度上反映了当地的社会经济发展状况和历史文化特点，也是人类对理想生活环境梦想的现实表现。在城市景观中，主要的结构成分和景观的整体格局，都是人造的或人为配置和调整过的；多种主要生态过程，也是在人为控制或影响下进行的；城市景观的功能需要人类的维护。这些都决定了城市景观的人类主导性。

（二）城市景观的生态脆弱性

城市景观的生态过程，主要靠人为输入或输出不同性质的能量和物质来协调和维持。随着社会经济的发展，以及政治、文化等因素的变动，城市景观变化极快，特别是城市景观边际带的变化尤为明显。由于城市景观系统对人类调控的高度依赖性，城市的自然生态过程被大大简化和割裂，城市功能的连续性和完整性都很脆弱，一旦人类活动失调，就很容易导致城市功能，特别是城市生态的衰退，城市的总体可持续性和宜人性下降。

（三）城市景观的破碎性

城市内四通八达的交通网络，贯穿整个景观，将城市切割成许多大小不等的斑块，与大面积连续分布的农田和自然植被景观形成鲜明的对照。由于城市景观功能的多样性和城市景观人为活动的复杂性，城市景观要素斑块之间及其与城市外部之间的，与人类活动相关的能量和物质流通速率很高，而城市景观中的“自然”生态过程受阻，提高城市景观生态连通性，就成为维持城市景观生态过程和环境功能的基础。

第二节 城市景观规划设计

一、城市景观规划的程序

EDSA（亚洲）首席设计师陈跃中先生提出了现代景观规划设计的十大程序，包括：项目规划阶段、用地分析与市场分析阶段、概念性规划草案阶段、概念性规划方案阶段、详细规划阶段、报批与融资阶段、场地设计方案阶段、场地设计初设阶段、场地设计施工图阶段、施工配合阶段。传统的园林景观设计，所做的工作往往是后四个阶段，但现代景观设计师必须要全面了解现代景观设计要承担的全部责任，才能赶上设计发展的步伐，在强调环境自然的前提下，使规划、景观、建筑和谐统一，良好结合成为事实。

二、城市景观规划设计的原则

（一）以人为本，体现博爱

景观设计的最终目的是应用社会、经济、艺术、科技、政治等综合手段，来满足人在城市环境中的存在与发展需求。它使城市环境充分容纳人们的各种活动，而更重要的是使处于该环境中的人感受到人类的高度气质，在美好而愉快的生活中鼓励人们的博爱和进取精神。任何景观设计都应以人的需求为出发点，体现出对人的关怀。时代在进步，人们的生活方式与行为方式也在随之发生变化，城市景观设计应适应变化的需求。

（二）尊重自然，和谐共存

自然环境是人类赖以生存和发展的基础，其地形地貌、河流湖泊、绿化植被等要素构成城市的宝贵景观资源，尊重并强化城市的自然景观特征，使人工环境与自然环境和谐共处，有助于城市特色的创造。今天在钢筋混凝土大楼林立的都市中积极组织和引入自然景观要素，以其自然的柔性特征“软化”城市的硬体空间，为城市景观注入生气与活力。

（三）延续历史，开创未来

城市建设大多是在原有基础上所作的更新改造，今天的建设成为连接过去与未来的桥梁。对于具有历史价值、纪念价值和艺术价值的景物，要有意识地挖掘、利用和维护保存，以便历代所经营的城市空间及景观得以连续。同时应用现代科技成果，创造出具有地方特色与时代特色的城市空间环境，以满足时代发展的需求。

（四）协调统一，多元变化

古人云：“倾国宜通体，谁为独赏梅……”说明了整体美的重要性。漂亮建筑的集合不一定能组成一座美的城市。而一群普通的建筑却可能造就一座景观优美的城市。城市景观既统一而又富有变化。一方面可以通过建筑的形式、尺度、色彩、质地的变化区分主次建筑，另一方面可以通过空间序列的组织，营造出空间大小、开合的变化，形成光影的明暗对比，构成有起伏、转承、高潮的空间环境景观。

第三节 城市绿地规划设计

一、城市绿地的类型

2002 年，国家建设部颁布了《城市绿地分类标准》（CJJ/T 85—2002）。该分类标准将城市绿地划分为五大类，即公园绿地 G1、生产绿地 G2、防护绿地 G3、附属绿地 C4、其它绿地 G5。

公园绿地（G1）是指“向公众开放，以游憩为主要功能，兼具生态、美化、防灾等作用的绿地”，包括城市中的综合公园、社区公园、专类公园、带状公园以及街旁绿地。公园绿地与城市的居住、生活密切相关，是城市绿地的重要部分。

生产绿地（G2）主要是指为城市绿化提供苗木、花草、种子的苗圃、花圃、草圃等圃地。它是城市绿化材料的重要来源，对城市植物多样性保护有积极的作用。

防护绿地（G3）是指对城市具有卫生、隔离和安全防护功能的绿地，包括城市卫生隔离带、道路防护绿地、城市高压走廊绿带、防风林、城市组团隔离带等。

附属绿地（G4）是指城市建设用地中的附属绿化用地。包括：居住用地、公共设施用地、工业用地、仓储用地、对外交通用地、道路广场用地、市政设施用地和特殊用地中的绿地。

其它绿地（G5）是指对城市生态环境质量、居民休闲生活、城市景观和生物多样性保护有直接影响的绿地。包括风景名胜区、水源保护区、郊野公园、森林公园、自然保护区、风景林地、城市绿化隔离带、野生动植物园、湿地、垃圾填埋场恢复绿地。

二、城市绿地规划

（一）公园绿地（G1）

根据《城市绿地分类标准》（CJJ/T 85—2002），公园绿地包括综合公园、社区公园、专类公园、带状公园以及街旁绿地。它是城区绿地系统的主要组成部分，对城市生态环境、市民生活质量、城市景观等具有无可替代的积极作用。

1. 综合公园（G11）和社区公园（G12）

各类综合公园绿地内容丰富，有相应的设施。社区公园为一定居住用地内的居民服务，具有一定的户外游憩功能和相应的设施。二者所形成的整体应相对地均匀分布，合理布局，满足城市居民的生活、户外活动所需。

综合性公园一般应能满足市民半天以上的游憩活动，要求公园设施完备、规模较大，公园内常设有茶室、餐馆、游艺室、溜冰场、露天剧场、儿童乐园等。全园应有较明确的功能分区，如文化娱乐区、体育活动区、儿童游戏区、安静休息区、动植物展览区、管理区等。用地选择要求服务半径适宜，土壤条件适宜，环境条件适宜，工程条件适宜（水文水利、地质地貌）。

2. 专类公园（G13）

除了综合性城市公园外，有条件的城市一般还设有多个专类公园，如儿童公园、植物园、动物园、科学公园、体育公园、文化与历史公园等。

儿童公园的服务对象主要是少年儿童及携带儿童的成年人，用地一般在5公顷左右，常与少年宫结合。公园内容应能启发心智技能、锻炼体能、培养勇敢独立精神，同时要充分考虑到少年儿童活动的安全。可根据不同年龄特点，分别设立学龄前儿童活动区、学龄儿童活动区和少年儿童活动区等。

植物园是以植物为中心的，按植物科学和游憩要求所形成的大型专类公园。它通常也是城市园林绿化的示范基地、科普基地、引种驯化和物种移地保护基地，常包括有多种植物群落样方、植物展馆、植物栽培实验室、温室等。植物园一般远离居住区，但要尽可能设在交通方便、地形多变、土壤水文条件适宜、无城市污染的下风下游地区，以利于各种生态习性的植物生长。

动物园具有科普功能、教育娱乐功能，同时也是研究我国以及世界各种类型动物生态习性的基地、重要的物种移地保护基地。动物园在大城市中一般独立设置，中小城市常附设在综合性公园中。由于动物种类收集难度大，饲养与研究成本高，必须量力而行、突出种类特色与研究重点。动物园的用地选择应远离有噪声、大气污染、水污染的地区，远离居住用地和公共设施用地，便于为不同生态环境（森林、草原、沙漠、淡水、海水等）、不同地带（热带、寒带、温带）的动物生存创造适宜条件，与周围用地应保持必要的防护距离。

体育公园是一种既符合一定技术标准的体育运动设施，又能供市民进行各类体育运动竞技和健身，还能提供良好的游憩环境的特殊公园，面积 15～75hm^2。体育公园内可有运动场、体育馆、游泳池、溜冰场、射击场、跳伞塔、摩托车场、骑术车技活动场及水上活动等。体育公园选址应重视大容量的道路与交通条件。

3. 带状公园（G14）

以绿化为主的可供市民游憩的狭长形绿地，常沿城市道路、城墙、滨河、湖、海岸设置，对缓解交通造成的环境压力、改善城市面貌、改善生态环境具有显著的作用。带状公园的宽度一般不小于 8m。

4. 街旁绿地（G15）

街旁绿地位于城市道路用地之外，相对独立成片的绿地。在历史保护区、旧城改建区，街旁绿地面积要求不小于 1000m^2，绿化占地比例不小于 65%。街旁绿地在历史城市、特大城市中分布最广，利用率最高。广场绿地属街旁绿地的一种特殊形式。

（二）生产绿地（G2）

生产绿地（G2）作为城市绿化的生产基地，要求土壤及灌溉条件较好，以利于培育及节约投资费用。它一般占地面积较大，受土地市场影响，现在易被置换到郊区。城市生产绿地规划总面积应占城市建成区面积的 2%以上；苗木自给率满足城市各项绿化美化工程所用苗木 80%以上。

加强苗圃、花圃、草圃等基地建设，通过园林植物的引种、育种工作，培育适应当地条件的具有特性、抗性优良品种，满足城市绿化建设需要，保护城市生物多样性，是生产绿地的重要职能。

（三）防护绿地（G3）

防护绿地（G3）的主要特征是对自然灾害或城市公害具有一定的防护功能，不宜兼作公园使用。其功能主要体现为：①防风固沙、降低风速并减少强风对城市的侵袭；②降低大气中的 CO_2、SO_2 等有害、有毒气体的含量，减少温室效应，降温保温，增加空气湿度，发挥生态效益；③城市防护绿地有降低噪声、净化水体、净化土壤、杀灭细菌、保护农田用地等作用；④控制城市的无序发展，改善城市环境卫生和城市景观建设。具体来看，不同的防护林建设各有其特点。

1. 卫生隔离带

卫生隔离带用于阻隔有害气体、气味、噪声等不良因素对其它城市用地的干扰，通常介于工厂、污水处理厂、垃圾处理站、殡葬场地等与居住区之间。

2. 道路防护绿带

道路防护绿地是以对道路防风沙、防水土流失为主，以农田防护为辅的防护体系，是构筑城市网络化生态绿地空间的重要框架。同时，改善道路两侧景观。不同的道路防护绿地，因使用对象的差异，防护林带的结构有所差异。如城市的主要交通枢纽，车速在 80～120km/h 或更高时，防护林可与农用地结合，起到防风防沙的作用，同时形成大尺度的景观效果。城市干道的防风林，车速在 40～80km/h 之间，车流较大，防风林以复合性的结构有效降低城市噪声、汽车尾气、减少眩光确保行车安全为主，有形成了可近观、远观的道路景观。此外，铁路防护林建设以防风、防沙、防雪、保护路基等为主，有减少对城市的噪声污染，减少垃圾污染等作用，并利于行车安全。铁路防护林应与两侧的农田防护林相结合，形成整体的铁路防护林体系，发挥林带的防护作用。

3. 城市高压走廊绿带

城市高压走廊一般与城市道路、河流、对外交通防护绿地平行布置，形成相对集中、对城市用地和景观干扰较小的高压走廊，一般不斜穿、横穿地块。高压走廊绿带是结合城市高压走廊线的规划，根据两侧情况设置一定宽度的防护绿地，以减少高压线对城市的不利影响，如安全、景观等方面，特别是对于那些沿城市主要景观道路、主要景观河道和城市中心区、风景名胜区、文物保护范围等区域内的供电线路，在改造和新建时不能采用地下电缆敷设时，宜设置一定的防护绿带。

4. 防风林带

防风林带主要用于保护城市免受风沙侵袭，或者免受6m/s以上的经常强风、台风的袭击。城市防风林带一般与主导风向垂直，如北京、河南开封于西北部设置的城市防风林带。

（四）附属绿地（G4）

根据建设部《城市绿地分类标准》CJJ/T 85—2002，附属绿地由以下绿地所组成。

1. 居住区绿地（G41）

居住区绿地属于居住用地的一个组成部分。居住用地中，除去居住建筑用地、居住区内道路广场用地、中小学幼托建筑用地、商业服务公共建筑用地外，就是居住区绿地。它具体包括居住小区游园、宅旁绿地、居住区内公建庭园、居住区道路绿化用地等。居住区绿地与居民日常的户外游憩、社区交流、健身体育、儿童游戏休憩相关，与居住区的生态环境质量、环境美化密切相关。

2. 公共设施绿地（G42）

指公共设施用地范围内的绿地。如行政办公、商业金融、文化娱乐、体育卫生、科研教育等用地内的绿地。

3. 工业绿地（G43）

工业绿地是指工业用地内的绿地。工业用地在城市中占有十分重要的地位，一般城市占到20%～30%，工业城市还会更多。工业绿化与城市绿化有共同之处，同时还有很多固有的特点。由于工业生产类型众多，生产工艺不相一致，不同的要求给工厂的绿化提出了不同的限制条件。

工业绿地应注意发挥绿化的生态效益以改善工厂环境质量，如吸收二氧化碳、有害气体、放射性物质，吸滞粉尘和烟尘，降低噪声，调节和改善工厂小环境。如上海宝钢，它是我国大型钢铁企业环保型生态园林建设的典范，以生态园林为指导，以提高绿化生态目标和绿化效益质量为目的，根据生产情况和环境污染情况，选用了360多种具有较强吸收有害气体或吸附粉尘能力较强的植物，并发展立体化绿化方式，取得了巨大的生态效益和社会效益。

工业绿地应从树立企业品牌的角度，治理脏、乱、差的环境，树立绿色的、环保的现代工业形象。

4. 仓储绿地（G44）

城市仓储用地内的绿地。

5. 对外交通绿地（G45）

对外交通绿地涉及飞机场、火车站场、汽车站场和码头用地。它是城市的门户，汽车流、物流和人流的集散中心。对外交通绿地除了城市景观和生态功能外，应重点考虑多种流线的分割与疏导、停车遮荫、人流集散等候、机场驱鸟等特殊要求。

6. 道路绿地（G46）

道路绿地指城市道路广场用地内的绿化用地，包括道路绿带（行道树绿带、分车绿带、路侧绿带）、交通岛绿地（中心岛绿地、导向岛绿地、立体交叉绿岛）、停车场或广场绿地、铁路和高速公路在城市部分的绿化隔离带等。不包括居住区级道路以下的道路绿地。

道路绿地在城市规划的道路广场用地（即道路红线范围）以内。按《城市道路绿化规划与设计规范》CJJ 75—1997 规定：园林景观路的绿地率不得小于40%；红线宽度大于50m 的道路绿地率不得小于30%；红线宽度在40～50m 的道路绿地率不得小于25%；红线宽度小于40m 的道路绿地率不得小于20%。道路绿地在城市中将各类绿地连成绿网，能改善城市生态环境、缓解热辐射、减轻交通噪声与尾气污染、确保交通安全与效率、美化城市风貌。

7. 市政设施绿地（G47）

包括供应设施、交通设施、邮电通讯设施、环境卫生设施、施工与维修设施、殡葬设施等用地内部的绿地。

8. 特殊绿地

包括军事用地、外事用地、保安用地范围内的绿地。

（五）其它绿地（Gs）

其它绿地（Gs）是指城市建设用地以外，但对城市生态环境质量、居民休闲生活、城市景观和生物多样性保护有显著影响的绿地。包括风景名胜区、水源保护区、郊野公园、森林公园、自然保护区、风景林地、城市绿化隔离带、野生动植物园、湿地、垃圾填埋场恢复绿地等。

1. 风景名胜区

也称风景区，是指风景资源集中、环境优美、具有一定规模和游览条件，可供人们游览欣赏、休憩娱乐或进行科学文化活动的地域。我国风景名胜区由市县级、省级、国家重点风景名胜区组成，是不可再生的自然和文化遗产。

2. 水源保护区

水源涵养林建设不仅可以固土护堤，涵养水源，改善水文状况，而且可以利用涵养林带，控制污染或有害物质进入水体，保护市民饮用水水源。一般水源涵养林可划分为核心林带、缓冲林带和延绵林带三个层面。核心林带为生态重点区，以建设生态林、景观林为主；缓冲林带为生态敏感区，可纳入农业结构调整范畴；延绵林带为生态保护区，以生态林、景观林为主，可结合种植业结构调整。涵养林树种应选择树形高大、枝叶繁茂、树冠稠密、落叶量大、根系发达的乡土树种，以利于截留降水、缓和地表径流和增强土壤蓄水能力。同时要求选择的树种寿命较长，具有中性偏阳的习性，这样就可形成比较稳定的森林群落，维持较长期的涵养水源效益。为了增强涵养水源的效能，水源涵养林要营造成为多树种组成、多层次结构的常绿阔叶林群落。在营林措施上，只需配置两层乔木树种，待上层覆盖建成后，林下的灌木层和草本层就会自然出现，从而形成多种类、多层次的森林群落。

3. 自然保护区

自然保护区是指对有代表性的自然生态系统、珍稀濒危野生动植物物种的天然集中分布区、有特殊意义的自然遗迹等保护对象所在的陆地、陆地水体或者洞域，依法划出一定面积予以特殊保护和管理的区域。

4. 湿地

湿地是生物多样性丰富的生态系统，在抵御洪水、调节径流、控制污染、改善气候、美化环境等方面起着重要作用，它既是天然蓄水库，又是众多野生动物特别是珍稀水禽的繁殖和越冬地，它还可以给人类提供水和食物，与人类生存息息相关，被称为“生命的摇篮”、“地球之肾”和“鸟的乐园”。

第四节　专项用地景观规划

一、工业企业景观规划

工矿企业的园林绿化是城市绿化的重要组成部分。工厂园林绿化不仅能美化环境，陶冶性情，吸收有害气体，阻滞尘埃，降低噪声，改善环境，而且能使职工有一个清新优美的劳动环境，振奋精神，提高劳动效率。工厂在城市中占有很大面积（一般约占建城区总用地的20%），工厂绿化是工厂文明的标志，信誉的投资，维护城市生态平衡，并有一定的经济收益。

一般城市中，工业用地占20%～30%，工业城市还会更多些。工厂中燃烧的煤炭、重油等会排出大量废气，浇铸、粉碎会散出各种粉尘，鼓风机、空气压缩机、各类交通等会带来各种噪声，污染人们的生产和生活环境。而绿色植物对有害气体、粉尘和噪声具有吸附、阻滞、过滤的作用，因而可以净化环境。

（一）工业企业景观规划设计原则

1. 展现企业精神风貌

厂区景观是展示企业形象、体现企业精神的重要手段之一，因此，在设计开始之前应对工厂的企业文化和企业精神进行了深入的调研和思考。

2. 强调企业文化

“以人为本”的企业文化和管理理念是企业多年来长足发展的基础之一，作为企业发展的生产中心，企业的环境景观也必须对此有充分的重视。企业要重视园林式厂区环境的建设，把园林艺术引入工厂，通过有形的景观意象来体现整洁、明朗、规范的企业风格。

3. 倡导“俭以养企”的经营理念

“俭以养企”应是企业核心的经营理念。环境景观不应成为面子工程，必须有切合企业的独特风格，与企业的经营理念相一致。在打造景观个性和风格过程中必须坚持经济性原则，严格控制建设成本，应通过深入地测算，用尽量简约的建材和景观要素，通过精细、合理地搭配，来营造简洁、精致的景观环境。

（二）各功能区景观规划设计的要求和方法

1. 大门环境及围墙的绿化

厂门绿化与厂容关系较大。工厂大门是对内对外联系的纽带，也是工人上下班必经之处。工厂大门环境绿化，首先要注意与大门建筑造型相调和，并有利于出入。门前广场两旁绿化应与道路绿化相协调，可种植高大乔木，引导人流通往厂区。门前广场中间可以设花坛、花台，布置色彩绚丽、多姿、气味香醇的花卉，但其高度不得超过0.7m，否则影响汽车驾驶员的视线。在门内广场可以布置花园，设立花坛、花台或水池喷泉、塑像等，形成一个清洁舒适优美的环境，使工人每天进入大门就能精神振奋地走向生产岗位。

工厂围墙绿化设计应充分注意卫生、防火、防风、防污染和减少噪声，遮隐建筑不足之处，与周围景观相调和。绿化树木通常沿墙内外带状布置，以女贞、冬青、珊瑚、青冈栎等常绿树为主，银杏、枫香、乌桕等落叶树为辅，常绿与落叶树的比例以8∶2为宜，可用3～4层树木栽植，靠近墙的一边用乔木，远离墙的一边用灌木花卉布置。

2. 厂前区

厂前区办公用房一般包括行政办公及技术科室用房，以及食堂、托幼保健室等福利建筑。这些房屋多数建在工厂大门附近，组合成一个综合体，处在本厂污染风向的上方，管线较少，因而绿化条件较好。这里和城市道路紧密相连，它不仅是本厂职工上下班密集地，也是外来客人入厂形成第一印象的场所，其绿化形成、风格、色彩应与建筑统一考虑。绿化的布局不仅要照顾到本厂面貌，而且还要和城干道系统融为一体，相互映衬。一般多采用规则式、混合式布局，以表现整齐庄重。厂门的绿化要方便交通，与建筑的形体、色彩相协调。林荫大道上选用冠大荫浓、生长快、耐修剪的乔木作遮荫，或配以修剪整齐的灌木绿篱，以及色彩鲜艳的宿根花卉，给人以整齐美观、明快开朗的印象。

在建筑物四旁绿化要做到朴实大方，美观舒适，有利采光、通风。在东、西两侧可种落叶大乔木，以减弱夏季强烈的东、西日晒；北侧应种植常绿耐荫乔灌木及花草，以防冬季寒风袭击；房屋的南侧应在远离 7m 以外种植落叶大乔木，近处栽植花灌木，其高度不应超出窗口。也可以与小游园绿化相结合，但一定要照顾到室内功能。在办公室与车间之间应种植常绿阔叶树，以阻止污染物、噪声等的影响。自行车棚、杂院等，用常绿树作成树墙进行隔离；其正面种植樱花、海棠、紫叶李、红枫等具有色彩变化的花灌木，以利观赏。高层办公楼的屋顶可建立屋顶花园，以利高层办公人员就近休息。

由办公楼及厂区大道围和的景观核心——行政区，是整体空间的核心和视线焦点，是人员集散之地，更是企业形象的重要室外展示空间。其景观风格应追求大气，注意企业文化与周边环境（主要是厂区大道景观风格）的协调与统一。景观要素主要包括入口企业标志性雕塑、树阵、大门、围墙、铺地及植物配置等。在空间上利用通透性较好的围墙作为市政道路与厂区环境的有效分隔，又利用围墙本身的透景效果和两者之间相互渗透的植物来协调与统一，合理组织人行、车行道路及停车位，在景观效果上强调企业形象的可识别性。

3. 生产区

生产区包括标准厂房和仓库，是企业完成各项经营活动的重点场所，其环境景观的功能重点是调节员工情绪，实现人员、物资的顺畅流动。生产区的景观风格简约、规整，运用几何规则的线条来暗示生产过程中所必需的秩序与和谐。

生产车间是工厂的主体，应是厂区绿化的重点，该区的绿化应以满足功能上的要求为主。不同性质的生产车间，可因绿化面积的大小而异。高温车间周围的绿化，应充分利用其附近空地，广泛栽植高大的落叶乔木和灌木，以构成浓荫蔽日、色彩淡雅、芳香沁人的凉爽、幽静环境，便于消除疲劳。为便于防火，应不种或少种针叶类及含油脂的树种；对产生污染物和噪声等有害物质的厂矿车间，应选择生长迅速、抗污染能力强的树种进行多行密植，形成多层次的混交。有条件的工厂应留有绿化带空地。在种植设计时，林带和道路应选用没有花粉、花絮飞扬的树木整齐栽植，其余空地可大面积铺栽草坪，适当点缀花灌木，用绿化来净化空气，增加空气湿度，减少尘土飞扬，形成空气清新、环境优美的工作环境（图 9-9）。

车间是人们工作和生产的地方，其周围的绿化对净化空气、消声、调剂工人精神等均有很重要的作用。车间周围的绿化要选择抗性强的树，并注意不要妨碍上下管道。在车间的出入口或车间与车间的小空间，特别是宣传廊前，布置一些花坛、花台，种植花色鲜艳、姿态优美的花木。在亭廊旁可种松、柏等常绿树，设立绿廊、绿亭、坐凳等，供工人工间休息使用。一般车间四旁绿化要从光照、遮阳、防风等方面来考虑。如在车间建筑的南向应种植落叶大乔木，以利炎夏遮阳，冬季又有温暖的阳光。在车间建筑的东西向应种植高大荫浓的落叶乔木，借以防止夏季东西日晒，其北向可用常绿和落叶乔灌木相互配置借以防止冬季寒风和风沙。在不影响生产的情况下，可用盆景陈设、立体绿化的方式，将车间内外绿化联成一个整体，创造一个生动的自然环境。污染较大的化工车间，不宜在其四周密植成片的树林，

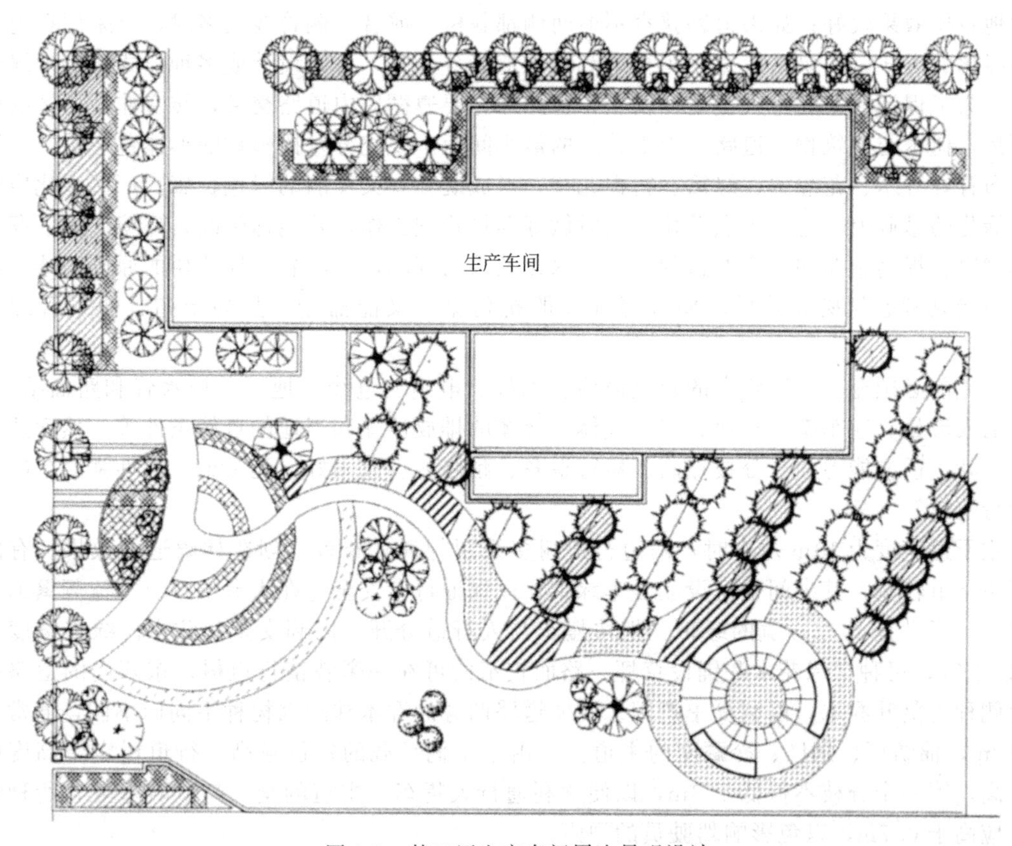

图 9-9　某工厂生产车间周边景观设计

而应多种植低矮的花卉或草坪，以利于通风，引风进入，稀释有害气体，减少污染危害。

卫生净化要求较高的电子、仪表、印刷、纺织等车间四周的绿化，应选择树冠紧密、叶面粗糙、有黏膜或气孔下陷、不易产生毛絮及花粉飞扬的树木，如榆、臭椿、樟树、枫杨、女贞、冬青、樟、黄杨、夹竹桃等。

对防火、防噪声要求较高的车间及仓库四周绿化，应以防火隔离为主，选择含水量大，不易燃烧的树种，如珊瑚树、银杏、冬青、泡桐、柳树等进行绿化。种植时要注意留出消防车活动的余地。在其车间外围可以适当设置休息小庭园，以供工人休息。对锻压、铆接、锤钉、鼓风等噪声强烈的车间四周绿化，要选择枝叶茂盛、分枝低、叶面积大的常绿乔灌木，如珊瑚树、樟树等，组成复层混交林，以利减低噪声。某些深井、贮水池、冷却塔及冷却池、污水处理厂等处的绿化，种植一般树木要远离设施 2m 以外，2m 以内可种植耐荫湿的草坪及花卉等以利检修。在冷却池和塔的东西两侧应种大乔木，北向种常绿乔木，南向疏植大乔木，注意开敞，以利通风、降温、减少辐射热和夏季气流畅通。在鼓风式冷却塔外围还应设立防噪声常绿阔叶林。在树种选择上要注意选用耐荫、耐湿的树种。

另外，在露天车间，如水泥预制品车间、木材、煤、矿石等堆料场的周围可布置数行常绿乔灌木混交林带，起防护隔离，防止人流横穿及防火、遮盖等作用，主道旁还可以栽植二行阔叶落叶大乔木，以利夏季工人遮阳休息。

4. 厂区道路

厂内道路是连接内外交通的纽带，职工上下班人流集中，车辆来往频繁，地上地下管道、电线纵横交叉，都给绿化带来了一定的困难。道路绿化应满足庇荫、防尘、降低噪声，交通运输安全及美观等要求，乔木以 7～10m 为宜，定干高度不低于 4m。一般道路在两侧对称地栽树效果较好；如果道路狭窄不能两侧都栽树，或者一侧管线太多时，可采用在道路一侧绿化的方式；如果路较宽，车行道和人行道能分开时，可以设计成多种形式以突出绿化效果。为了保证行车和行人及生产安全，道路绿化要遵循厂内道路交叉，转变非植树区的最小距离，树木与建筑物、道路、地下管线的最小间距。要充分发挥植物的形体色彩美，有层次地布置好乔木、花灌木、绿篱、宿根花卉，形成既壮观又美丽的绿色长廊。厂区绿化应在普通绿化的基础上，进行重点美化，同时做好养护管理工作，才能达到改善环境、保证职工身体健康、提高企业知名度的目的。厂区绿化效果的好坏，要本着适地适树的原则，选择植物，不能只考虑美观等效果，要选择那些既抗污染，又能滞尘，且易繁殖，便于管理的植物。

绿化前必须充分了解路旁的建筑设施、电杆、电缆、电线、地下给排水管和路面结构，道路的人流量、通车率、车速、有害气体、液体的排放情况和当地的自然条件等。然后选择生长健壮、适应能力强、分枝点高、树冠整齐、耐修剪、遮阳好、无污染、抗性强的落叶乔木为行道树。

主干道宽度为 10m 左右时，两边行道树多采用行列式布置，创造林荫道的效果。有的大厂主干道较宽，其中间也可设立分车绿带，以保证行车安全。在人流集中、车流频繁的主道两边，可设置 1～2m 宽的绿带，把快慢车与人行道分开，以利安全和防尘。绿带宽度在 2m 以上时，可种常绿花木和铺设草坪。路面较窄的可在一旁栽植行道树，东西向的道路可在南侧种植落叶乔木，以利夏季遮阳。主要道路两旁的乔木株距因树种不同而不同，通常为 6～10m，棉纺厂、烟厂、冷藏库的主道旁，由于车辆承载的货位较高，行道树定干高度应比较高，第一个分枝不得低于 3m，以便顺利通行大货车。主道的交叉口、转弯处，所种树木不应高于 0.7m，以免影响驾驶员的视野。

厂内次道、人行小道的两旁，宜种植四季有花、叶色富于变化的花灌木。道路与建筑物之间的绿化要有利于室内采光和防止噪声及灰尘的污染等，利用道路与建筑物之间的空地布置小游园，创造景观良好的休憩绿地。

在大型工矿企业内部，为了交通需要常设有铁路。其两旁的绿化主要功能是为了减弱噪声，加固路基，安全防护等，在其旁 6m 以外种植灌木，远离 5m 以外种植乔木，在弯道内侧应留出 26m 的安全视距。

在铁路与其它道路的交叉处，绿化时要特别注意乔木不应遮挡行车视线和交通标志。

5. 生活区

生活区主要包括员工宿舍楼和食堂及周边环境。生活区的环境景观则为职工提供一个休闲、娱乐、运动和交流的场所。生活区的空间环境应相对轻松，其景观风格必须精致、实用，特别要重视和谐、清幽景观空间的打造，同时要注意避免食堂对宿舍区的噪声和卫生干扰。景观要素主要包括宿舍楼内庭空间的装饰、运动场地的配套以及散步道和休闲交流空间的围合。生活区单独设置入口，减少人流对行政区环境的影响；在宿舍楼侧面设计建造篮球场、羽毛球场等体育设施，作为员工健身的场所，在宿舍楼内庭设置职工散步、交流的场所和半私密空间。另外，对那些厂房密集、没有大块土地绿化的老厂来说，可以采用见缝插针的形式，在适当位置布局各种小的块状绿地，使大树小树相结合，花台、花坛、坐凳相结合，创造复层绿化。还可沿建筑、围墙的周边及道路两侧布置花境、花坛、花台，借以美化环境，扩大工厂的绿化面积。

二、城市道路

城市道路景观规划中城市道路的功能主要有三个方面：交通功能、城市空间功能和环境功能。同时，道路是城市意象构成元素中的主导元素，是人们认识城市的主要视觉和感觉场所。道路还在体现城市环境个性、组织城市空间环境和城市生活等方面发挥着重要作用。

道路绿地是道路环境中的重要景观元素。道路绿地的带状或块状绿化的"线"性可以使城市绿地连成一个整体，可以美化街景、衬托和改善城市面貌。因此，道路绿地的形式直接关系到人对城市的印象。现代大城市有很多不同性质的道路，其道路绿地的形式、类型也丰富多彩。绿化在视觉上能给人以柔和安静感，并以树木、灌木、草地、花卉等点缀着城市的道路环境。它们以不同的形状、色彩和姿态吸引着人们，具有多种多样的观赏性，大大丰富了城市景观。

（一）道路景观的作用

1. 生态环境保护功能

道路绿化和景观环境建设是建立和完善城市绿地系统的重要环节。随着城市机动车数量的不断增加，噪声、废气、粉尘、震动等对环境的污染也日趋严重。道路绿化可以净化空气、降低噪声、调节和改善小气候及保护路面和行人，缓冲和减弱道路交通造成的干扰。

通过道路绿化可以使城市内部的道路、绿地、公园等，与城市外围的田园、山体、河流等生态环境联系起来，形成连续的绿色生态走廊，为构建城市良好的生态环境、绿化景观起到不可或缺的作用。通过绿化廊道的通风、遮阳等功能，可以改善道路及其附近地域小气候的生态条件。

2. 安全功能

道路绿化可以起到引导、控制人流和车流、组织交通、保证行车速度、提高行车安全等作用，可以防止火灾蔓延，有助于增强道路的连续性和方向性。

3. 历史文化传承

赋予公共性景观独特的历史文化内涵，是城市文化继承、再现和发展的有效途径。首先，带状道路景观空间格局，为展示以史为轴不断发展的城市建筑风貌、文化活动和肌理特征提供了空间承载基础；其次，沿路景观节点的系列化与序列性排布，使城市文化在多次表达中不断强化和凸现；最后，道路景观发展序列可以是单一的，也可以形成多种文化景观发展轴的相互交叉和并行发展，而后一种模式将更有助于表达城市文化多重内涵。

4. 带动周边用地升值

道路景观建设将带动道路两侧的土地开发。实践表明，道路建设如同一条经济链，将迅速拉动两侧土地的开发建设。在这一过程中，改善城市道路景观如锦上添花，不仅加快了两侧土地的开发速度，而且促使其进一步升值，引导用地性质与开发定位，全面提升开发品质。

5. 旅游开发

现代道路景观充分展现城市风貌，注重提供公共开放空间，在景观节点的设计上考虑一定规模游人的聚集和停留，道路两侧提供"吃、住、行、游、购、娱"各式旅游产品，具有重要的旅游交通意义和游憩意义。因此，城市景观道路并非单纯的旅游点、旅游区之间的简单交通联系，而是城市旅游通廊；城市传统的"点—面"旅游格局，将发展完善为"点—线—面"旅游网络系统。

6. 景观功能

城市道路景观直接形成城市的面貌、道路空间的性格、市民的生存交往环境，成为城市居民审美欣赏和生活体验的日常性视觉审美客体。

（二）道路的断面形式

道路绿化的断面布置形式取决于道路横断面的构成，我国目前采用的道路断面以一块板、两块板和三块板等形式为多，与之相对应的道路绿化的断面形式也形成了一板二带、两板三带、三板四带等多种类型。

1. 一板二带式

在我国广大城市中最为常见的道路绿化形式为一板二带式布置。当中是车行道，路旁人行道上栽种高大的行道树。

在人行道较宽或行人较少的路段，行道树下也可设置狭长的花坛，宜种植适量的低矮花灌木。这种布置的特点是简单整齐、管理方便、用地经济。但为树冠所限，当车行道过宽时就会影响遮阳效果，同时也无法解决机动车与非机动车行驶混杂的问题。由于仅使用了单一的乔木，布置中难以产生变化，常常显得较为单调，所以通常被用于车辆较少的街道或中小城市。

2. 两板三带式

当相向行驶的机动车较多时，需要用绿化带在路中予以分隔，形成单向行驶的两股车道，其路旁的绿化布置与上述一板两带相似，因而就形成两板三带式的格局。

采用两板三带式布置，中间有了分隔绿带，可以消除相向行驶的车流间的干扰。为使驾驶员能观察到相向车道的情况，分隔绿带中不宜种植乔木，一般仅用草皮以及不高于70cm的灌木进行组合，这既有利于视野的开阔，又可以避免夜晚行车时前灯的照射眩目。利用不同灌木的叶色花形，分隔绿带能够设计出各种装饰性图案，大大提高了景观效果。其下可埋设各种管线，这对于方便铺设、检修都较有利。但与一板两带式绿化相同，此类布置依旧不能解决机动车与非机动车争道的矛盾，因此主要用于机动车流较大、非机动车流量不多的地带。

3. 三板四带式

为解决机动车与非机动车行驶混杂的问题，可用两条绿化分隔带将道路分为三块，中间作为机动车行驶的快车道，两侧为非机动车的慢车道，加上人行道上的绿化，呈现出三板四带的形式。快、慢车道间的绿化带既可以使用灌木、草皮的组合，也可以间植高大乔木，从而丰富了景观的变化。尤其是在四条绿化带上都种植了高大乔木后，道路的遮阳效果较为理想，在夏季行人和各种车辆的驾驶者都能感觉到凉爽和舒适。这种断面布置形式适用于非机动车流量较大的路段。

4. 四板五带式

在三板四带的基础上，再用一条绿化带将快车道分为上下行，就成为四板五带式布置。它可避免相向行驶车辆间的相互干扰，有利于提高车速、保障安全，但道路占用的面积也随之增加。所以在用地较为紧张的城市中不宜采用。

5. 其它形式

除了上述的几种道路绿化断面布置外，还有像上海肇嘉浜路在两路之间布置林荫游憩路、苏州干将路两街夹一河以及滨江、滨河设置临水绿地和道路的，形式上似乎较为特殊，但实际上也是上述几种基本形式的变体或扩大的结果。

6. 不同断面形式道路绿化布置的选用

对于诸多形式不同的道路绿化断面布置，需要根据各个城市具体的车流、行人的实际情况予以选用，切忌追求形式，造成不实用的情况发生。如在一些狭窄而交通流量较大的街道，就只能依据行人的遮阳需求和树木生长的光照要求，考虑在单侧进行种植，不能强求整齐、对称，减少必要的车道宽度。同样为防止盲目增加绿化带而挤占有限的路幅，必要时可采用60～80cm高的栏杆代替绿化分隔带。在交通流量不大的路段，可以布置较宽的绿化带，以形成宁静、优美的道路景观，但如果仅仅出于形式，则可能会增加投入、加大日常维

护的工作量。

此外，不同地理位置的城市对道路绿化的要求并不相同。南方夏日气候炎热，遮阳是必须考虑的重要因素；而北方冬季气温较低，争取更多的光照也将成为道路绿化的侧重点。因此道路绿化的形式也应根据地域的特点有所变化，不能为追求形式而盲目效仿。

（三）行道树的选择

相对于自然环境，行道树的生存条件并不理想，光照不足，通风不良，土壤较差，供水、供肥都难以保证，而且还要长年承受汽车尾气、城市烟尘的污染，甚至时常可能遭受有意无意的人为损伤，加上地下管线对植物根系的影响等，都会有害于树木的生长发育。所以选择对环境要求不十分挑剔、适应性强、生长力旺盛的树种就显得十分重要。

① 树种的选择首先应考虑它的适应性。当地的适生树种经历了长时间的适应过程，产生了较强的耐受各种不利环境的能力。抗病、抗虫害力强，成活率高，而且苗木来源较广，应当作首选树种。

② 作为行道树在种植之初希望生长快速，以期能在较短的时间内达到浓荫匝地的效果。在这之后则要求其更新周期长，以减少因树木衰老而带来的频繁的更新工作。所以需要依据实际情况选择速生或缓生品种，或者综合近期规划和远期规划期望达到的效果予以合理配植。

③ 考虑到景观效果，行道树需要主干挺直，树姿端正，形体优美，冠大荫浓。落叶树以春季萌芽早、秋天落叶迟、叶色具有季相变化为佳。如果选择有花果的树种，那么应该具有花色艳丽、果实可爱的特点。

④ 植物开花结果是自然规律，作行道树，需要考虑其花果有无造成污染的可能，即花果有无异味、飞粉或飞絮，是否会招惹蚊蝇等害虫，落花落果是否会砸伤行人、污染衣物和路面，是否会造成行人滑倒、车辆打滑等事故。

⑤ 浅根树种容易为风刮倒，对行人或车辆造成意外伤害，所以在易遭受强风袭击的城市不宜选用；而萌蘖力强、根系特别发达的树种，因下部小枝易伤及行人或根系隆起破坏路面而不宜选用。此外还应避免在可能与行人接触的地方选择带刺的植物。

⑥ 行道树下为人行及车行的通道，为保持其畅通，需要对树木进行修剪。为避免树木的枝叶影响道路上部的架空线路，要经常整枝剪叶。所以选用作为行道树的树种需要具有较强的耐修剪性，修剪之后能快速愈合，不影响其生长。

（四）互通立交和环岛的绿化

互通立交和环岛的功能是解决复杂的交通问题。景观的设计应首先能满足这些功能，并注重在此处体现地方文化特色和周围环境的特点，充分体现整体的景观特色。根据全路段的规划，判断其位置的重要性；结合地形特征，合理配置绿化植物。在植物配置中，要注意立交的高差变化大，各个观赏角度不同，切不可忽视其立体空间设计。大型的立交应种植具有地方风格的植物。可采用集中群落、不同高度和各种开花植物形成不同的空间，体现恢宏的气势。并根据沿线不同的立交，用不同的骨干树种种植，形成各个立交的特征植物，既达到全线风格的统一，又具有不同的特征，便于司乘人员识别。起到线型预告、强调目标、强化标志的目的。立交与环岛由于地幅宽阔，是创造和表达人文文化和地方文化取向的好地方。在这里，一方面可以迎合和表现地区文化特点；另一方面，又可创造本身的风格。表现手法是丰富多样的，如大型的雕塑、灯柱、孤石、纪念性构筑物等。通过这些标志物、控制点、视觉焦点、构图中心等，突显此处环境，地理位置的标识性和观赏性。

三、城市广场景观规划

（一）广场的定义及发展

《中国大百科全书》对城市广场的定义为："城市中由建筑物、道路和绿化带围绕而成的开敞空间，是城市公众社会生活的中心。"

城市广场通常是城市居民社会生活的中心，是城市不可或缺的重要组成部分。被誉为"城市客厅"的城市广场上可进行集会、交通集散、居民游览休息、商业服务及文化宣传等。

1. 古代城市广场

"广场"一词源于古希腊，最初用于议政和市场，是人们进行户外活动和社交的场所，其特点、位置是松散和不固定的。从古罗马时代开始，广场的使用功能逐步由集会、市场扩大到宗教、礼仪、纪念和娱乐等，广场也开始固定为某些公共建筑前附属的外部场地。中世纪意大利的广场功能和空间形态进一步拓展，城市广场已成为城市的"心脏"，在高度密集的城市中心区创造出具有视觉、空间和尺度连续性的公共空间，形成与城市整体互为依存的城市公共中心广场雏形。巴洛克时期，城市广场空间最大程度上与城市道路联成一体，广场不再单独附于某一建筑物，而成为整个道路网和城市动态空间序列的一部分。

由于历史和文化背景等原因，我国古代城市缺乏西方集会、论坛式的广场，而比较发达的是兼有交易、交往和交流活动的场所。《周礼·考工记》记载："匠人营国，方九里，旁三门，国中九经九纬，经涂九轨，左祖右社，前朝后市，市朝一夫。"对市场在城市中的位置和规模都作了规定，而且这种城市规划思想一直影响着我国古代城市建设。唐长安是严格的里坊制，设有东市、西市。宋代打破里坊制，出现了"草市"、"墟"、"场"和集中着各种杂技、游艺、茶楼、酒馆，附近还有妓院等。元、明、清则沿袭了前朝后市的格局，街道空间常常是城市生活的中心，"逛街"成为老百姓最为流行的休闲方式。

2. 现代城市广场

现代城市广场不再仅仅是市政广场，商业广场成为城市的主要广场，较大的建筑庭院、建筑之间的开阔地等也具有广场的性质。城市广场作为开放空间，其作用进一步贴近人的生活。今天，人们提及"城市广场"，浮现于眼前的往往是大型城市公共中心广场的形象。目前全国城市广场建设的重点也主要集中在这类广场，因为它们对于改善城市环境、提高生活质量起着立竿见影的效果。总之，城市广场具备开放空间的各种功能和意义，并有一定的规模要求、特征和要素。城市中心人为设置以提供市民公共活动的一种开放空间是城市广场的重要特征；围绕一定主题配置的设施、建筑或道路的空间围合以及公共活动场地是构成城市广场的三大要素。

（二）广场的类型

按照广场的主要功能、用途及在城市交通系统中所处的位置可分为集会游行广场（其中包括市民广场、纪念性广场、生活广场、文化广场、游憩广场）、交通广场、商业广场等。

1. 集会游行广场

城市中的市中心广场、区中心广场上大多布置公共建筑，平时为城市交通服务，同时也供旅游及一般活动，需要时可进行集会游行。这类广场有足够的面积，并可合理地组织交通，与城市主干道相连，满足人流集散需要，但一般不可通行货运交通，可在广场的另一侧布置辅助交通网，使之不影响集会游行等活动。例如北京天安门广场、上海市人民广场、昆明市中心广场和前苏联莫斯科红场等，均可供群众集会游行和节日联欢之用。这类广场一般设置较少绿地，以免妨碍交通和破坏广场的完整性。在主席台、观礼台的周围，可重点设计常绿树，节日时，可点缀花卉。为了与广场及周围气氛相协调，一般以规整形式为主，在广场四周道路两侧可布置行道树组织交通，保证广场上的车辆和行人互不干扰、畅通无阻。广场还应有足够的停车面积和行人活动空间，其绿化特点是一般沿周边种植，为了组织交通，可在广场上设绿地种植草坪、花坛，装饰广场，形成交通岛的作用，但行人一般不得入内。

2. 市政广场

市政广场是市民进行政治集会、庆典活动的地方，通常广场上有像市政厅一类的重要政治性建筑占据着突出的地位。为了突出主体建筑，广场上其它建筑不应超过主体建筑的体量。该类广场一般要求面积较大，广场要可以容纳很多人，多为硬化铺装地面。市政广场避免功能单一化，应该与其它类型广场相结合使用，如纪念广场、文化广场、休闲娱乐型广场等。为增加休闲功能可以种植一些高大乔木。

3. 纪念广场

纪念广场是以纪念某一重要的历史人物或历史事件为主题的广场，要求庄严、肃穆的空间环境。为避免纪念广场变成政绩广场，可将旅游功能与休闲功能以及文化教育功能等结合，建造既有纪念性又具有文化意义及休闲功能的广场。

4. 文化广场

文化广场分为两大类，一类是为艺术家聚集提供的室外活动场所，如巴黎蒙马特高地的泰尔特广场，另一类是由文化建筑围合或具有浓郁文化氛围的广场。

5. 休闲游憩广场

游憩广场是以绿化为主、休憩设施为辅，给市民提供休闲、娱乐、健身活动的广场。可以分散建设小规模的游憩广场，便于市民到达使用，借鉴公园模式，可种植树木、乔灌木相结合，绿化尽可能自然，以降低维护成本，提高生态效益；可铺设石子或其它材质的硬化小径，增加其休闲性能。同时在大型广场中适当增加休闲游憩功能。

6. 交通广场

交通广场是指几条道路交汇围合形成的广场，或建筑物前主要用于交通目的的广场，以及交通设施如火车站、码头、长途车站、地铁换乘站前的广场。根据客流量大小合理布置广场规模，应能够满足休息需要，并配备相应的服务设施。应妥善处理交通与广场的关系，避免交通给广场使用者带来安全隐患。交通广场，一般是指环行交叉口和桥头广场。设在几条交通干道的交叉口上，主要为组织交通用，也可装饰街景。在种植设计上，必须服从交通安全的条件，绝对不可阻碍驾驶员的视线，所以多用矮生植物点缀中心岛。例如广州的海珠广场。在这类广场上可种花草、绿篱、低矮灌木或点缀一些常绿针叶林，要求树形整齐，四季常青，在冬季也有较好的绿化效果；同时也可设置喷泉、雕塑等。交通广场一般不允许入内，但也有起街心花园作用的形式。

7. 商业广场

商业广场由露天市场发展而来，现代的商业广场与商业建筑结合，成为商业建筑的扩展和延伸，无论从规模上还是形式上都比较灵活多样。由于市场经济的繁荣，广场商机的展现，使得许多广场周边及内部的商业设施、活动逐渐增多，更有许多商业繁荣区出现以商业功能为主的商业广场。商业广场可以地下形式出现，与地下商场相结合。对于地面广场考虑合理布置花坛、草坪以及树木等。要避免所有广场都过分商业化，商业功能为主的广场也应适当增加一些休闲娱乐设施。

（三）广场景观设计

1. 布局

组织广场环境的手法有多种，主要用轴线设计来组织广场文化环境，并通过轴线的组织来控制整个广场的内在联系，使城市广场成为一个有机的整体（图 9-10）。轴线是贯穿于两点之间的，围绕着轴线布置的空间和形式可能是规则的，或不规则的。轴线虽然看不见，但却强烈地存在于人们的感觉中，沿着人的视线，轴线有深度感和方向感，轴线的终端指引着方向，轴线的深度及其周围环境、平面与立面的边角轮廓决定了轴线的空间领域。轴线同时也是构成对称的重要因素，根据设计的需要，轴线亦可以产生次要的辅助轴线，丰富空间体系。法国卢浮宫协和广场、香榭里大街、凯旋门广场、德方斯中心所构成的轴线，是巴黎的精华。而构成这轴线的每一个广场的环境设计，都与主轴线有密切结合，并在此基础上形成一个个空间序列的高潮。环境中建筑物的不同造型，给人以不同的感受，广场设计也是如此。直线、几何线常给人以严肃庄重的感觉。同样，运用色彩也可以创造出不同的环境气氛，素雅的颜色、单纯的色调可以创造和谐宁静的氛围；而鲜艳的色彩、丰富的色调则可以造成欢快、活泼的气氛。因此，广场的形态应强调多样性。此外，还应从地理气候、地形以及人文因素的影响考虑，尽量体现地方特色。如美国菲尼克斯某广场的改建，设计者为降低炎热气候对广场的影响，设计了帐篷结构，利用太阳能和水来降温。

图 9-10 某广场绿地景观设计

2. 交通

唯有整体才是美：建筑空间环境和人应融为一个有机整体；要在整体关系中树立广场的主导或配角地位，如马德里的一条南北走向大道，将广场、人行道、人们的休闲和表演全部纳入其中，可以说它是许多广场和街道连接而成的，正缘于它的统一设计，人们才称之为艺术大道。另一方面，广场本身也应具有整体性，结构要素要符合场地使用的主要特征及氛围；并应明确主次，有主、配、基调之分，秩序井然。

广场布局的两条交通原则：方便性原则，安全性原则。广场应尽量避免城市主干道环绕。广场与街道共同形成了一个完整的户外空间系统。在这个系统中，人们的视觉和行为都可与广场空间相连通、靠近，可以很自然、顺利地从街道进入广场。此外，对于广场开口的问题，芦原义信先生在《外部空间设计》中提出的“阴角空间”概念，他认为阴角空间封闭性强，易形成图形的特征。而广场开口的位置、多少、大小与阴角空间的形成有很大关系，因此广场开口的确定应以能更好地创造阴角空间，形成良好的图形关系为标准。一个广场如果有良好的“图形”特征，即有较好的封闭性，则广场容易形成向心性的空间秩序，在这种空间秩序中，人们容易产生一种领域感和归属感，因而乐于停留其中。反之没有封闭感的广场则因空间缺乏向心性的凝聚力，难以吸引人们停留，也就很难再进一步诱发人们的种种活动，形成充满生机的广场空间。

3. 空间

人们对场所的感知包括空间形态和场所特质，对空间形态的把握可使人产生方位感，可以明确自己与环境的关系。而对场所特质的感知则产生认同感，使人把握并感知自己生存的文化，产生归宿感。这就需要广场有围合感，要具有可识别性，具有文化特性，使形式与人活动时的心理状态相吻合，才能给人留下特殊印象，支持人的活动才能为人所接受。

空间形态主要有平面型和空间型，平面型较为多见，这里值得一提的是上升式广场和下沉式广场。上升式广场一般将车行放在较低的层面上，而把人行和非机动车交通放在地下，实行人车分流。如巴西圣保罗市的汉根班广场。下沉式广场在现代广场设计中应用更多，它不仅能解决交通的分流问题，而且在现代城市喧嚣嘈杂的环境中，易取得一个安静安全、围合有致且归属感较强的广场空间。如美国纽约洛克菲勒广场等。

空间围合格式塔心理学中的"图—底"关系分析表明，广场围合度越高，就越易成为"图形"，围合度这个"度"在城市广场设计中显得尤为重要。①四面围合的广场：如果广场尺度规模较小，封闭性就极强，有强烈的向心性和领域感。②三面围合的广场：封闭感较好，具有一定的向心性和方向性。③二面围合的广场：多用于大型建筑与道路转角处，多为"L"和"T"型平面，领域感较弱，空间有一定的流动性。④一面围合的广场：封闭性差，可考虑组织二次空间，如上升广场或下沉广场。

广场的品质，不仅要从人的立场来衡量它的可居度，而且更要考虑人与大自然的协调及平衡性，只有当人的设计与自然协调时，才能呈现出自然的魅力。因此，引入树木、花卉、草坪和水景等自然元素，对于广场氛围和基调的形成尤为重要。如罗马市政广场的设计充分考虑了地处高地的特征，一改以往广场四面封闭的特性，向坡下绿地敞开，成功地将自然景色引入广场。

接近性是指使用者能够接触他人、服务设施、活动场所等的可能性，包括：广场空间的可识别性、交通的可接近性和周围建筑的可接近性。这里所说的广场空间的可识别性，是指广场与周围建筑之间的"图—底"的关系，广场有明确的"图形"特征，即广场有明确的边界、较好的封闭性，这一特征的形成与构成广场壁面实体的连续性，壁面高度与所围成广场宽度的比例（D/H），广场开口的位置、大小、多少等因素有关。

4. 设施

驻足停留是一种简单的活动，人们驻足于广场是因为被有趣的事物吸引、偶遇熟人朋友与之交谈、等人、等车、休息……小坐在广场中具有特别重要的意义，可以说是其它许多活动（交谈、观看、就餐等）的前提，因此对小坐的环境要求很高。首先，要从人的生理条件考虑：避免在夏天受阳光曝晒，冬天寒风扑面，或四周有刺耳噪声的地方设置座位。此外，座位的尺度、质地、形式等也应达到这一生理舒适要求；其次，从人的心理需求方面考虑，都愿意选择一些位于空间边缘，背后有依赖物的座位，这样就可避免人流从就坐者身边穿过，而带给就坐者不必要的威胁感；另外，对于交往的需求多表现在两个或两个以上有交谈愿望的人中，他们希望能舒服地坐着和对方交流信息，因此这时需一些适于交谈的小坐空间，如L型、多凹型或凸凹两边形、弧形等形式的座位，这些形式的座位可以形成一个使交谈者使用的小空间，产生领域感，满足他们的交往需求。除此之外，除布置基本座位形式以外，还应提供台阶、花台、水池边沿、矮墙、旗杆基座等，这些形式灵活的"第一座椅"可为人们提供更多的可选择性，使不同需求的人都可以找到自己需要的小坐空间。人们在靠近中心景观的不同形状和大小的人造物周围（长椅、台阶、种植池边缘）聚集；他们被喷泉和雕塑所吸引；他们沿边界聚集，并与别人所在的地方靠近。因此，对于用作静态活动、而不只是行人通道的广场，必须提供多种形式的歇坐、倚靠和休息的场所。然而，台阶、墙体、种植池以及喷泉池仍是大多数城区公共空间的主要休息设施。人们在有座的地方就座。别的因素当然也会有影响——食物、喷泉、桌子、阳光、遮阳、树木等，但最简单的休息设施——座位，是广场各用途中最重要的因素。

5. 小品

广场上的环境小品对丰富广场视觉景观、二次限定广场空间及塑造广场特色，起着不可估量的作用。它们已成为设计广场时不可分割的要素，与所在的空间性质相符合。西特说过："一个良好的原则就是各种设施应尽可能从属于它所在的空间的性质。"人们思维模式中的广场环境小品包括水体、景牌、景标、架筑小品、护栏、花坛、花池、街道小品（时钟、电话亭、饮水器、垃圾箱等）、休息设施、灯具、雕塑、亭、铺地等。环境小品设计的选择，首先应与整体空间环境相协调，在造型、位置、尺度、色彩上均要纳入广场环境的天平上加以权衡。如果处理得当，它不但可提供识别、依靠、洁净等物质功能，还可起到点缀、烘托、活跃环境气氛的精神功能。设计不同类型的广场所选用的小品也不同，但人们常忽视"树"及踏步或"突出物"这种元素在广场设计中的重要性。

公共雕塑及一些环境艺术设施（包括柱廊、雕柱、浮雕、壁画、小品、旗帜等艺术作品）在文化广场环境设计中的作用：雕塑是雕、刻、塑三种制作方法的统称，是设计师运用形体与材料来表达设计意图与思想的一种方法，成功的雕塑作品不仅在人为环境中有强大的感染力，而且，是组成环境设计的重要因素，用它本身的形与色装饰着环境。莫斯科高尔基文化公园中的透雕，三个跳舞的少女，具有很强的节奏感。现在，越来越多的雕塑设计已走进人们的生活，谐趣的设计风格，成为人们生活的调味品，或是具有人情味的雕塑，勾起人们对往事的回忆。如日本设计师关根伸夫设计的"带腿的石头"，一块石头下面由四个弯曲似腿的柱子来支撑；他的另一个作品"等待石"，一块石头上雕成屁股的形状，十分有趣。

公共艺术《适宜生活的城市》的作者提出了评价成功公共空间艺术的标准，即它"应该为城市生活以及其居民的健康……做出积极的贡献。它应该慷慨地给予公众一些正面的益处——快乐、怡人、想象、高兴、社交，总而言之，一种社会公益。"

6. 喷泉

动水在视觉和音响上的吸引力是公认的。紧邻座位的喧闹的喷泉可以成功地屏蔽周围交通的喧闹，同时非常有利于创造一个令人愉悦的环境。水流声音减轻人们紧张感的作用也不容忽视。喷泉的尺度应与周围环境协调。

7. 铺装

只要对公共空间中的人们稍微进行观察，就可明显发现人们尽可能寻求由A点到B点之间的直线路径。所有主要的交通路线必须适应这一原则，否则，人们为了尽快到达想去之处会超近路穿过草坪甚至植被带。

8. 地形变化

地形变化具有很重要的视觉、功能以及心理结果。对绝大多数观察者来说，具有适度但可感受到的地形变化的广场景观比那些完全平坦的广场更具有美学吸引力。

9. 种植

树：心理学家约翰·巴克创立了"房屋—树木—人"理论，仅就树木被认为具有跟人和房屋同等意义这一事实本身，就足以证明它的重要性。树不但可以起到界定空间的作用，而且当建筑物之间新旧不一、风格迥异时，它还可起到折衷和协调的效果。现在很多广场上树木的设计呈现出很大的随意性，实际上一棵树就可形成户外小空间；两棵树可形成一个心理界面；三棵树就可形成一个空间，只有当树的设计（包括它的种类、材质、大小）均符合人类心理要求时，它才会形成社会空间，吸引人在其周围活动。

经过仔细的种植规划所创造出的纹理、色彩、密度、声音和芳香效果的多样性和品质能够极大地促进广场的使用。人们通常能够被吸引到那些提供丰富多彩的视觉效果、绿树、珍奇的灌丛以及多变的季相色彩的广场上。

10. 自然环境

在进行文化广场的环境设计时，大量引入树林、绿化、花卉、草坪、动物、水等自然环境，是文化广场环境设计的重要手法。例如欧洲广场上的鸽群已成为广场的一大景观，德国汉堡市政厅广场前的 Alster Pleet 河上的天鹅和水鸟，也已成为广场重要的景观。美国德克萨斯州的达拉斯喷泉广场，中央是一组由电脑控制的 160 个喷嘴的音乐喷泉，440 棵柏树如同由水中生出来，人走在路面上也如同漂泊在水中。又如，波特兰系列的两个广场也是以水为主题，不同的是这里的水环境是动态的，创造出的瀑布、涧流等汹涌澎湃的自然景观，给人以激情和享受。著名建筑师小沙里宁设计的圣路易斯市的标志圣路易斯拱门也是设计在河边，与河水相结合。

四、居住区景观规划

居住区绿地规划设计是居住区规划设计的重要组成部分，是改善生态环境质量和服务居民日常生活的基础。居住区绿地是居住区环境的主要组成部分，一般指在居住小区或居住区范围内，住宅建筑、公建设施和道路用地以外布置绿化、园林建筑和园林小品，为居民提供游憩活动场地的用地。

（一）居住区绿地的作用

居住区绿地的生态功能、景观效果和服务功能对居住区环境起十分重要的作用：

① 居住区绿地以植物为主体，在净化空气、减少尘埃、吸收噪声等方面起着重要作用。绿地能有效地改善居住区建筑环境的小气候，包括遮阳降温、防止西晒、调节气温、降低风速，在炎夏静风状态下，绿化能促进由辐射温差产生的微风环流的形成等。

② 居住区绿地是形成居住区建筑通风、日照、采光、防护隔离、视觉景观空间等的环境基础，富于生机的园林植物作为居住区绿地的主要构成材料，绿化美化居住区的环境，使居住建筑群更显生动活泼、和谐统一，绿化还可以遮盖不雅观的环境物。

③ 居住区绿地优美的绿化环境和方便舒适的休息游憩设施、交往场所，吸引居民在就近的绿地中休憩观赏和进行社交，满足居民在日常生活中对户外活动的要求，有利于人们的身心健康和邻里交往。

④ 居住区公共绿地在地震、火灾等非常时候，有疏散人流和隐蔽避难的作用。

（二）居住区绿地的组成

按照功能和所处的环境，居住区绿地分为居住区公共绿地、宅旁绿地、宅间绿地、居住区道路绿地、居住区公建设施专用绿地。

（三）居住区景观设计的原则

居住区景观的设计包括对基地自然状况的研究和利用，对空间关系的处理和发挥，与居住区整体风格的融合和协调。包括道路的布置、水景的组织、路面的铺砌、照明设计、小品的设计、公共设施的处理等，这些方面既有功能意义，又涉及视觉和心理感受。在进行景观设计时，应注意整体性、实用性、艺术性、趣味性的结合。具体体现在以下几方面。

1. 空间组织立意

景观设计必须呼应居住区设计整体风格的主题，硬质景观要同绿化等软质景观相协调。不同居住区设计风格将产生不同的景观配置效果，现代风格的住宅适宜采用现代景观造园手法，地方风格的住宅则适宜采用具有地方特色和历史语言的造园思路和手法。当然，城市设计和园林设计的一般规律诸如对景、轴线、节点、路径、视觉走廊、空间的开合等，都是通用的。同时，景观设计要根据空间的开放度和私密性组织空间。如公共空间为居住区居民服务，景观设计要追求开阔、大方、闲适的效果；私密空间为居住在一定区域的住户服务，景观设计则须体现幽静、浪漫、温馨的意旨。

2. 体现地方特征

景观设计要充分体现地方特征和基地的自然特色。我国幅员辽阔，自然区域和文化地域的特征相去甚远，居住区景观设计要把握这些特点，营造出富有地方特色的环境。如青岛，“碧水蓝天白墙红瓦”体现了滨海城市的特色；海口“椰风海韵”则是一派南国风情；重庆，错落有致应是山地城市的特点；而苏州，“小桥流水”则是江南水乡的韵致了。同时居住区景观还应充分利用区内的地形地貌特点，塑造出富有创意和个性的景观空间。

3. 点线面相结合原则

环境景观中的点，是整个环境设计中的出彩之处，这些点元素经过相互交织的道路、河道等线性元素贯穿起来，点线景观元素使得居住区的空间变得有序。在居住区的入口或中心等地区，线与线的交织与碰撞又形成面的概念，面是全居住区中景观汇集的高潮。点线面结合的景观系列是居住区景观设计的基本原则。在现代居住区规划中，传统空间布局手法已很难形成有创意的景观空间，必须将人与景观有机融合，从而构筑全新的空间网络：①亲地空间，增加居民接触地面的机会，创造适合各类人群活动的室外场地和各种形式的屋顶花园等。②亲水空间，居住区硬质景观要充分挖掘水的内涵，体现东方理水文化，营造出人们亲水、观水、听水、戏水的场所。③亲绿空间，硬软景观应有机结合，充分利用车库、台地、坡地、宅前屋后构造充满活力和自然情调的绿色环境。④亲子空间，居住区中要充分考虑儿童活动的场地和设施，培养儿童友爱、合作、冒险的精神。

4. 强调环境景观的艺术性

20 世纪 90 年代以前，“欧陆风格”影响到居住区的设计与建设时，曾盛行过欧陆风情式的环境景观。如大面积的观赏草坪、模纹花坛、规则对称的路网、罗马柱廊、欧式线脚、喷泉、欧式雕像等。20 世纪 90 年代以后，居住区环境景观开始关注人们不断提升的审美需求，呈现出回归历史的发展趋势，提倡现代造园手法与传统园林相结合，创造出既具有历史文化又简约明快的景观设计风格。

5. 强调环境景观的共享性与均好性

居住区中应使每套住房都获得良好的景观环境效果，首先要强调居住区环境资源的均好和共享，在规划时应尽可能地利用现有的自然环境创造人工景观，让所有的住户能均匀享受这些优美环境；其次要强化围合功能强、形态各异、环境要素丰富、安全安静的院落空间，达到归属领域良好的效果，从而创造温馨、朴素、祥和的居家环境。

（四）各功能区绿地的景观规划

1. 公共绿地景观规划设计

居住区公共绿地是居民日常休息、观赏、锻炼和社交的就近便捷的户外活动场所，规划布局必须以满足这些功能为依据。主要有居住区公园、居住小区公园和组团绿地三类。

① 居住区公园　居住区公园的规划设计手法主要参照城市综合性公园的规划设计手法，但应充分考虑居住区公园的功能特点。居住区景观设计一般应达到以下几方面的要求。

a. 满足功能要求、划分不同功能区域。根据居民各种活动的要求布置休息、文化娱乐、体育锻炼、儿童游戏及人际交往等活动场地和设施。

b. 满足园林审美和游览要求，以景取胜，充分利用地形、水体、植物及园林建筑，营造园林景观，创造园林意境。

c. 园林空间组织与园路的布局应结合园林景观和活动场地的布局，兼顾游览交通和展示园景两方面的功能。

d. 形成优美自然的绿化景观和优良的生态环境，居住区公园应保持合理的绿化用地比例，发挥园林植物群落在形成公园景观和公园良好生态环境中的主导作用。

② 居住小区公园 居住小区公园是为小区居民就近服务的居住区公共绿地（图 9-11）。居住小区公园的景观规划设计应满足以下基本要求。

图 9-11 某居住区景观规划设计

a. 居住小区公园内部布局形式可以灵活多样，但必须协调好公园与其周围居住小区环境间的相互关系。

b. 景观规划设计应以绿化为主，形成小区公园优美的园林绿化景观和良好的生态环境，也要尽量满足居民日常活动对铺装场地的要求，规划中可适当增设林荫式活动广场。

c. 适当布置园林建筑小品，丰富绿地景观，增加游憩趣味。园林建筑小品的布置和造型设计应特别注意与居住小区公园用地的尺度和居住小区建筑相协调。

③ 组团绿地 现代居住小区组团绿地景观具有统一性、多样性、个性化、自然性、人文性、亲和性、实用性和生态性等特点。组团绿地的服务对象相对稳定，作为住宅室内空间向室外延伸的组团绿地，对居民而言具有“家”的归属感。各类园林小品、活动设施、树木

花草、水池、铺地等构成了组团绿地的主要景观要素；此外，赏景视线的组织、环境空间形态的塑造及社区文化氛围的营造等同样是组团绿地构景的重要内容；同时组团绿地景观的组织与其居民的心理及行为特点密切相关。

a. 创造生物多样的绿化空间。组团绿地景观设计应遵从自然规律，注意适地适树选择植物，同时为引进物种创造适宜条件，组成植物与植物、植物与动物、植物与环境共生的有机整体，造就绿树碧水、鸟语花香的景观环境。

b. 发挥软质景观的生态效益。组团绿地景观设计应以植物造景为主，做到乔灌草复层结合，灵活配置，提高绿视率和单位面积的绿化量。结合水景设置，增加绿地环境的负离子数量。

c. 强调硬质景观的使用功能。组团绿地景观设计应有目的点缀园林设施小区，满足居民游憩观赏等多方面的活动需要，并起到画龙点睛、装饰绿地的作用。

d. 丰富绿地空间的景观形式。组团绿地景观设计应灵活应用园林各造园要素，合理组织空间，创造出开合有序、明暗多变、大小宜人、景色丰富的园林绿地空间。

e. 营造人性化的园林环境绿地。应带给居民归属感、领域感及与自然的和谐感，达到景为人所造，人为景寄情，创造出情景互动和陶醉园林的满足感。

空间分隔及大小在组团绿地中，空间的组织应大中有小，特别要注意小尺度空间的运用及处理，合理设置小景，如采用一树一景，一石一景，一水一景；采用“小中见大”的造景手法，协调空间关系。在空间分隔时要综合利用景观素材的组合形式分割空间，如水面空间的分隔，可设小桥、汀步，并配以植物等划分水面的大小，可形成高低不同、情趣各异的水上观赏活动内容；提倡软质空间，“模糊”绿地与建筑边界的造景手法，扩大组成绿地空间，加强空间的层次感和延续性。

空间开合及动静绿地空间可通过植物的适当配置从而营造出不同格局、或闭或开的多个空间，例如利用树木高矮、树冠疏密、配置方式等的多种变化来限制、阻挡和诱导视线，可使景观显、蔽得宜。若要创造曲折、幽静、深邃的园路环境，用竹来造景是非常合适的。通过其它造园要素，如景墙、花架及山石等，再适当地点缀植物，同样可以在绿地创造出幽朗、藏露、开合及色彩等对比有变、景色各异的半开半合、封闭、开敞的空间形式。

组团绿地通常以静态观赏为主，所以静态空间的组织尤为重要。绿地中应设立多处赏景点。有意识地安排不同透景形式、不同视距及不同视角的赏景效果。绿地内所设的一亭、一石或一张座椅都应讲求对位景色的观赏性。面积大一些的绿地空间，应注意节奏的变化，达到步移景异的观景效果。在园路的设计中应迂回曲折，延长游览路线，做到绿地虽小，园路不短，增加空间深度感。

空间渗透及层次：组团绿地的空间分隔应以虚隔为主，达到空间彼此联系与渗透，造成空间深远的错觉。在空间的界定时多用稀植树木、空廊花架、漏窗矮墙等划分空间，使居民透过树木、柱廊、窗洞等的间隙透视远景，造成景观上的相互联系和渗透，从而丰富了景观层次，增加了景深。

营造人性化的绿地环境组团绿地属于一种居住区内贴近居民生活的界定的开放空间，是居民最接近的休息和活动的场所，它主要供住宅组团内的居民（特别是老年人和儿童）使用，给居民以归属感和领域感。因此，造景要服务于人、愉悦于人。

2. 宅旁绿地

宅旁绿地属于居住建筑用地的一部分，是居住区绿地中重要的组成部分。在居住小区用地平衡表中，只反应公共绿地的面积与百分比，宅旁绿地面积不计入公共绿地指标，而一般宅旁绿化面积比公共绿地面积指标大 2～3 倍，人均绿地可达 4～6m^2。宅旁绿地是住宅内部空间的延续和补充，与居民日常生活息息相关。结合绿地可开展儿童林间嬉戏、品茗弈棋、邻里交往以及晾晒衣物等各种家务活动，使邻里乡亲密切了人际关系，具有浓厚的生活气息，可较大程度地缓解现代住宅单元楼的封闭隔离感，可协调以家庭为单位的私密性和以宅旁绿地为纽带的社会交往活动。

3. 宅间绿地

在小区总用地中，宅间绿地占35%左右。一般来说，宅间绿地面积比小区公共绿地面积指标大2～3倍（图9-12）。

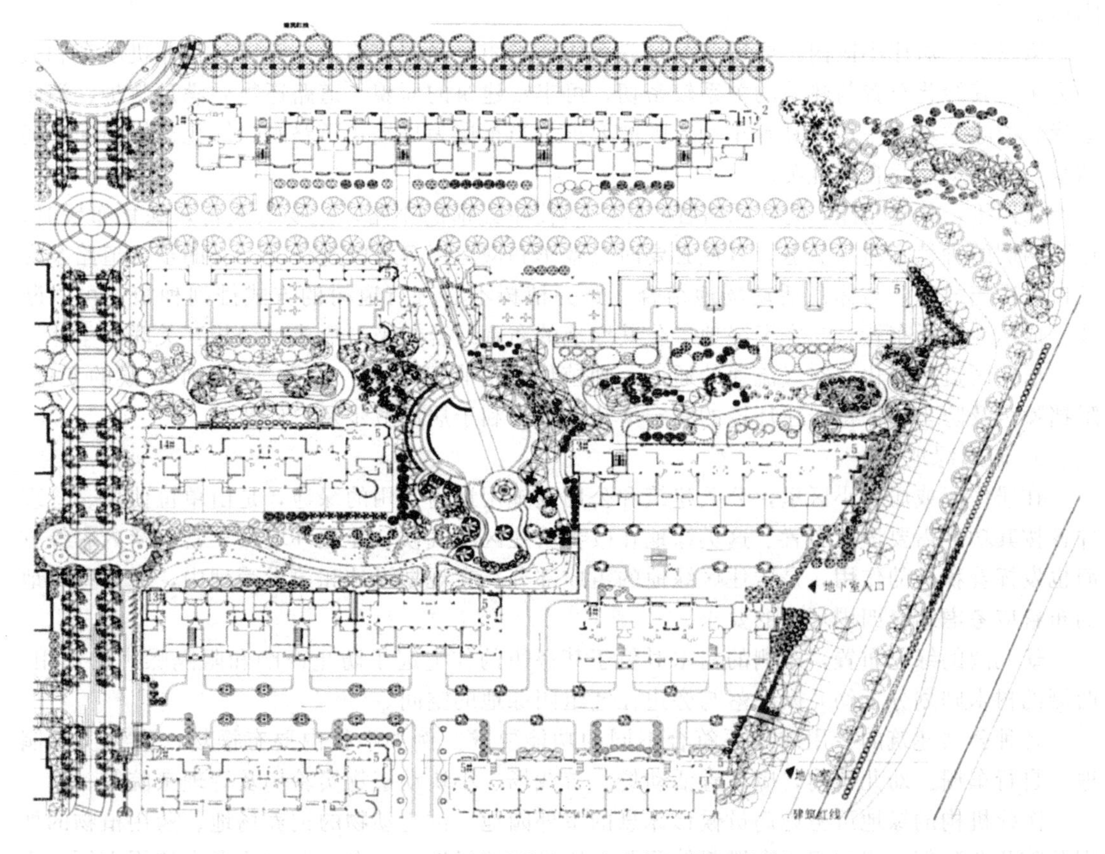

图9-12　某居住区宅间、宅旁绿地景观设计

宅间绿地设计应考虑：

① 树木分枝点宜低，这样人的视线封闭在一层左右高度，能够减轻高层住宅巨大体量带来的压迫感；

② 树木不应过密或太靠近住宅，以免影响低层用户通风和采光；

③ 适当运用乔木可减少相对住宅间的视线干扰，保持私密性；

④ 不同树种的搭配，增加了院落空间的识别性；

⑤ 宅间绿地要以绿地为主，适当布置休息座椅和供安静休憩的场地；

⑥ 宅北侧与宅间小路之间往往作为绿地处理，可保持底层住房的私密性。但由于没有充足的阳光，大多生长不良，也可作为停自行车场地或活动用地。

4. 居住区道路

道路绿化有利于行人的遮荫，保护路基，美化街景，增加居住区植物覆盖面积，能发挥绿化多方面的作用。在居住区内根据功能要求和居住区规模的大小，道路一般可分为三级或四级。道路绿地则应按不同情况进行绿化布置。

第一级：居住区主要道路，是联系居住区内外的主要通道，有的还通行公共汽车。绿化布置时，在道路的交叉口及转弯处种植树木不应影响行驶车辆的视距。

行道树要考虑行人的遮荫及不妨碍车辆的交通。道路与居住建筑之间可考虑利用绿化防尘和阻止噪声。在公共汽车站的停靠点，考虑乘客候车时遮荫的要求。

第二级：居住区次级道路，是联系居住区各部分之间的道路，行驶的车辆虽然较主要道路少，但绿化布置时，仍要考虑交通的要求。但道路与居住建筑间距较近时，要注意防尘隔声。

第三级：居住小区内主要道路，是联系住宅组团之间的道路，一般以通行非机动车和人行为主，其绿化布置与建筑的关系较密切，可丰富建筑的面貌。道路还需要满足救护、消防运货、清除垃圾及搬运家具等车辆行驶的要求，当车道为尽端式道路时，绿化还需与回车场结合，使活动空间自然优美。

第四级：住宅小路，是联系各住户或各居住单元前的小路，主要供人行，绿化布置时，道路两侧的种植宜适当后退，以便必要时急救车和搬运车等可驶进住宅。有的步行道路及交叉口可适当放宽，与休息活动场地结合。路旁植树不必按行道树的方式排列种植，可以断续、成丛地灵活布置，与宅旁绿地、公共绿地的布置结合起来，形成一个相互关联的整体。

居住区道路绿化是空气流通的通道，种植位置适宜可导风、遮荫、影响小气候的变化，阻挡噪声及防尘，保持居住环境的安宁清洁，并有利于居民散步及户外活动。

5. 附属绿地

在居住区或居住小区里，公共建筑和公用设施用地内专用的绿地，是由单位使用、管理并各按其功能需要进行布置。这类绿地在改善居住区小气候、美化环境及丰富生活内容等方面也发挥着积极的作用，是居住区绿地的组成部分。在规划设计和建设管理中，对这些绿地的布置应考虑结合四周环境的要求。

幼儿园的绿化布置，东侧的树木对位于其旁边的住宅起了防止西晒和阻隔噪声的作用。两侧的树木则划分了幼儿园院落与旁边住宅组团绿地的空间。

各种公共建筑的专用绿地要符合不同的功能要求。例如学校内要有操场、生物实验园地、自行车棚。幼儿园内，应设置活动场、游戏场、小块动植物实验场及管理杂院等。

医疗机构的绿地可考虑病员候诊休息的室外园地、试验动物的饲养场地、药用植物的处理及晾晒杂院等。锅炉房要有燃料储藏及炉渣堆放的场地等。在布置时要考虑使用方便、用地紧凑，以改善环境及构成良好的建筑面貌。

五、公园景观规划

（一）美国的城市公园系统和纽约中央公园

1. 美国的城市公园系统

19 世纪中叶发展起来的公园系统，到 20 世纪已经被大多数的美国城市所采用。美国的城市公园系统的布局重视其功能的发挥。根据基本功能和建设目的，大致分为环境保护型、防灾型、开发引导型、地域型四种类型的公园系统。

① 环境保护型　地区本身具有优美的自然风景和生态基础，为了避免城市化造成的环境破坏，首先通过公园的规划建设将重要的自然生态地区保护起来，在此基础上推进城市建设。这类公园系统的建设以环境保护为基本导向。

② 防灾型　城市原来的建筑密度大、城区结构不合理，不利于防止城市灾害（如火灾、地震等）。通过公园系统隔断原来连接成片的城市，形成抗灾性能较高的街区结构，同时居于休闲和美化环境的功能。

③ 开发引导型　原来的城市无法容纳更多的人口和功能，需要向外扩张建设新的城区。为了在新城区建设中避免老城区的种种弊端，通过公园系统的建设形成良好的环境基础和空间结构。

④ 地域型　城市化过程中，城市之间联系日益紧密，单个城市的公园系统难以达到保护环境的要求。在已经或者正在形成的城市群、都市圈等广大的地域，进行跨行政区的公园规划，从地域的角度保护自然生态环境。

2. 美国的纽约中央公园

在中央公园酝酿出现的19世纪50年代，纽约等美国的大城市正经历着前所未有的城市化。大量人口涌入城市，经济优先的发展理念，不断被压缩的公园绿化等公共开敞空间使得19世纪初确定的城市格局的弊端暴露无遗。包括传染病流行在内的城市问题凸现，使得满足市民对新鲜空气、阳光以及公共活动空间的要求成为地方政府的当务之急。1851年，纽约州议会通过的公园法正是这种状况的集中体现。1858年奥姆斯特德的方案在35个应征方案中脱颖而出，成为中央公园的实施方案。他本人也被任命为公园建设的工程负责人。

纽约中央公园（图9-13）南起59街，北抵110街，东西两侧被著名的第五大道和中央公园西大道所围合，名副其实地坐落在纽约曼哈顿岛的中央，占地面积340万平方米，其与自由女神、帝国大厦等同为纽约乃至美国的象征。纽约中央公园成立之后，公园的管理部门和社会机构不断地对公园进行更新和改造以适应新时期的需要。时至今日，纽约中央公园仍然是许多园林设计师学习的经典之作。

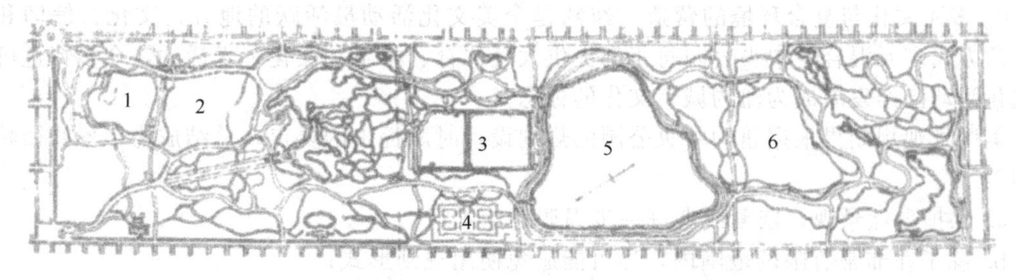

图9-13　纽约中央公园平面图

1—球场；2—草地；3—贮水池；4—博物馆；5—新贮水池；6—北部草地

① 适时性　公园根据时代特征进行功能性更新，增添了许多娱乐休闲设施，包括19个运动场和12个球场；今天，公园的北部边界从1863年的第106街拓展到第110街；昔日的保龄球草坪已经被垒球和橄榄球取代；从前的散步区变成了慢跑道。以著名景点大草坪的更新改造为例：1936年大草坪建成在一个废弃的蓄水池上，作为运动和娱乐场所，见证了若干重大历史事件的发生，但是仍不断进行技术创新以适应时代的挑战和需求。在1995年的整治中，出于工程学目的，安装了总长达9.4万米的地下排水和灌溉系统，用来维护草皮和控制雨水量；铺设了4.6万平方米的肯塔基牧草和1.9万平方米的泥土用来防止践踏；同时还种植了6858m的防风草带，配设了3.4万米的灌溉管道及275辆洒水车。

② 前瞻性　中央公园另一个让人称道的特征就是设计师最初设计的远见卓识。在绿野方案中，最突出的设计创意就是有预见性地提出了分离式交通系统，人行道、跑马路以及观光车道自成体系，并且在排水和道路建设中采用当时最先进的技术将基础设施和穿越的商业性交通做隐藏式设计，同时结合城市未来交通发展趋势和需要，设计了4条下沉式穿行车道，两旁栽植浓密的灌木遮蔽视线，以防止对田园式自然景观的破坏。

③ 人性化　中央公园的设计贯彻了初创的使命：一个属于所有民众的公园。从设计细节可以充分体味到人性的关怀以及使用空间的愉悦感，例如公园中安置了125处饮水喷泉；

遍布全园的咖啡店极大地方便了游客；针对步道复杂、容易迷路的问题，设计了街灯柱导引系统，在每个灯柱上都标有数字，根据这个数字的头两位就可以知道最近的街道从而判断出具体方位。同时公园还组织志愿者免费提供导游服务，以便游客了解公园的生态环境和设计。

④ 主题性　公园内部分为若干个主题区域，每个空间都具有特定的功能和服务对象，相互间又紧密联系。开放的空间合理地运用了整体的概念聚合成一个网络状休闲系统。有“水中露台”之称的毕士达喷泉位于空间的中心，是体现公园形象的地标性集会空间；绵羊草坪是供游人野餐、享受日光浴和观赏城市天际轮廓的好地方；建于1981年的草莓园平面呈泪滴状，是一个纪念性的公众聚会空间；大转轮则是一个娱乐性的休闲游乐场，是公园最受欢迎的地点之一。中央公园动物园也深受家庭和儿童的喜爱。此外，溜冰场、餐厅、划船、骑马、攀岩等休闲运动空间也进一步满足了公众的不同需要。

⑤ 共生性　中央公园是一个完全的人造自然景观，历史上逐渐从纯粹性物理景观发展成具有多样化自然风貌、野生动植物赖以生存的自然栖息地，在历史与现代、技术与自然、生存和发展方面保持着均衡。中央公园每年的游客多达2500万人，同时其负效应也对脆弱的生态环境造成破坏。按纽约市政府规定，公园的首要任务是保护，公园管理者为保护这个自然生物的栖息地做出了卓越的努力，每年都对园中的动植物进行统计。因为在西方国家，经常以野生动物，尤其是鸟类出没的情况作为衡量城市绿地建设和城市生态环境质量优劣的重要标志。

⑥ 多元文化与复合环境的营造　纽约是全美文化活动最活跃的地方，文化、信仰和公共生活方式多元混合。中央公园每年都提供大量体育、学术和文化艺术活动，众多特色鲜明的文化活动已经发展成为纽约城市文化的标志。

美国景观规划界根据纽约中央公园的规划设计时所提出的要点，总结成为“奥姆斯特德原则”：

a. 保护自然景观，恢复或者进一步强调自然景观；

b. 除了在非常有限的范围内，尽可能避免使用规则形式；

c. 开阔的草坪要设在公园的中心地带；

d. 选用当地的乔木和灌木来造成特别浓郁的边界栽植；

e. 公园中的所有园路应设计成流畅的曲线；

f. 主要园路要基本上能穿过整个公园，并由主要的道路将全园划分为不同的区域。

（二）公园景观规划设计

1. 综合性公园

① 综合性公园的定义　综合性公园是在市区范围内为城市居民提供良好的游憩休息、文化娱乐活动的综合性、多功能、自然化的大型绿地，其用地规模一般较大，园内设施活动丰富完备，适合各阶层的城市居民进行一日之内的游赏活动。综合性公园是城市的主要公共开放空间，是城市绿地系统的重要组成部分，对城市景观环境塑造、城市生态环境调节、居民社会生活起着极为重要的作用。按照服务对象和管理体系的不同，综合公园分为全市性公园和区域性公园（图9-14）。综合性公园的面积一般不少于$10hm^2$。

② 景观规划设计的原则

a. 为各种不同年龄的人们创造适当的娱乐条件和优美的休息环境。

b. 继承和革新我国造园传统艺术，吸收国外先进经验，创造社会主义新园林。

c. 充分调查了解当地人民的生活习惯、爱好及地方特点，努力表现地方特点和时代风格。

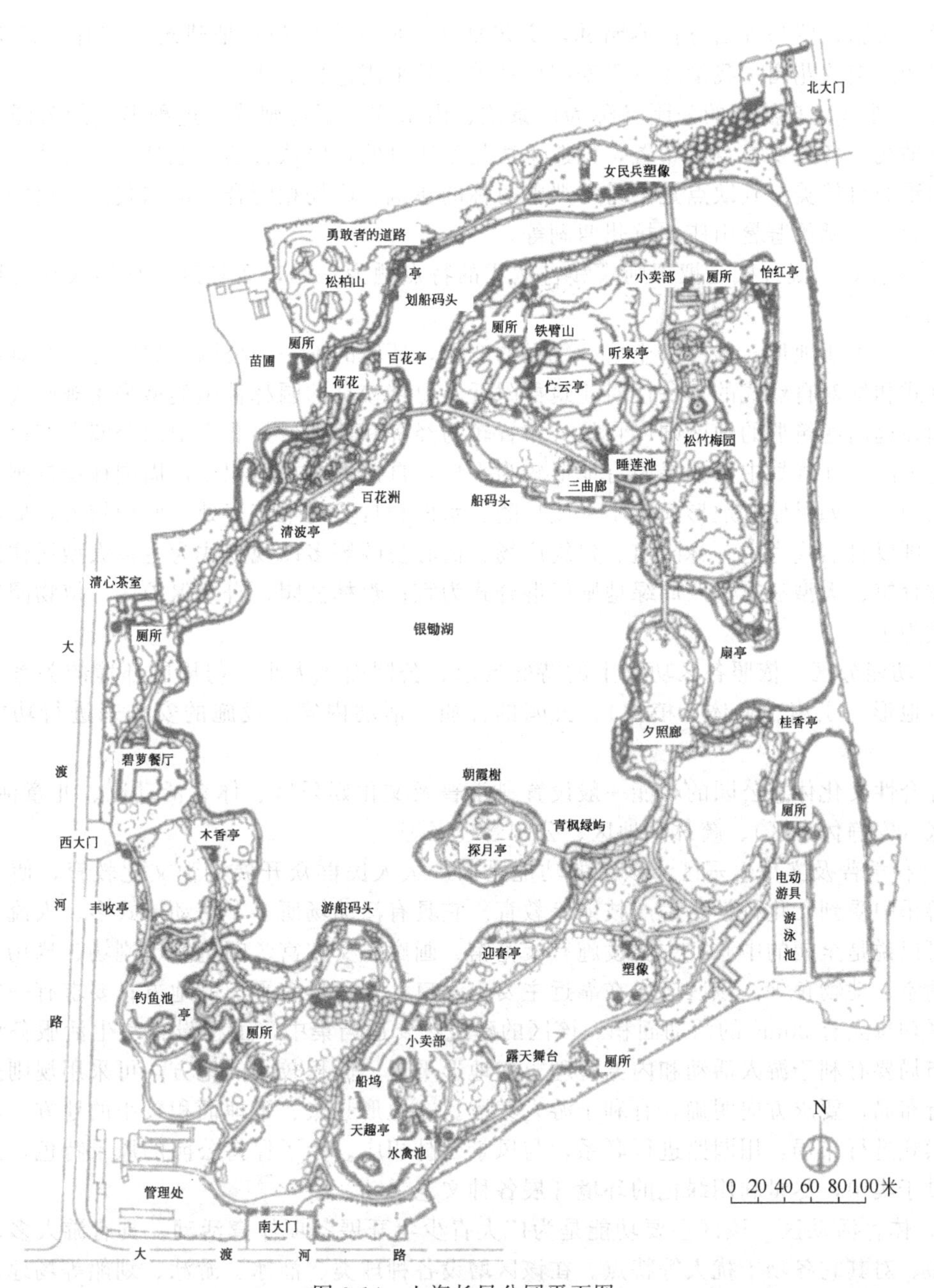

图 9-14　上海长风公园平面图

d. 在城市总体规划或城市绿地系统规划的指导下，使公园在全市分布均衡，并与各区域建筑、市政设施融为一体，既显出各自的特色、富有变化，又不相互重复。

e. 因地制宜，充分利用现状及自然地形，有机组合成统一体，便于分期建设和日常管理。

f. 正确处理近期规划与远期规划的关系，以及社会效益、环境效益、经济效益的关系。

③ 公园规划布局的形式　公园的布局形式多种多样，但总的来说有三种。

a. 规则式　规则式公园又称为整形式、几何式、建筑式、图案式，以建筑或建筑式空间作为主要风景题材。它有明显的对称轴线，各种园林要素都是对称布置，具有庄严、雄伟、肃静、整齐、人工美的特点。但是，它也有过于严整、呆板的缺点。例如18 世纪以前的埃及、希腊、罗马等西方古典园林，文艺复兴时期的意大利台地建筑式园林，17世纪法国勒诺特图案式花园，我国北京天安门广场等都是采用这种形式。

b. 自然式　自然式的公园又称为风景式、山水式、不规则式。这种形式的公园无明显的对称轴线，各种要素自然布置，创造手法是效法自然，服从自然，但是高于自然，具有灵活、幽雅的自然美。其缺点是不易与严整对称的建筑、广场相配合。例如我国古代的苏州园林、颐和园、承德避暑山庄、杭州西湖等。

c. 混合式　混合式是把规则式和自然式的特点融为一体，而且这两种形式与内容在比例上相近。

总之，由于地形、水体、土壤、气候的变化，环境的不一，公园规划实施中很难做到绝对规则式和绝对自然式的。往往对建筑群附近及要求较高的园林种植类型采用规则式进行布置，而在远离建筑群的地区则以自然式布置较为经济和美观，如北京中山公园和广东新会城镇文化公园。在规划中，如果原有地形较为平坦，自然树少，面积小，周围环境规则，则以规则式为主。如果原有地形起伏不平或丘陵、水面和自然树木较多处，面积较大，周围环境自然，则以自然式为主。林阴道、建筑广场、街心公园等多以规则式为主；大型居住区、工厂、体育馆、大型建筑物四周绿地则以混合式为宜；森林公园、自然保护区、植物园等多以自然式为主。

④ 功能分区　依照各区功能上的特殊要求、公园面积大小、与周围环境的关系、自然条件（地形、土壤、水体、植被）、公园的性质、活动内容、设施的安排来进行功能分区规划。

综合性文化休息公园的功能一般设置科学普及文化娱乐区、体育活动区、儿童活动区、游览区（安静休息区）、疏林草地区、公园管理区等。

a. 科学普及文化娱乐区　该区的功能是向广大人民群众开展科学文化教育，使广大游人在游乐中受到文化科学、生产技能等教育。它具有活动场所多、活动形式多、人流多等特点，可以说是全园的中心。主要设施有展览馆、画廊、文艺宫、阅览室、剧场、舞场、青少年活动室、动物角等。该区应设在靠近主要出入口处，地形较平坦的地方；要求有一定的分隔，平均每人有30m^{2}的活动面积。该区的建筑物要适当集中，工程设备与生活服务设施齐全，布局要有利于游人活动和内务管理。在地形平坦、面积较大的地方，可采用规则式的方式进行布局，要求方向明确，有利于游人集散。在地形起伏、平地面积较小的地方，可以采用自然式进行布局，用园路进行联系，与风景园林相应。为了保持公园的风景特色，建筑物不易过于集中，尽量利用绿化的环境开展各种文艺活动。

b. 体育活动区　该区主要功能是为广大青少年开展各项体育活动。具有游人多、集散时间短、对其它各项干扰大等特点。在该区增设各种球类、溜冰、游泳、划船等场地，其布局要尽量靠近城市主要干道，或专门设置出入口，因地制宜设立各种活动场地。在凹地水面设立游泳池，在高处设立看台、更衣室等辅助设施；开阔水面上可开展划船活动，但码头要设在集散方便之处，并便于停船。游泳的水面要和划船的水面严格分开，以免互相干扰。天然的人工溜冰场按年龄或溜冰技术进行分类设置。另外，结合林间空地，开设简易活动场地，以便进行武术、太极拳、羽毛球等活动。

c. 老年人活动区　老年人的视力较差，上了年纪常常会出现重听现象，触觉、痛觉、味觉、嗅觉都开始缓慢下降。在选择社交空间和尺度时，老年人更喜欢有围合感，空间相对较小的环境进行交流。否则，老年人心理上就会出现失落感和孤独感。在周围环境设计上应该注意，创造一个舒适的人际交往空间将会为老年人的生活增添乐趣。

一般，在综合性公园中，老年人活动区应与公园景观主体相融为一体，同时还应与生活服务区相隔较近，以方便他们使用。在景观空间布局上应区划出动态活动区和静态活动区。动态活动区以健身为主，可供进行球类、毽类、武术、跳舞、慢跑、气功、吹拉弹唱、斗虫、遛鸟等活动。这一区域除设置适宜的健身设备（单杠、压腿杠、球网等）外，景观布置上可以用高大的落叶乔木起空间分隔作用，树下设置色彩淡雅、造型古朴的凳、椅，以供休息。活动区内可用低矮花灌木、匍匐的常绿灌木、多年生草本花卉以及一、二年生花卉等组布成小的花坛、花带等，既可增加视觉刺激和观赏享受，又能以此来分隔出不同的活动小区。这样，他们在参加活动时就可互相观看、欣赏，又互不影响。静态活动区主要供老年人晒太阳、下棋、聊天、观望、学习、打牌或书画等活动，一般布置在动态活动区的外围。可以在树荫下设石凳、石桌；可以在道路曲折处建亭、台；可以在几角处设花架或曲折回廊；可以挖水池供垂钓；还可以设画廊展览栏。这样好静的老年人可以在欣赏周围美景的同时交友谈天、下棋对弈、精心垂钓、比评书画、舞文弄墨等，既可排遣孤寂、愉悦身心，又可激发其生活热情，使他们的晚年时光充实而快乐。

d. 疏林草地区　疏林草地景观，主要是供游人游憩、遮荫、闲谈论理等，以草坪为主体，其上栽植冠大荫浓的高大乔木（香樟、榕树、槐树、柳树等）组成小树林，或散植雪松、白皮松、玉兰、海棠等园景树，再散植花木花坛或野生花卉组成的花境、花带等，草坪布置应选择叶色纯净、叶质柔美、耐践踏的草坪草种。因为该草坪不是单纯的观赏草坪，应该考虑有一些游人进入，可在草坪上三五成群地点缀紫薇、红白碧桃、银杏等观赏树木，同时用花灌木、宿根花卉、球根花卉等组成梅花形、圆形、葫芦形等花丛，或在树丛周围用花灌木、草本花卉等布置成波浪型；此外，还应该布置弯曲的小路，以保证其可通达性、可驻留性。这样既有立体层次感，又能随季节变换而产生色彩变化，还可形成丰富的景观。

e. 儿童活动区　为促进儿童们的身心健康而设立的专门活动区。该区多布置在公园出入口附近或景色开朗处，在出入口常设有雕像，其布置规划和分区道路以易于识别为宜。按不同年龄段划分活动区，可用绿篱、栏杆与其它假山、水溪隔离，防止互相入串干扰活动。具有占地面积小、各种设施复杂的特色。其中的设施要符合儿童心理，造型设计应色彩明快、尺度小。一般儿童游戏场设有秋千、滑梯、滚筒、浪船、跷跷板和电动设施等。儿童体育场应有涉水、汀步、攀梯、吊绳、圆筒、障碍跑、爬山等。科学园地应有农田、蔬菜园、果园、花卉等。少年之家应有阅览室、游戏室、展览厅等。

f. 游览休息区　该区主要功能是供人们游览、休息、赏景、陈列或开展轻微体育活动。具有占地面积大、游人密度小的特点。该区应广布全园，特别是设在距出入口较远之处，地形起伏、临水观景、视野开阔之处，树多、绿化、美化之处，应与体育活动区、儿童活动区分隔。其中适当设立阅览室、茶室、画廊、凳椅等，但要求艺术性高。也可设植物专类园，创造山清水秀、鸟语花香的环境为游者服务。

g. 公园管理区　主要功能是管理公园各项活动，具有内务活动多的特点。多布设在专用出入口内部、内外交通联系方便处，周围用绿色树木与各区分隔。其主要设施有办公室、工作室，要方便内外各项活动。工具房、杂物院，要有利于园林工程建设。应设职工宿舍、食堂，方便内务活动。温室、花园、苗圃要求面积大，设在水源方便的边缘地。服务中心要方便对游人服务。建筑小品、路牌、园椅、废物箱、厕所、小食、休息亭廊、电话、问询、摄影、寄存、借游具处、购物店等设施要齐全。

根据公园性质、服务对象不同，还可进行特殊功能分区。例如，用历史名人典故来分区，有李时珍园、中山陵园、岳飞墓；以景色感受分区，有开朗景区（水面、大草坪）、雄伟景区（树木高大挺拔、陡峭、大石阶）、幽深景区（曲折多变）；以空间组合分景区，有园中园、水中水、岛中岛等；用季相景观分区，有春园、夏园、秋园、冬园；以造园材料分区，有假山园、岩石园、树木园等；以地形分区，有河、湖、溪、瀑、池、喷泉、山水等区。

⑤ 公园建筑设计　公园中建筑形式要与其性质、功能相协调，全园的建筑风格应保持统一。园中的建筑是供开展文化娱乐活动、创造景观和防风避雨等用，甚至形成公园的中心、重心。管理和附属服务建筑设施在体量上应尽量小，位置要隐蔽，保证环境卫生和利于创造景观。建筑物的位置、朝向、高度、体量、空间组合、造型、材料、色彩及其使用功能，应符合公园总体设计的要求。建筑布局要相对集中，组成群体，一屋多用，有利管理，要有聚有散，形成中心，相互呼应。建筑本身要讲究造型艺术，要有统一风格，不要千篇一律。个体之间又要有一定变化对比，要有民族形式、地方风格、时代特色。公园建筑要与自然景色高度统一。"高方欲就亭台，低凹可开池沼"，这是明代造园家计成的名言。以植物色、香、味、意来衬托建筑，色彩要明快，起画龙点睛的作用，具有审美价值（图 9-15、图 9-16）。

公园中的管理建筑，如变电室、泵房、厕所等既要隐蔽，又要有明显的标志，以方便游人使用。公园其它工程设施，也要满足游览、赏景、管理的需要。如动物园中的动物笼舍等要尽量集中，以便管理；工程管网布置，必须有利保护景观、安全、卫生、节约等，所有管线都应埋设在地下，勿碍观展。公园内不得修建与其性质无关的、单纯以营利为目的的餐厅、旅馆和舞厅等建筑。公园中方便游人使用的餐厅、小卖部等服务设施的规模应与游人容量相适应。需要采暖的各种建筑物或动物馆舍，宜采用集中供热。管理设施和服务建筑的附属设施，其体量和烟囱高度应按不破坏景观和环境的原则严格控制，管理建筑不宜超过两层。公园内景观最佳地段不得设置餐厅及集中的服务设施。"三废"处理必须与建筑同时设计，不得影响环境卫生和景观。残疾人使用的建筑设施，应符合《方便残疾人使用的城市道路和建筑物设计规范》（JGJ 50）的规定。

游览、休憩、服务性建筑物设计应与地形、地貌、山石、水体、植物等其它造园要素统一协调。层数以一层为宜，起主题和点景作用的建筑，高度和层数都要服从景观需要。游览、休憩建筑的室内净高不应小于 2.0m，亭、廊、花架、敞厅等的楣子高度应考虑游人通过或赏景的要求。

公用的条凳、坐椅、美人靠等，其数量应按游人容量的 20%～30%设置。平均每公顷陆地面积上的座位数量最低不得少于 20，最高不得超过 150，分布应合理。公园内的示意性护栏高度不宜越过 0.4m。各种游人集中场所容易发生跌落、淹溺等人身事故的地段，应设置安全防护性护栏，各种装饰性、示意性和安全防护性护栏的构造做法，严禁采用锐角、利刺等形式。电力设施、猛兽类动物展区以及其它专用防范性护栏，应根据实际需要另行设计和制作。游人通行量较多的建筑室外台阶宽度不宜小于 1.5m；踏步宽度不宜小于 30cm，踏步高度不宜大于 16cm；台阶踏步数不少于两级；侧方高差大于 1.0m 的台阶，设护栏设施；建筑内部和外缘，凡游人正常活动范围边缘凌空高差大于 1.0m 处，均设护栏设施，其高度应大于 1.05m；高差较大处可适当提高，但不宜大于 1.2m。护栏设施必须坚固耐久，且采用不易攀登的构造。有吊顶的亭、廊、敞厅，吊顶采用防潮材料；亭、廊、花架、敞厅等供游人坐憩之处，不采用粗糙饰面材料，也不采用易刮伤肌肤和衣物的构造。

厕所等建筑物的位置应隐蔽又方便使用。面积大于 $10hm^2$ 的公园，应按游人容量的 2%设置厕所蹲位（包括小便斗位数），小于 $10hm^2$ 者按游人容量的 1.5%设置。男女蹲位比例为（1～1.5）：1；厕所的服务半径不宜超过 250m；各厕所内的蹲位数应与公园内的游人分布密度相适应；在儿童游戏场附近，应设置方便儿童使用的厕所；公园宜设方便残疾人使用的厕所。

图 9-15　某公园景观设计图

⑥ 种植设计　公园是城市中的绿洲。植物分布于公园的各个部分，占地面积最多，是构成公园绿地的基础材料。它有净化空气、调节气温、防护遮荫、美化环境、组织景观、供人游赏等重要作用。

植物的生长与所处的自然地理条件密切相关。我国长江以南气候属温带、亚热带、热带，在植物地理区域分布中，大部分属华东、华中湖沼平原常绿落叶混交林区，局部为华南丘陵季风林区和热带雨林区，具有全国最丰富的植物资源，多常绿阔叶、针叶、乔灌木和草本植物，另外又有丰富的落叶树种，因而植物季相景观有较多变化，为公园植物配置提供了

图 9-16 南京玄武湖公园平面图

良好的条件。

公园植物品种繁多，观赏特性也各有不同，有观姿、观花、观果、观叶、观干等区别，要充分发挥植物的自然特性，以其形、色、香作为造景的素材，以孤植、列植、丛植、群植、林植作为配置的基本手法，从平面和竖向上组合成丰富多彩的人工植物群落景观。

植物配置要与山水、建筑、园路等自然环境和人工环境相协调，要服从于功能要求、组景主题，注意气温、土壤、日照、水分等条件适地适种。如广州流花湖公园北大门以大王椰为主的大型花坛、棕榈草地，活动区的榕树林，长堤的蒲葵、糖棕林带，显示出亚热带公园的特有风光。南京玄武湖公园广阔的水面、湖堤，栽植大片荷花和婀娜多姿的垂柳，与周围的山水城墙取得协调。

植物配置要把握基调，注意细部。要处理好统一与变化的关系，空间开敞与郁闭的关系，功能与景观的关系。如杭州花港观鱼以常绿观花乔木广玉兰为基调，统一全园景色；而在各景区中又有反映特点的主调树种，如金鱼园以海棠为主调，牡丹园以牡丹为主调，槭树为配调，大草坪以樱花为主调等，取得了很好的景观变化效果。上海中山公园以植物为基础材料组织公园的景区空间，其展示程序为：郁闭（密林花径）——开敞（大草坪）——郁闭

（假山树木园）——半开敞（疏林草地）——郁闭（假山密林）。

植物配置要选择乡土树种为公园的基调树种。同一城市的不同公园可视公园性质选择不同的乡土树种。这样植物成活率高，既经济又有地方特色，如湛江海滨公园的椰林，广州晓港公园的竹林，长沙桔洲公园的桔林，武汉解放公园的池杉林，上海复兴公园的悬铃木，都取得基调鲜明的较好效果。

植物配置要利用现状树木，特别是古树名木。上海松江方塔园充分利用和保护了古银杏，成为公园一景，也反映了历史的特征。汕头中山公园、广州流花湖公园保护利用了榕树、棕树，反映了南国风光。

植物配置要重视景观的季相变化。如杭州花港观鱼春夏秋冬四季景观变化鲜明，春有牡丹、迎春、樱花、桃李；夏有荷花、广玉兰；秋有桂花、槭树；冬有腊梅、雪松。在牡丹园中，还应用了我国传统的“梅边之石宜古，松下之石宜拙，竹旁之石宜瘦”的造园手法。

⑦ 道路游线设计　公园道路系统共分三级：

一级路：宽度3.8～4.0m，公园主要道路，联系各功能区的纽带，供管理用车、日常养护、维护、清理车辆以及大型活动时迎宾车辆、游览车通行。

二级路：宽度2.5～3.5m，公园次要道路，各功能区的主要道路，联系功能区内景观点的轴线道路，供管理用车、日常养护、维护、清理车辆以及大型活动时迎宾车辆、游览车通行。

三级路：宽度1.0～1.5m，公园次要道路，功能区内景观点的主要游览道路，供日常养护、维护、清理车辆通行。

主要道路采用水泥路面，便于车辆通行和施工；公园支路采用砂石、木、透水砖等环保、生态材料。

园路的功能主要是作为导游观赏之用，其次才是供管理运输和人流集散。因此绝大多数的园路都是联系公园各景区、景点的导游线、观赏线、动观线，所以必须注意景观设计，如园路的对景、框景、左右视觉空间变化，以及园路线型、竖向高低给人的心理感受等。如杭州花港观鱼，从苏堤大门入园，左右草花呼应，对景为雪松树丛，树回路转，是视野开阔的大草坪。路引前行，便是曲桥观鱼佳处，穿过红鱼池，乃是仿效中国画意的牡丹园，西行便是自然曲折、分外幽深的新花港区。游人在这一系列景观、空间的变化中，在视觉上构成了一幅中国山水花鸟画长卷，在心理有亲切——开畅——欢乐——娴静的感受。

2. 儿童公园

① 儿童公园的定义与分类　儿童公园是单独或组合设置的，拥有部分或完善的儿童活动设施，为学龄前儿童和学龄儿童创造和提供以户外活动为主的良好环境，供他们游戏、娱乐、开展体育活动和科普活动并从中得到文化与科学知识，有安全、完善设施的城市专类公园（图9-17、图9-18）。

建设儿童公园的目的是让儿童在活动中接触大自然，熟悉大自然；接触科学，掌握知识。人的一生要学会许多知识本领，并以此为人类造福和为社会作出贡献。这一切必须以幼年时期健康的体魄、健全发展的神经系统、良好的道德品质作为基础。而儿童公园所提供的游戏方式及活动，是学龄前儿童和学龄儿童的主要活动形式，是促进儿童全面发展的最好方式。

儿童是一个特殊的群体，有着生理、心理、行为上的特征，并且随着年龄的增长，其生理、心理、行为特征也在不断地发生变化。儿童在对外界的种种感受、感应和领悟中开始自我体验与成长。因此，儿童公园建设应强调对使用人群特点的分析。

② 什么是游戏　要规划设计儿童公园的游戏场所，首先必须探讨“对儿童来说游戏是

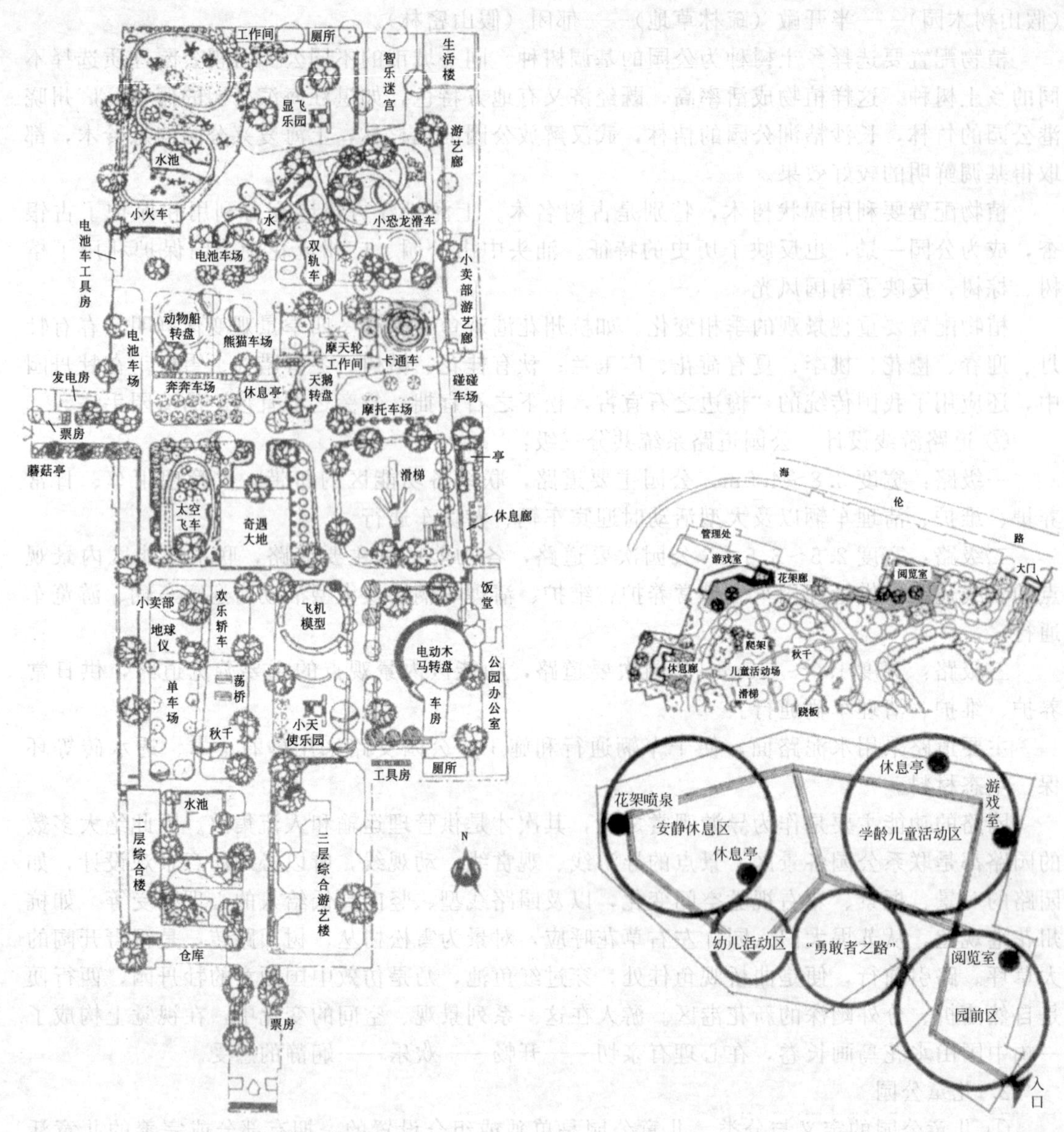

图 9-17 广州儿童公园　　　　图 9-18 上海海伦公园平面分区示意图

什么”，因为所谓的儿童公园就是儿童“游戏”这一生活行为的载体。作为载体的儿童公园的模式由这个空间内的游戏形式决定。儿童的日常活动区域主要围绕学校、家庭和游戏场所这三个空间展开。分别是“在学校学习，在家进行如衣食住等的基本生活，在游戏场所玩耍”。另外，在这 3 个空间基本的人际关系分别是“在学校对老师，在家庭对保护者（如父母），在活动空间对朋友”。因此，儿童的日常生活可以说是由“在学校从老师处学习到知识，在家从保护者处学习到基本生活方式，在游戏场所中和朋友玩耍”这三方面构成的。其就儿童而言，与老师和保护者等年长者是一种被保护的关系，而在游戏过程中的人际关系是与朋友的平等关系。在某种意义上说，在游戏场所中存在一种非被保护的严格的自治关系。儿童通过游戏可以获得在大人无法介入的儿童社会中的自治能力。游戏的世界即为模拟的现实世界，儿童在其中可以培养自己成为大人所必要的人际关系和自治的能力。

不要以为孩子天生就是愿意听长辈说教的，玩是孩子的天性。在玩中孩子可以伸展身体的各个器官，协调身体的各项机能；在玩中孩子可以获得成功感并产生愉快的心情。大人们也爱玩，游山玩水对于成人而言是一种放松，而在儿童的成长过程中，游戏则成为一种进取，一种最自然的学习形式。动物都是在小时候从嬉戏中学会各项生存技能的。人是灵长类生物的卓越者，更有从游戏中学会沟通、交往，运用智力获得身心健康发展的迫切需求。在游戏中，如何做到寓教于乐是我们常常感到苦恼的事情。作为一个设计师，我们就更应该充分认识到“玩”既是目的，又是学习的途径。在游戏过程中孩子们认识昆虫，感受雨露阳光，懂得文明礼貌和与人友好相处。

③ 不同年龄段儿童的心理行为特征　儿童是一个特殊的群体，有着生理、心理、行为上的特征，并且随着年龄的增加，其生理、心理、行为特征也在不断地发生变化，对于公园中儿童游戏场地的设计必须以儿童的心理及行为规律作为依据。儿童的成长大致分为四个重要阶段：

a. 0～3 岁，为最佳的人生开端，这一时期的儿童主要靠听觉、视觉及触觉来感知外界，婴儿刚出生以后，就有很巨大的吸收性心智，对外部的刺激，犹如海绵吸收水分，接受周围环境中的各种信息和刺激；

b. 3～6 岁，这时期的儿童大部分已可以独立行走，但行为活动还有很大的不稳定性，不能有意识地调节和控制自己的活动，仍需要父母看管；

c. 6～10 岁，这个阶段里一般为入学儿童，心智已逐步开发，具有一定的具象逻辑思维能力，活动的体力强度加大，有一定的自我控制能力，开始有意识地参加集体活动和体育运动，对智力活动的兴趣增强；

d. 10 岁以上，这是儿童由幼稚走向成熟的过渡阶段，心理上除了具体形象思维外，抽象的逻辑思维也开始起作用。这一时期的儿童生长迅速，体力大大加强，除积极参与各项体育活动外，也转向文化、娱乐性活动，并以学习为主导活动发展脑力思维。

④ 儿童公园规划设计原则

a. 以儿童为本的原则　规划应以服务儿童为宗旨，根据儿童群体的身心特征、活动尺度进行各类活动空间的设计和游戏设施的布置，并处理好活动的安全性与挑战性、私密性与公共性、学习与游乐之间的关系，创造良好的儿童活动场所。

b. 因地制宜的原则　充分尊重和利用现有野生植物、池沼、果林等景观资源进行布局，做到因地制宜，就地取材。

c. 寓教于乐的原则　考虑到儿童活动多样性的需求，设计应融参与性、多样性、知识性和趣味性于一体，为儿童创造一个轻松、自然、功能齐全的活动场所，并附着一定的文化内涵，使环境具有“寓教于乐”的潜在作用，让儿童们在游乐中增长知识。

⑤ 儿童公园景观规划设计　我们规划设计的儿童公园，应从“儿童的游戏场所”这一视点出发，不仅仅是让儿童在其中单一地玩耍，应考虑到儿童自身自由的想象而产生的各式游戏，而提供相应的空间满足并适合儿童使用。此外，儿童自身具有强烈的好奇心和冒险精神，这个空间也必须具有从简单到复杂，可以自由发展变化，适合冒险游戏的特点。在这样的空间里，并不规定应该玩某种游戏，但必须提供儿童游戏时可能用到的工具及素材。而在繁华都市中更应该考虑到自然性的导入（图 9-19、图 9-20）。对生活在繁华都市的儿童而言，身边的自然在急速消失。对人类来说，从孩提时代开始，不论处在何种时代或场所，与身边的自然共同生活都是必不可少的。

城市是儿童集中的区域，应在城市中形成儿童户外活动场所系统，包括城市大型儿童公园——社区儿童公园——社区儿童活动场。儿童公园的规划应使其和成人活动场所相分离，使儿童拥有自己专属的活动领地，成为儿童可以记忆并向往的空间。

图 9-19 湖南莽山儿童公园局部景观设计（一）

图 9-20 湖南莽山儿童公园局部景观设计（二）

a. 布局和尺度 儿童公园的布局应自由灵活，过于秩序化的场所会造成陌生感，不确定性和多样性是儿童公园布局的特征。空间的尺度应该以儿童的尺度为标准，并具备多变的空间形式：开敞——半开敞——封闭；以及多样的空间类型：硬质——软质，干燥——湿润，安静——喧闹，向心——发散，简单——复杂，间断——连续，实——虚，神秘——开放，内凹——突起，仰视——俯视，轻松——紧张。在较大的场所，还应该按照年龄、性别划分不同的活动区域。

b. 参与和互动 如果儿童具有设计的能力，那么他们所设计的场所环境一定与设计师设计的不同。儿童需要工具、开放空间和挑战以及触摸、控制环境的机会。调动儿童的视觉、听觉、嗅觉、触觉活力，主动而不是被动地适应环境。儿童需要一个柔软的区域，由于没有固定的结构而允许儿童尽情发挥他们的想象力，利用可移动的物体例如沙子、水和树枝进行建造。许多自然石块、卵石、原木、树桩等可移动的物体都会引发儿童的兴趣。利用土墩、台阶形成地形的变化，增加活动的趣味，设置障碍物以激发勇气。小型的溪流、自然的草地可以提供捉鱼、观察昆虫等趣味活动的场所。

c. 兼顾成人 儿童的户外活动应该在成人的监护或者参与下进行，儿童和家长的互动有助于增强情感。然而儿童更多的时间是群体活动，这时成人仅仅充当看客的角色。在儿童公园的活动场所边缘设置舒适的休息设施供成人休息和交谈，可以增加家长们交往的机会，并为家长提供交流儿童教育、儿童营养等知识的场所。

d. 安全和清洁 安全是儿童公园景观设计所应遵循的首要原则，主要包括以下方面：①交通安全，儿童活动场所范围内不应有任何机动车辆和非机动车辆穿越。②设施安全，儿童具有好动的特点但缺乏自我保护能力和爱护他人的意识，因此各类设施应特别注意安全性能。道路应采用柔性地面，例如塑胶地面。活动场地应采用弹性地面防止摔伤；游艺器械应具有足够的稳定性和坚固性避免断裂、倒塌；所有儿童设施应磨圆处理，不具锐利的棱角和锋利的面；景观材料尽量采用天然材料，无毒、无味、不易燃，多用木材而尽量避免使用玻璃；水体应有严格的深度限制；植物应无刺、无毒、无污染，并离地面有一定的高度，防止儿童攀爬；所有超过一定高度的设施下均应改由软质铺垫进行防护；清洁也是儿童户外活动场所设计的基本要求，防止儿童感染疾病。

e. 景观种植 植物设计在儿童活动环境中非常重要，儿童游乐区绿化覆盖率应占到全园的70%以上。儿童好奇，好探险，浓密的树丛可以吸引他们的进入，在带来游玩刺激性的同时，充分地接触大自然。当然我们要注意避免有毒、带刺和多病虫害的植物。树形、花色、叶色、习性要满足孩子们的需求，在突出表现植物景观的同时，增加孩子们体验、感受和认识自然的机会。对于儿童，植物是色彩的天堂、健康的空间和值得探索的神秘世界。

儿童公园的植物种植设计应掌握以下原则：①良好的遮荫，保证夏季炎热时间的使用；尽量采用阔叶落叶树，使冬季寒冷季节能接受充足的光照；树木应具有优美的树形和绚丽的色彩，对儿童构成吸引力。②树木以乔木为主，保证遮荫的同时提供开阔的活动场地；灌木则用以形成围合空间，如树篱迷宫等处。③树木应选择叶形奇特的种类，如马褂木、银杏、三角枫、五角枫、枫杨等，在形成场地基调的基础上尽量增加种类以丰富景观，可选用香味树种和蜜源树种吸引蝴蝶等昆虫，增加活跃的气氛。④树木应具有一定距离的离地高度；避免使用种子有污染、易飞扬的树种；对每一种树木应该有详细的特征、用途介绍并对保护知识进行普及，增加儿童的自然知识。⑤多用草本地被，增加色彩的丰富度。

f. 水　儿童有着一个共同的特点，那就是爱水。和别的环境比较，他们更爱水环境。儿童公园环境的设计，要充分利用现有泥土、水体、植物和地形以及其它一些素材，适当地加以分割、组织、引导，使之成为一个充满激情与灵性的空间环境，让孩子们可以在这个环境中自由地发挥。作为一名设计师，更多的应该是在条件允许的情况下考虑水环境的设计，水环境带给儿童的将是一个非常好的活动天地，同时也可以让成天生活在高楼大厦里的儿童有一个与自然交融的机会。

g. 动物　喜欢动物是儿童特有的天性，儿童会把动物当作亲密的朋友甚至是兄弟姐妹，同他们一起嬉戏，向它们倾诉心声并获得安慰。小动物是儿童最好的伙伴。它们将一些自然常识潜移默化地渗透给孩子们，无意之中让孩子们受到生动的教育，比如生命是如何诞生、成长、繁衍等生物学方面的知识，再比如小动物的各种行为、表情的意义等动物行为学方面的知识，小动物真可谓全科幼教。通过和小动物的玩耍嬉戏，对小动物的喂养、训练和护理，儿童能逐渐了解生命的辛苦与美丽，并能意识到生命的可贵，使儿童从小就养成保护动物、热爱自然的好习惯。

只要观察儿童在与动物玩耍时脸上流露的发自内心的兴奋神情，就知道动物在孩子们的生活中起着多么重要的作用了。有小动物相伴的儿童更容易结识新朋友，另一方面，动物也为儿童和其它家庭成员创造了更多的交流机会。成年人通过帮助儿童照顾小动物，并与儿童共同分享动物带来的生活乐趣，这种交流是完全没有年龄差距的，伴侣动物仿佛成为家庭成员之间的“亲善大使”。小动物在儿童的成长过程中，给儿童带来的欢乐、启迪和帮助，将使他们拥有多彩的童年，并有助于完善儿童的性格，培养儿童对家庭、社会和自然的热爱。

h. 色彩　明亮愉悦的颜色会给儿童带来愉快的情绪。儿童对于色彩的认识是单纯的，他们很少会注意生活中多层次的灰色调，在他们眼里，红的就是红的，绿的就是绿的，蓝的就是蓝的，不会将红色从色性分为冷红和暖红色。在表现上，他们还会大大夸张其色彩的程度，如蓝色的海水，他们可以用纯湖蓝色去表现；而太阳，会用大红或朱红去表现。他们对色彩的认识十分执着，没有哪一个孩子肯把大公鸡的冠子画成绿色。于是，儿童在色彩未经调和的情况下，大胆地使用对比色，用纯度较高的原色取得画面响亮的效果，形成大胆、明快、朴实、热烈的色彩风格。这种天真稚拙的、跳跃的、富有节奏感的色彩，与它的造型特点有机地统一起来。

儿童往往喜欢丰富多彩的游戏设施，但不是说把游戏场设计成五颜六色的就是好的。科学的色彩理念关键在于视觉效果。儿童设施颜色鲜明就可以，不要过于花哨，这样容易引起视觉疲劳。此外，儿童游戏设施的色彩应当与周围环境互相协调，将游戏设施的色彩融于周边环境的色彩之中。在一个场地里使用所有颜色的做法是不可取的

i. 景观设施　景观设施主要包括厕所、洗手处、垃圾箱、灯具、遮阳亭、雕塑、木平台、座凳等设施。景观设施的设计应该卡通化，色彩鲜艳、造型别致。灯光的设置应具有足够的亮度并避免眩光，色彩以暖色调为主。洗手处和厕所的设计均应考虑儿童的尺度。遮阳

亭能够提供良好的遮荫效果并保证活动在雨天也可以开展。动物雕塑、儿童铜塑、石塑、木塑、树塑等小品不仅可以观赏，还可以触摸和攀爬。景观设计师应倾听儿童的想法，研究儿童的心理特点和行为习惯，从儿童角度出发的“易位思考”能帮助设计师更加合理地设计儿童公园。

j. 建筑　尽管儿童以游戏活动为主，但建筑仍是必不可少的。这是因为儿童活动空间的环境创造是通过场地内建筑、游戏器械和绿化设置等共同完成的。其中建筑是主要方面，它触及场地内的各个环节，甚至包括花坛护栏的造型和铺地的色彩（广义地讲，场地内的设施器械也可被看作建筑）。因此，在进行场地规划时，必须充分考虑建筑，其中主要指游乐、服务、管理、休息等几类建筑的规划与设计。

它不仅需要布局合理、活泼、趣味性强，而且要满足各自的服务要求，以此提高游戏场的效益。特别在稍大型的游戏场中，建筑则更有可能成为勾画全园景观的主角。在建筑群体组合时往往主次分明，并常以一有代表性的建筑作为环境的主题，这符合儿童的心理特性。

儿童游戏场内的建筑以它特定的环境和对象，限定了它应有的建筑风格和特点，体型活泼多样，色彩对比鲜明，易于识别记忆，富于想像力和尺度适当、安全设施齐备等，并可灵活地采用多种结构形式和材料构筑。

3. 植物园

(1) 植物园的定义与分类

① 植物园的定义　从世界上最早的植物园至今，经过500年的演变，其数量和内容均发生了许多变化，植物园一词的含义和对它的解释也随着植物科学的发展与人类需求的变更发生了各种不同的变化。1962年日本上原敬二博士在所编《造园大辞典》中的“植物园”一条下称：“植物园是专门以教育为主的造园”。美国康乃尔大学1976年出版的由L H. Bailey研究室编的《园艺大词典》中对“植物园”一词的解释称：“植物园是在科学管理之下的研究单位，是人工养护的活植物搜集区，是与图书馆、标本馆一起进行教育和研究工作的场所。”1988年版《中国大百科全书》（建筑、园林、城市规划卷）对植物园的解释是“从事植物物种资源的收集、比较、保存和育种等科学研究的园地。还作为传播植物学知识，并以种类丰富的植物构成美好的园景供观赏游憩之用”。

从以上各文献的记载中可知植物园的含义在逐渐变化，因此现代意义上的植物园定义为：搜集和栽培大量国内外植物，进行植物研究和驯化，并供观赏、示范、游憩及开展科普活动的城市专类公园。

② 植物园的分类　按业务范围分：a. 科研为主的植物园。世界上发达国家已经建立了许多研究深度与广度很大、设备相当充足与完善的研究所与实验园地，在科研的同时还要搞好园貌、开放展览。b. 科普为主的植物园。以科普为中心工作的植物园在总数中占比例较高，原因是活植物展出的规定是挂名牌，它本身的作用就是使游人认识植物，含有普及植物学的效果。不少植物园还设有专室展览，专车开到中小学校展示，专门派导师讲解。c. 为专业服务的植物园。这类植物园是指展出的植物侧重于某一专业的需要，如药用植物、竹藤类植物、森林植物、观赏植物等。d. 属于专项搜集的植物园。从事专项搜集的植物园很多，也有少数植物园只进行一个属的搜集。

按植物园的不同归属分：a. 科学研究单位办的植物园；b. 高等院校办的植物园；c. 国家公立的植物园；d. 私人捐助或募集基金会承办；e. 用过去皇家的土地和资金办植物园。

(2) 植物园的职能

① 科研基地　古老的植物园是以科学研究的面貌出现的。尤其在医药还处于探索性的时代，野生植物凡是有一定疗效的，很快即转为栽培植物，植物园是重要的药物引种试验

场所。

国外许多附设在大学里的植物园招收研究生进行许多科研项目的研究工作并授予学位，如纽约植物园等。植物研究所附设在植物园内的也有，如英国邱园。相反，植物园设在植物研究所内的也很多，如中国科学院北京植物园等。总之，植物园以大量的活植物，加之图书馆、标本馆，三位一体成为植物学科研究的重要基地。

② 科学普及　几乎大部分植物园均进行科学普及活动，因为国际植物园协会曾规定“植物园展出的植物必须挂上名牌，具有拉丁学名、当地名称和原产地”。这件事本身即具有科普意义。

③ 示范作用　植物园以活植物为材料进行各种示范，如科研成果的展出、植物学科内各分支学科的示范以及按地理分布及生态习性分区展示等。最普遍的是植物分类学的展出，使活植物按科属排列，几乎世界各植物园均无例外。游人可从中了解到植物形态上的差异和特点及进化的历程等（图 9-21）。

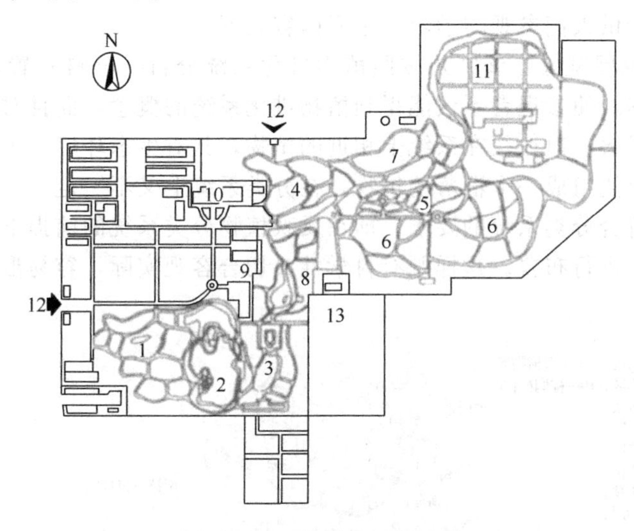

图 9-21　西安植物园平面图

1—药用植物区；2—水生植物区；3—花卉植物区；4—果树及木本油料植物区；5—芳香植物区；6—植物分类区；7—裸子植物区；8—翠华园；9—展览温室；10—标本室；11—苗圃；12—入口；13—郁金香园

④ 专业生产　大部分植物园都与生产密切结合，如出售苗木或技术转让等。

专业性较强的植物园如药用植物园、森林植物园等为生产服务的方向既单一、又明确。在科研、科普及示范的基础上进一步为本专业的生产需要服务。

⑤ 参观游览　植物园内植物景观特别丰富美好，科学的内涵多种多样，自然景观使人身心愉快，是最能招引游人的公共游览场所，在城市规划中属于公园绿地加以统计在内。

有些附设在大学校园内的教学植物园，属于半开放性，并不属于公共园林性质。植物园与大学校园合为一体的例子有挪威的贝尔根（Bergen）大学，这是让人参观的一座植物园式的校园。

（3）植物园规划设计

① 植物园的位置选择　选址指选好植物园与城市相关的位置及有适宜的自然条件的地点。

侧重于科学研究的植物园，一般从属于科研单位，服务对象是科学工作者。它的位置可以选交通方便的远郊区，一年之中可以缩短开放期，冬季在北方可以停止游览。

侧重于科学普及的植物园，多属于市一级的园林单位，主要服务对象是城市居民、中小学生等。它的位置最好选在交通方便的近郊区。如前苏联就主张接近原有名胜或古迹的地方更能吸引游人，所以北京市植物园内有一座唐代古刹卧佛寺，是十分恰当的。

如果是研究某些特殊生态要求的植物园，如热带植物园、高山植物园、沙生植物园等，就必须选相应的特殊地点才便于研究，但也要注意一定要交通方便。

附属于大专院校的植物园，最好在校园内辟地为园或与校园融为一体可方便师生教学。也有许多大学附设的植物园是在校园以外另觅地点建园，如柏林大学的大莱植物园、哈佛大学的阿诺尔德树木园、明尼苏达大学的风景树木园、牛津大学的牛津植物园等，均远离校园。我国重点大学如中国农业大学、北京林业大学等也建有附属的植物园。

② 植物园的分区　植物园主要分为两大部分，即以科普为主，结合科研与生产的展览区，和以科研为主，结合生产的苗圃实验区。

科普展览区：目的在于把植物世界客观的自然规律，以及人类利用植物、改造植物的知识陈列和展览出来，供人们参观与学习。主要内容如下。

a. 植物进化系统展览区　该区是按照植物进化系统分目、分科布置，反映出植物由低级到高级的进化过程，使参观者不仅能得到植物进化系统的概念，而且对植物的分类、各科属特征也有个概括了解。但往往在系统上相近的植物，其对生态环境、生活因子要求不一定相近；在生态习性上能组成一个群落的植物，在分类系统上又不一定相近，所以在植物配置上只能做到大体上符合分类系统的要求。即在反映植物分类系统的前提下，结合生态习性要求，景观艺术效果，进行布置。这样既有科学性又切合客观实际，容易形成较优美的公园外貌（图 9-22）。

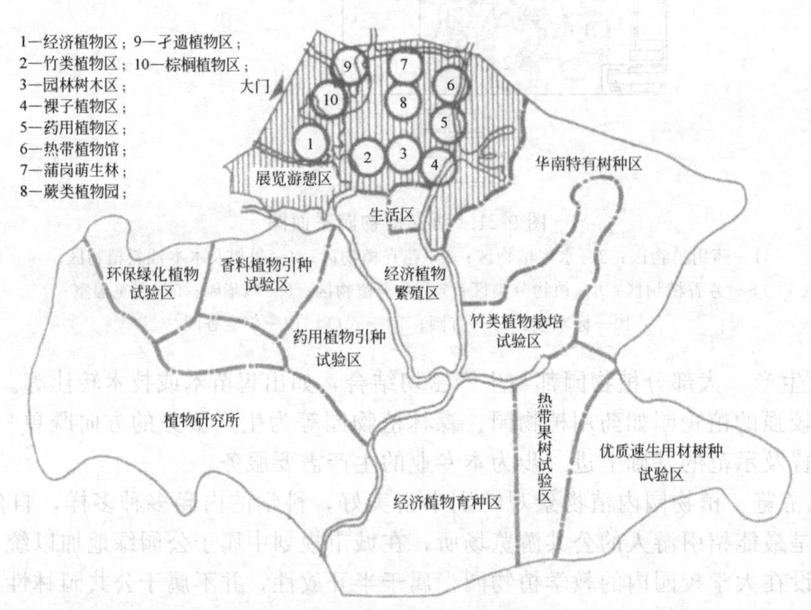

图 9-22　华南植物园平面图

b. 经济植物展览区　是展示经过搜集以后认为大有前途，经过栽培实验确属有用的经济植物，才栽入本区展览。为农业、医药、林业以及园林结合生产提供参考资料，并加以推广。一般按照用途分区布置，如药用植物、纤维植物、油料植物、淀粉植物、橡胶植物、含糖植物等，并以绿篱或园路为界。

c. 抗性植物展览区　随着工业高速度的发展，也引起环境污染问题，不仅危害人民的身体健康，就是对农作物、渔业等也有很大的损害。植物能吸收氟化氢、二氧化硫、二氧化氮、溴气、氯等有害气体，早已被人们所了解，但是其抗有毒物质的强弱、吸收有毒气体的能力大小，常因树种不同而不同。这就必须进行研究、试验、培育证明对大气污染物质有较强抗性和吸收能力的树种，挑选出来，按其抗毒的类型、强弱分组移植本区进行展览，为绿化选择抗性树种提供可靠的科学依据。

d. 水生植物区　根据植物有水生、湿生、沼泽生等不同特点，喜静水或动水的不同要求，在不同深浅的水体里，或山石溪涧之中，布置成独具一格的水景，既可普及水生植物方面的知识，又可为游人提供良好的休息环境。但是水体表面不能全然为植物所封闭，否则水面的倒影和明暗变化等都会被植物所掩盖，影响景观，所以经常要用人工措施来控制其蔓延。

e. 岩石植物区　岩石植物区，又称岩石园（Rock garden），多设在地形起伏的山坡地上，利用自然裸露岩石造成岩石园，或人工布置山石，配以色彩丰富的岩石植物和高山植物进行展出，也可适量修建一些体形轻巧活泼的休息建筑，构成园内一个风景点。用地面积不大，却给人留下深刻的印象。

岩石园在国外比较盛行，主要是以植物的鲜艳色彩取胜，而我国传统的假山园主要是表现岩石形态艺术美，却忽略植物的配置，所以感到缺少生气。如能中西结合，取西方岩石园之长，补我国假山园之短，在姿态优美、玲珑透漏奇的山石旁边，适当配置一些色彩丰富的岩石植物，可使环境饶有生趣，效果也可能会更好。

f. 树木区　用于展览本地区和引进国内外一些在当地能陆地生长的主要乔灌木树种。一般占地面积较大，用地的地形、小气候条件、土壤类型厚度都要求丰富些，以适应各种类型植物的生态要求。植物的布置，按地理分布栽植，借以了解世界木本植物分布的大体轮廓。按分类系统布置，便于了解植物的科属特性和进化线索，以何种形式为宜酌情而定。

g. 专类区　把一些具有一定特色、栽培历史悠久、品种变种丰富、具有广泛用途和很高观赏价值的植物，加以搜集，辟为专区集中栽植，如山茶、杜鹃、月季、玫瑰、牡丹、芍药、荷花、棕榈、槭树等任一种都可形成专类园。也可以有几种植物根据生态习性要求、观赏效果等加以综合配置，能够收到更好的艺术效果。以杭州植物园中的槭树、杜鹃园为例，此区以配置杜鹃、槭树为主，槭树树形、叶形都很美观，杜鹃一树千花色彩艳丽，两者相配，衬以叠石，便可形成一幅优美的画面。但是它们都喜阴湿环境，故以山毛榉科的长绿树为上木，槭树为中木，杜鹃为下木，既满足了生态习性的要求，又丰富了垂直构图的艺术效果。园中辟有草坪，建有凉亭供游人休息，十分优美。西方的“Herb garden（百草园）”中有调味植物（如葱、姜、蒜之类）、染料植物（如木蓝、栀子之类）、芳香植物（如玫瑰、香叶天竺葵等）、纤维植物（如亚麻、大麻等）、药用植物甚至有毒植物等。

h. 示范区　植物园与城市居民的关系非常密切，设立有关的示范区，让普通市民均可获得园林布景方面的启发。例如家庭花园示范，绿篱示范，花坛、花境示范，草坪示范，日本园林、法国园林示范等。

i. 温室区　温室是展出不能在本地区陆地越冬，必须有温室设备才能正常生长发育的植物。为了适应体形较大的植物生长和游人观赏的需要，温室的高度和宽度，都远远超过一般繁殖温室。体形庞大，外观雄伟，是植物园中的重要建筑。

温室面积大小，与展览内容多少、品种体形大小，以及园址所在的地理位置等因素有关，譬如，北方天气寒冷，进温室的品种必然多于南方，所以温室面积就要比南方大一些。

至于植物园的科普展览区，应设几个为好，应结合当地实际情况有所增减。如杭州植物园，位于西湖风景区，设有观赏植物区、山水园林区；庐山植物园在高山上，辟有岩石园；

广东植物园位于亚热带，所以设有棕榈区等，都是结合地方特点设立的。

苗圃及试验区：是专供科学研究和结合生产用地，为了避免干扰，减少人为破坏，一般不对群众开放，仅供专业人员使用，主要部分如下。

ⅰ. 温室区　主要用于引种驯化、杂交育种、植物繁殖、储藏不能越冬的植物以及其它科学实验。

ⅱ. 苗圃区　植物园的苗圃包括实验苗圃、繁殖苗圃、移植苗圃、原始材料圃等。用途广泛，内容较多。

苗圃用地要求地势平坦、土壤深厚、水源充足、排灌方便，地点应靠近实验室、研究室、温室等。用地要集中，还要有一些附属设施如荫棚，种子、球根贮藏室，土壤肥料制作室，工具房等。

(4) 植物园的规划要求

① 首先明确建园目的、性质与任务。

② 决定植物园的分区与用地面积，一般展览区用地如面积较大可占全园总面积的40%～60%，苗圃及实验区用地占25%～35%，其它用地占25%～35%。

③ 展览区是面向群众开放的，宜选用地形富于变化、交通联系方便、游人易于到达的地方，另一种偏重科研或游人量较小的展览区，宜布置在稍远的地点。

④ 苗圃实验区，是进行科研和生产的场所，不向群众开放，应与展览区隔离。但是要与城市交通线有方便联系，并设有专用出入口。

⑤ 确定建筑数量及位置。植物园建筑有展览建筑、科学研究建筑以及服务性建筑三类：

a. 展览建筑包括展览温室、大型植物博物馆、展览荫棚、科普宣传廊等。展览温室和植物博物馆是植物园的主要建筑，游人比较集中，应位于重要的展览区内，靠近主要入口或次要入口，常构成全园的构图中心。科普宣传廊应根据需要，分散布置在各区内。

b. 科学研究用建筑，包括图书资料室、标本室、试验室、工作间、气象站等。苗圃的附属建筑还有繁殖温室、繁殖荫棚、车库等，布置在苗圃试验区内。

c. 服务性建筑包括植物园办公室、接待室、茶室、小卖部、食堂、休息厅廊、花架、厕所、停车场等，这类建筑的布局与公园情况类似。

⑥ 植物园的排灌工程　植物园的植物品种丰富，要求生长健壮良好，养护条件要求较高，因此在做总体规划的同时，必须做出排灌系统规划，保证旱可浇、涝可排。一般利用地势起伏的自然坡度或暗沟，将雨水排入附近的水体中为主，但是在距离水体较远或者排水不顺的地段，必须铺设雨水沟管，辅助排出。

(5) 洛阳隋唐植物园　始建于2005年12月，位于隋唐洛阳城遗址，占地面积2864亩，以洛阳的山、水、植物和隋唐城遗址文化为基础。园内分三水园区、精品园区、园林生产区和综合服务区，并精心建设木兰琼花园、万柳园等28个专类园，初选植物种类1500多种，总绿地面积近1950亩，水域面积270亩。

10m宽的十字形里坊路将2000亩的一期建设用地分为A、B、C、D四个区。A区位于植物园东南部，由人工湖和绕湖四周的万柳园、色彩园、丁香园、芳香园、桂花园组成；B区位于植物园东北部，由松柏绚秋园、百草园、木兰琼花园、蔷薇园、岩石园组成；C区位于植物园西北部，由水景园和疏林缀花草地组成；D区位于植物园西南部，由中国园、外来植物园、樱花碧桃海棠园、竹园、相思园组成。其中，千姿牡丹园占地320多亩，由百花园、九色园、特色园、科技示范园组成，共种植九大色系牡丹1200多个品种、27万多株。

4. 郊野公园

(1) 郊野公园（Country Park）的定义　郊野公园是在城市的郊区，城市建设用地以外

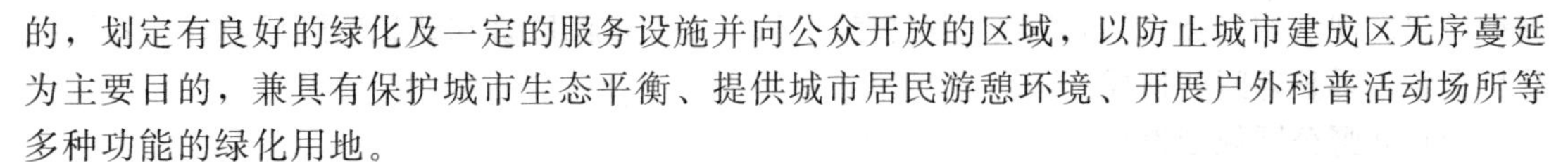

的，划定有良好的绿化及一定的服务设施并向公众开放的区域，以防止城市建成区无序蔓延为主要目的，兼具有保护城市生态平衡、提供城市居民游憩环境、开展户外科普活动场所等多种功能的绿化用地。

（2）郊野公园的职能

① 抑制城市蔓延扩张功能　郊野公园最主要的作用就是为了防止城市无限制无序地蔓延扩张。在世界城市化的历史进程中，城市蔓延是一种很普遍的现象。由于城市人口、产业规模的扩大和城市职能的多样化，城市被迫不断扩张。在规划的城市建设用地外围设置郊野公园，形成防护隔离绿带的建设能有效地防止城市用地无限制向外蔓延，控制城市无序扩大，从而保证城市形态与城市格局的形成，使城市成为组团式或中心城加卫星城镇的形态，保持合理的城市规模，减少交通拥堵、基础设施紧张等城市病。如香港的郊野公园在闹市背后，建成区跳跃式发展形成多处新城；保留陡坡山林、海滨、滩涂，使城市建设与自然共存，有效防止了建成区无序扩张方面的作用。

② 休闲游憩功能　居民通过游憩而以恢复在生产中消耗的能量，有更充沛的精力、更丰富的知识、更健康的身体，从事生产和创造性的劳动。休闲游憩是人的基本生活需要。

随着城市化的进程，城市人口日益膨胀，人们的生活、工作压力增大，闲暇时间增多，人们花费在休闲游憩的时间和消费也越来越多，而户外游憩是人们在休闲时间内的主要活动。城市居民户外游憩行为具有三个尺度：社区、城区和地区游憩三种不同尺度的游憩行为，从邻里公园到郊区游憩地，游憩活动由单一到多样化，游憩设施从简单到规模化、复杂化。郊野公园地处城市外围，区位条件优越，交通便捷，可达性强，适合较长时间的消闲、度假活动，是游憩活动的重要载体。可以为人们提供以自然景观为基础的远足、赏景、野餐、烧烤、露营、骑马等游憩活动，是城市居民周末、节假日休闲游憩的首选地区。

③ 生态环保功能　郊野公园对改善城市环境具有重要的作用。大面积的郊野公园可以明显提高城市的环境质量，满足人们对生态环境越来越高的要求，城市发展的生态学实质是将自然生态系统改变为人工系统的过程，原来的生态结构与生态过程通常被完全改变，自然的能量流过程、物质代谢过程，被人工过程所替代。郊野公园的建设有利于增强城市的自然生态功能，改善城市大气环境与水环境，保护地表与地下水资源，调节小气候，减少城市周围地区的裸露地面，减少城市沙尘，并可以为野生动植物提供生境与栖息地，从而提高城市生物多样性。

④ 景观美化功能　自然景观与人工景观的和谐。各种植物柔和的线条，多样的色彩，随季节变化的形态和不断发育的生机与城市中人工构筑物的僵硬、单调、缺乏变化形成对比，给人以美的感受。在全球自然不断减少，生态日渐恶化的今天，以植物为主体的自然景观在人们审美意识中的地位更加重要。因此，城市景观中人造部分与自然部分（也包括人造自然）的和谐比例已成为创造优美城市的重要前提之一。郊野公园所拥有的自然景观也是城市景观的有机组成部分，是城市的背景，在一定程度上反映着一个城市的景观风貌，因此郊野公园的建设能传承自然和历史文化，保护郊野和乡村特色以丰富城市景观，同时突出地方特色，尤其是本土的动植物和特有的自然景观地形地貌，提高城市景观质量，把城市和郊野统一协调在绿色空间之中，塑造优美的城乡景观形象。

⑤ 自然教育功能　郊野公园是最佳的自然教育和环境保护教育的场所。特辟的自然教育和树木研习路径，沿途设有简介牌，为游人提供各种树木、鸟类等自然生物的简介资料。公园进口处常设的游客中心以各种形式展示郊野公园的历史资源、所在地的乡村习俗、公园附近生态及地理特征、公园内的趣味动植物和特色动植物，以提高居民对郊野的认识，加深郊区自然护理的重要性，了解一系列郊野活动准则和知识，观赏雀鸟守则、郊区守则、观赏

蝴蝶守则、观赏哺乳类动物守则等，在寓教于乐中帮助市民欣赏和认识郊野环境，培养居民爱护自然、爱护郊野的情操。

（3）郊野公园规划设计

① 郊野公园的规划要求

a. 用地选择　以山林地最好，选择地形比较复杂多样、景观层次多和绿化基础好的地方。

b. 景点布局　根据景点的自然分布情况，在景观优美的地点设置休息、眺望、观赏鸟类和植物的景点，开展远足、露营等野外活动。

c. 地形设计　顺应自然，不搞大量土石方工程，不大开大挖。

d. 重视水景的应用　利用自然的河、湖、水库，斜坡铺草或自然块石护岸，瀑布涌泉自然形态。

e. 道路和游览路线的设计　要遵循赏景的要求，随地形高低曲折，自然走向，联系各个景点，遇到绝涧、山岩等险阻，可以架设桥梁、栈道通过；铺装材料除主要防火干道用柏油外，多用碎石级配路面或土路、自然块石路面等。

f. 绿化设计　根据自然生态群落的原理营造混交林或封山育林，恢复自然植被，保护珍稀濒危植物和古树名木，形成有地方特色的植物生态群落。

g. 建筑物的设置　要少而精，两三间、一二处，既有供休息避暑的功能，又可以在高处、山坡建楼阁，在临水处建亭台，用作点景。建筑与小品，用粗糙石材、带皮木材、清水砖等材料；表现自然、朴素和自然环境协调的形式。

② 郊野公园的分区　结合郊野公园内各区区位及其具有的价值，将郊野公园分成三个利用区：游憩区、宽广区和荒野区。

a. 游憩区　根据其位置及游人的可能使用程度，又分为密集游憩区、分散游憩区和特别活动区。

ⅰ. 密集游憩区：此区是使用人数最多的，游憩设施及其它设施也是最充足的，有烧烤炉、野餐桌椅、儿童游乐设施、游客中心、家乐路径等，并设有小食亭、厕所、电话亭、停车场、巴士站等。此区设于郊野公园的入口，是郊野公园最方便、最容易到达的地区。

ⅱ. 分散游憩区：此区毗连密集游憩区，位置虽较偏了一点，但交通还是方便的，通常是一些近密集游憩区的低矮山地，只是平地较少，不宜设置太多的游憩设施。此区可提供较短的步行路径，在适当地方亦设有休憩地点、避雨亭、观景点、野餐地点等。

ⅲ. 特别活动区：设于一些弃置的石矿场、收回的采土区等，可进行一些对环境有较大影响的活动，如攀岩、爬山单车、模型飞机和汽车越野等。

b. 宽广区　宽广区是设于郊野公园较深入的位置，需要步行才可抵达，需一定的体力消耗，其中设有已铺砌好的远足路径、自然教育路径，并设有路标、少量避雨亭或休憩地点，此区景观优美。宽广区也设有一些露营地点，让市民享受野营的乐趣。不过，最多人享用的是远足径，每逢假日，一队一队的行山队，各依着各自的路线去征服群峰。

c. 荒野区　荒野区常常位于郊野公园的最偏僻位置，通常是最难抵达的，通向该区的山间小路并没有经过修整，只是由远足人士踏出来的，因此，最能保存自然的状态，其中具有科研价值的自然景观会被划定为护理区，即特别地区。

郊野公园的分区利用，虽以三个利用区为原则，但仍要按实际情况而定，如接近市区或交通方便的郊野公园设有较多游憩设施，而且它们的利用分区是相当明显的，不过，是不会将游憩区扩大而将护理区或荒野区缩小的。另外，位置偏远的郊野公园，由于游人到访很少，所以所提供的游憩设施便较少，游憩区的范围也小，这些郊野公园便近乎于自然，自然

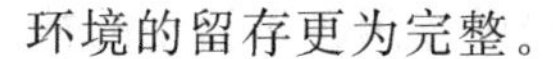

环境的留存更为完整。

d. 郊野公园的设施

ⅰ. 各种郊游路径　郊野公园内设有各种不同类型、长度、难度的郊游路径。供游人远足或漫步，尽量满足不同类型的郊游需求。郊野路径的主要特色突出了健身、休闲、科教三方面功能。

健身类郊游路径有一般健身径、长途远足径、健身远足路线三类，它们的总体难度是递增的。

休闲类郊游路径有专门为青少年设计的野外均衡定向径、单车越野径和为普通游人设立的郊游径和家乐径。

科教郊游路线有3种：自然教育径、树木研习径、远足研习径。自然教育径和树木研习径以青少年学生为主要的服务对象。

ⅱ. 游客中心　游客中心基本上位于郊游路径的起始点上，服务对象非常明确。从服务内容来看，它不仅补充了郊游路径无法系统集中展现的各郊野公园的自然生态概貌，而且还增添了对郊野公园内部及其周边人文景观的内容介绍。基本上是围绕信息服务功能而设计的。

ⅲ. 露营地与烧烤区　指定地点设立露营或者建立帐篷及临时遮蔽处。为考虑游人安全，对其必需的装备（背囊、营幕、用具）提供详尽指导，并提示游人应注意天气状况。更多指导内容则涉及具体的露营操作方法，如介绍扎营、拔营和煮食的技巧，应对紧急情况的方法，与周围露营者和谐共处的建议等。切勿随意生火或破坏自然景物；切勿随地抛弃垃圾；切勿污染引水道、河道及水塘；切勿伤害野生动、植物；切勿毁坏农作物；必须爱护村民财产，保持大自然美景等。与露营地设立的程序一样，专门指定和划出地方作为烧烤地点，而在这些指定地点之外进行的任何烧烤行为均属不允许。

5. 湿地公园

湿地是地球上重要的资源，被称为“地球之肾”。湿地对维持地球的生态平衡和生物多样性有着不可替代的作用。随着城市化的发展、农业耕作的扩张和环境污染的破坏，世界上的湿地资源正在急剧减少。我国由于城市建设的需要也对湿地资源造成了严重的破坏。幸运的是，人类已经意识到湿地资源的重要性，并采取了各种措施来进行湿地的保护和恢复，正在世界范围内如火如荼进行的城市湿地公园建设就是很好的例证。

（1）湿地公园的概念

《湿地公约》关于湿地的定义，即湿地是指天然或人工、长久或暂时性的沼泽地、泥炭地或水域地带，静止或流动、淡水、半咸水、咸水体，包括低潮时水深不超过6m的水域。雷昆将湿地公园定义为：湿地公园是指建立在城市及其周边，具有一定自然特性、科学研究和美学价值的湿地生态系统，能够发挥一定的科普与教育功能，并兼有游憩休闲作用的特定地域。《国家城市湿地公园管理办法（试行）》中将城市湿地公园定义为：城市湿地公园，是指利用纳入城市绿地系统规划的适宜作为公园的天然湿地类型，通过合理的保护利用，形成保护、科普、休闲等功能于一体的公园。因此，湿地公园和城市湿地公园的区别在于是否纳入城市绿地系统，其本质和目标是一致的。

城市湿地公园是一种独特的公园类型，是指纳入城市绿地系统规划的、具有湿地的生态功能和典型特征的、以生态保护、科普教育、自然野趣和休闲游览为主要内容的公园。

城市湿地公园与其它水景公园的区别，在于湿地公园强调了湿地生态系统的生态特性和基本功能的保护和展示，突出了湿地所特有的科普教育内容和自然文化属性。

城市湿地公园与湿地自然保护区的区别，在于湿地公园强调了利用湿地开展生态保护和科普活动的教育功能，以及充分利用湿地的景观价值和文化属性丰富居民休闲游乐活动的社会功能。

伦敦湿地公园、日本钏路湿地公园、佛罗里达州西南部的大沼泽地国家公园以原生态景观为特色为人类和城市中的其它物种提供了一个可以共同栖息的场所，并为如何在城市化进程中保护自然资源和生物多样性提供了非常宝贵的经验，成为湿地生物保护和生态旅游开发相结合的成功典范。香港米埔湿地公园是有名的水鸟越冬地，该公园利用这一生态系统向公众，特别是中小学生开展环境和自然保护教育，成为著名的生态教育基地。2004 年 2 月，国家建设部批准山东省荣成市桑沟湾湿地公园为首个国家级城市湿地公园，该湿地公园以野生动植物资源丰富为特色成为城市生态基础设施的重要组成部分。西溪湿地公园的建设将西溪湿地在做好湿地保护与恢复的同时将其融入到杭州大西湖景观区域中，增加了城市的景观特色，也成为杭州生态旅游体系的重要节点。据不完全统计，我国建设部已批准建设多个湿地公园，加上目前正在或者计划建设的湿地公园多达上百个，这也是我国履行《湿地公约》的重要行动之一。

(2) 城市湿地公园景观规划设计原则

① 系统保护的原则

a. 保护湿地的生物多样性　为各种湿地生物的生存提供最大的生息空间；营造适宜生物多样性发展的环境空间，对生境的改变应控制在最小的程度和范围；提高城市湿地生物物种的多样性并防止外来物种的入侵造成灾害。

b. 保护湿地生态系统的连贯性　保持城市湿地与周边自然环境的连续性；保证湿地生物生态廊道的畅通，确保动物的避难场所；避免人工设施的大范围覆盖；确保湿地的透水性，寻求有机物的良性循环。

c. 保护湿地环境的完整性　保持湿地水域环境和陆域环境的完整性，避免湿地环境的过度分割而造成的环境退化；保护湿地生态的循环体系和缓冲保护地带，避免城市发展对湿地环境的过度干扰。

d. 保持湿地资源的稳定性　保持湿地水体、生物、矿物等各种资源的平衡与稳定，避免各种资源的贫瘠化，确保城市湿地公园的可持续发展。

② 合理利用的原则

a. 合理利用湿地动植物的经济价值和观赏价值；

b. 合理利用湿地提供的水资源、生物资源和矿物资源；

c. 合理利用湿地开展休闲与游览；

d. 合理利用湿地开展科研与科普活动。

③ 协调建设原则

a. 城市湿地公园的整体风貌与湿地特征相协调，体现自然野趣；

b. 建筑风格应与城市湿地公园的整体风貌相协调，体现地域特征；

c. 公园建设优先采用有利于保护湿地环境的生态化材料和工艺；

d. 严格限定湿地公园中各类管理服务设施的数量、规模与位置。

(3) 城市湿地公园景观概念设计　城市湿地公园景观建设应以塑造洁净安全的城市环境、保护和恢复生物多样性为主要目标，以湿地资源的可持续发展为最终目标。利用科学的方法修复和恢复已遭受破坏的生态系统，将城市湿地公园景观和其所属大区域范围内的景观联系起来，成为城市景观的重要节点；继承和发扬优秀的历史和文化传统，提倡与水有关的休闲娱乐活动，发展生态旅游；进行科学研究和科技示范，加强公众教育的同时探索湿地可持续发展的营造模式，创造出具复合功能的、可持续发展的景观系统。

城市湿地公园一般应包括重点保护区、湿地展示区、游览活动区和管理服务区等区域。

a. 重点保护区　针对重要湿地，或湿地生态系统较为完整、生物多样性丰富的区域，应设置重点保护区。在重点保护区内，可以针对珍稀物种的繁殖地及原产地应设置禁入区，针对候鸟及繁殖期的鸟类活动区应设立临时性的禁入区。此外，考虑生物的生息空间及活动范围，应在重点保护区外围划定适当的非人工干涉圈，以充分保障生物的生息场所。

重点保护区内只允许开展各项湿地科学研究、保护与观察工作。可根据需要设置一些小型设施，为各种生物提供栖息场所和迁徙通道。本区内所有人工设施应以确保原有生态系统的完整性和最小干扰为前提。

b. 湿地展示区　在重点保护区外围建立湿地展示区，重点展示湿地生态系统、生物多样性和湿地自然景观，开展湿地科普宣传和教育活动。对于湿地生态系统和湿地形态相对缺失的区域，应加强湿地生态系统的保育和恢复工作。

c. 游览活动区　利用湿地敏感度相对较低的区域，可以划为游览活动区，开展以湿地为主体的休闲、游览活动。游览活动区内可以规划适宜的游览方式和活动内容，安排适度的游憩设施，避免游览活动对湿地生态环境造成破坏。同时，应加强游人的安全保护工作，防止意外发生。

d. 管理服务区　在湿地生态系统敏感度相对较低的区域设置管理服务区，尽量减少对湿地整体环境的干扰和破坏。

(4) 案例——香港湿地公园

香港湿地公园位于天水围新市镇东北隅，接近香港与深圳的边境，占地 61 万平方米。这座公园是环境保护实践和可持续发展两者相结合的首个范例。它充分发挥了自然保育、旅游、教育和市民休闲娱乐这些截然不同并可能相悖的多种功能。

① 香港湿地公园的规划设计目标

香港湿地公园的规划设计目标，主要有以下几点：成为一个世界级的旅游景点；展示香港湿地公园的多样性；丰富中国香港的旅游资源和游客的旅游体验；成为独具特色的教育、研究和资源中心；提供可与米浦沼泽自然保护区相辅相成的设施。

为了实现上述多样化的设计目标，中国香港政府成立了专责小组，并选择了资深的景观设计师，确立了三个主要的生态设计理念：环保优先的理念、可持续的概念、人物和谐共生理念。

a. 环保优先的设计理念　香港湿地公园的设计始终以环保为优先考虑因素，可以从以下几点看出。

访客中心是由香港建筑署设计的一个两层高的建筑，占地面积 $10000m^2$。设计者成功将空间、天、水连接起来，并在屋顶设有大片草地，游客可以毫无障碍地在缓缓倾斜的草坡屋顶上漫步，欣赏周围的湿地风光。从广场入口看，仿佛前面升起一座绿色的山丘。这一巧妙设计，不仅体现了园景与建筑物的完美融合，更重要的是提高了建筑的能源使用效率，体现了环保设计的理念。具体表现在：屋顶的建造形式，加上仔细旋转角度，从而减少太阳辐射，使得这座建筑的热传导总值非常低；通过采用高效的地热系统，使用地面作为热量交换的空调/加热系统，避免了排风孔、冷却塔和其它设备的使用；大量采用木制百叶装置，制造遮阴效果，并起到噪声和视觉屏障作用，以尽量减低对湿地生物的影响；贯穿整个展廊的环形坡道既方便了残疾人的使用，也减少了对机械搬运的需要；洗手间采用 6 升的低容量水厕，减少了水的消耗。

湿地探索中心是一座户外教育中心，周边环绕着大大小小的水池。游客在这里可以观察水体中的各种生物、认识如何管理公园和通过简单的机械装置控制水位，还能了解到历史上曾经是中国内地和香港居民重要生产生活方式的各种湿地农耕方法。探索中心在设计细节上同样体现环保设计的理念：收集雨水冲洗厕所；依靠自然通风，通过天窗的巧妙设计使太阳辐射降至最低，从而减少制冷设备的使用。

公园中的小品建筑的设计同样体现环保的理念：木质观鸟屋利用双层天窗尽可能地利用自然通风和自然采光，使游客感觉舒适；观鸟屋前的入口的廊道两侧采用天然芦苇编制的围墙，不仅体现了环保的理念，并能和周边自然环境完全融为一体；休息亭通过双层隔板，中间架空以减少太阳辐射；其它小品如观察平台、桥、栏杆、椅子、垃圾箱、路牌等采用可更新的软木材，不仅环保，而且和周边自然环境结合得非常融洽。

b. 可持续发展的设计理念　可持续的概念在湿地公园的各处得以体现，主要包括物料的选用、水系统的设计和能源的利用几个方面。

香港建筑署在建造湿地公园时十分注重物料的选择以达到可持续发展的目标，主要体现如下：优先采用可以更新的软木材而不是硬木材；研成粉末的硅酸盐粉煤灰代替了一部分水泥掺入到混凝土中增加其防水性；沿入口坡道南侧设置穿过中庭的循环利用的砖墙（广州某传统中式建筑拆下来的砖），减轻了太阳辐射对建筑的影响；大量使用在香港苗圃不常见的乡土湿地植物物种，可以尽可能地模拟自然生境，而且能将维护成本和水资源的消耗降到最少；材料的再利用，包括军器厂街警察总部拆卸下来的花岗石废料、动物折纸造型的雕塑、周边流浮山渔村中弃置的蚝壳等，都被巧妙地运用在公园入口景观的设计中。

水是湿地形成、发展、演替、消亡与再生的关键。湿地公园水系统的设计体现了可持续发展的理念：利用可以获得的天然水资源，重建了淡水和咸淡水栖息地。咸淡水栖息地依赖于自然的潮汐运动；淡水湖和淡水沼泽以及来自于周边城市排放的雨水作为其主要水源，这些雨水需经过三步处理：首先收集在一个沉降池中，然后通过水泵提升到天然芦苇过滤床中净化，最后通过重力作用流入淡水湖和沼泽；这些水体本身也是通过可持续的方式建造的，它们利用了原有鱼塘约一米厚的防水砂浆中的黏土；水的流速和水深由一系列简单的手动控制的堰来进行调控。

湿地公园通过提高能源利用的效率，从而降低运营费用，达到可持续发展目标，主要体现在：在空调设施中采用地温冷却系统，通过埋设于地下50m深的管槽内的聚乙烯管组成的抽送系统，以达到充分利用相对稳定并且几乎保持恒定的存在于地表以下几米的地温；采用地热系统，不仅可以防止废热能排入大气，加剧地球温室效应，也可防止废热能排入周围的生境，以致可能对生态产生负面影响，同时还可以节省冷却建筑物所需要的大量能源，整个地热系统的安装相比于传统的冷却塔，总体上预计可以节约25%的能量；安装根据游客数量而调节新鲜空气的二氧化碳传感器，和由计算机控制的照明系统，该系统设有调节亮度的传感器和在不需要时可以关闭局部照明系统的计时器，达到节约能源和充分利用能源的目的。

c. 和谐共生的设计理念　香港湿地公园兼有中国香港旅游主要景点与生物栖息地的双重作用，作为世界级旅游景点，游客是不得不考虑的因素，但活动的人流会对湿地的生态环境造成一定的负面影响，如喧哗声会打扰栖息地的生物等。如何实现人和环境的和谐共生，是设计中最大的难点。设计者主要通过合理的功能布局和湿地生境的创造来实现人与自然和谐共生的设计理念。

② 合理的功能布局　整个湿地公园被划分为旅游休闲区和湿地保护区。其中旅游休闲区主要是为游客提供在不破坏自然的同时，欣赏、研究、洞悉自然的场所，主要包括室内游客中心和室外展览区等；湿地保护区占地约60hm^2，由不同的生境构成，包括淡水和咸淡

水栖息地、淡水湖、淡水沼泽、芦苇床、草地、矮树林、人造泥滩、红树林、林木区等，使游客能够亲身体验湿地自然环境和湿地的生物多样性特点。

旅游休闲区会带来大量的人类活动干扰，因此避免与关键的环境原则相冲突，是其布局选择的首要原则。设计中将游客设施安排在接近入口和城市的位置，避免对栖息地不必要的侵扰，并能有效地将城市的嘈杂隔绝在外围。湿地公园中旅游休闲区主要包括入口广场、访客中心、溪畔漫游径及湿地探索中心。

入口广场为游客提供进入湿地公园的准备场所，包括停车场、售票处及管理机构。入口处的水景和草坡地有效地将城市的嘈杂隔绝在外围，而入口处独特的景观墙和广场上富有特色的灯柱以及草坡地上的陶艺作品则提前让人们感受到了湿地公园的奇妙。

访客中心是整个湿地公园的聚焦点，包括5个以湿地功能和价值为主题的展览廊："湿地知多少"、"湿地世界"、"观景廊"、"人类文化"、"湿地挑战"；一个可容纳200人次的放映室；课室及资源中心；餐厅及礼品店、儿童游戏区等。访客中心是人流的汇集点，也是公园中最重要的旅游景点，布置在接近入口和城市的位置，不仅在最大限度上避免了人类活动对外界生物的干扰，并完成公众性较强的展览、教育、参与活动。

一条沿途设有"传意牌"的溪畔漫游径将游客从访客中心带到了湿地探索中心，"传意牌"向人们介绍重建湿地和山溪自然生命周期的各个阶段。湿地探索中心是一座户外教育中心，周边环绕着大大小小的水池。游客在这里可以观察水体中的各种生物、认识如何管理公园和通过简单的机械装置控制水位，还能了解到历史上曾经是中国内地和香港居民重要生产生活方式的各种湿地农耕方法。

③ 湿地保护区的布局　湿地保护区是湿地公园的核心要素，避免人类活动的干扰，营造良好的生境是其布局的原则。湿地保护区的访客设施集中在保护区北部连接访客中心的地方，不同的教育径、探索中心及观鸟屋为访客及学生提供认识湿地的机会。同时，设计中，利用土丘、树林及建筑物分隔访客及生物栖息地，减少人类对野生动物的影响。

除了避免人类活动的干扰之外，对湿地生境的再造和营造也是体现人与自然和谐共生理念的重要方面。湿地生境的创造主要包括水体与土壤、植被种植等方面的设计。

水体营造的技术关键在护岸的处理、生物廊道的设计等。主要措施有：

护岸处理以自然生态驳岸为主，充分考虑因水位变化而带来的景观效果变化。

栈道采用全木制，采用浮桥的形式，减少下方空间支撑结构物的面积，保存栈道下方原有生物环境。

公园内是全步行系统，因此桥梁不用采用跨越式，而是采用裂纹式铺装，标高和地面一样，中间留有通道，避免隔断生物物种的迁移。

硬质铺装道路尽量避免穿过湿地保护区，如需硬质铺装道路，则设有水流涵洞或排水涵管，并在涵洞、管底堆放中小型碎石，增加动物通过速度和局部隐秘性。

进行大量的土壤试验，来测试那些从苗圃处不容易买到的乡土湿地植物的繁殖率和生存率，以达到湿地群落生物的最大化和景观的多样性。

香港本地的野生湿地植物资源相当丰富，在配置时应遵循物种多样性，再现自然的原则，体现陆生——湿生——水生生态系统的渐变特点，植物生态型从陆生的乔灌草——湿地植物或挺水植物——浮叶沉水植物等，主要措施有：

大量使用在香港苗圃不常见的乡土湿地植物物种，可以尽可能地模拟自然生境，而且能将维护成本和水资源的消耗降到最少。

湿地湖泊中水生植物的覆盖度小于水面积的30%。

除考虑到水生植物自身的水深要求之外，还需要考虑其花期和色彩、高低错落搭配，并安排好游人的观赏视角，以免相互遮挡。

香港湿地公园代表了在建筑设计和景观设计中实现可持续发展和体现环境意识的最终目标，并且突出展示了景观设计师在这类大尺度、多学科合作的复杂项目中能够起到战略指导作用。建筑署认为这一项目成功地处理了各项目标之间的可能冲突。建成后的湿地公园不仅是一个世界级的旅游景点，而且更是重要的生态环境保护、教育和休闲娱乐资源。

6. 工业遗址公园景观规划设计

工业遗址景观是指工业生产活动停止后，对遗留在工业废弃地上的各种工业设施、地表痕迹、废弃物等加以保留、更新利用或艺术加工，并作为主要的景观构成元素来设计和营造的新景观。

(1) 工业遗址公园的概念　目前，在国内学术理论上并没有对"工业遗址公园"给出一个明确的定义，但它是在工业遗址基础上改造而来的公园，也属于遗址公园的一种类型。遗址公园是指包括与自然和谐之人造物及考古遗址等地区，并在历史、艺术以及学术等各方面具有显著普遍价值基址保留、保护、改造成的公园。遗址公园着重于"址"，因为遗址是世界上独一无二，不可再生的，强调将生态价值与遗址价值相结合，保存、保护是其重点。

工业遗址公园是新兴的公园类型，是随着工业的发展变革而派生出来的一种特殊形式的公园，是在全球对世界遗产保存乃至对工业遗产保存改造的提倡下，在人类对环境污染问题的日益重视下，由于全球经济转型、第三产业经济提升、工业生产模式改变，将产生的大量剩余弃置的工业基址进行改造利用，使其成为公园，成为城市开放空间的一部分，将这些由已经闲置的工业设施与工业人造物遗留以及矿山开采遗址等基址改造利用，转化成为供公众进行游憩、观赏、娱乐、科教等活动的景区，即工业遗址公园。

(2) 工业遗址公园的兴起与发展　土地资源的稀缺、社会审美意识的转变，都给重新利用工业遗产带来了契机，最初对工业遗产的运用来源于工业遗产旅游。对人们来说，旧工业区中高大的钢铁森林、巨大的工业厂房一直为人们所敬畏，同时也具有一种内在的吸引力，人们想了解它们，将其作为工业遗产旅游开发恰恰可以满足人们的这一情结，这同时也让设计师认识到了工业遗产的巨大魅力。于是，更多的工业旧址作为城市开放空间（公园）、创意产业园、博览馆及会展中心出现，工业遗产的保护与再利用有了更多的内涵。

工业遗址公园是工业遗产保护与再利用的一种主要形式，美国西雅图煤气厂公园是世界上第一个正式的工业遗址公园。设计对工业场地及构筑物进行保留，并强调其循环利用，体现了鲜明的个性，同时表达了对工业时代的怀念和对环境再生的关注，这是工业遗址公园确立的标志性开端。我国工业遗址公园的雏形，可以追溯到广州番禺的莲花山风景区内的莲花山石景区和绍兴东湖风景区，这两个工业遗址公园都成型于古代的工矿采石场，近年来辟为采石场遗址风景区和公园，展现了中国古代劳动人民的勤劳与智慧。

工业遗址公园作为一种新兴的公园类型，从诞生开始就因其在生态、社会等方面的价值受到人们的关注，在世界多个国家得到尝试。德国鲁尔工业区的杜伊斯堡北部天然公园，法国巴黎的拉维莱特公园、贝西公园、雪铁龙公园，加拿大维多利亚布查特花园以及美国的波士顿海岸水泥总厂公园等都是其中的典范。这些工业遗址公园因保存了工业文明、改善了城市生境而被人们所喜爱，今天，越来越多的工业遗址公园正在建设当中，工业遗址公园正处于蓬勃发展中。

(3) 工业遗址的潜在利用价值　任何事物都有利有弊，虽然工业遗址对人类的生产和生活造成了影响，但是换个角度考虑问题，工业遗址具有多重潜在利用价值：①土地利用价值；②科普教育价值；③休闲娱乐价值；④旅游开发价值。

工业遗址旅游利用工业废弃的建筑物、机械、车间、磨坊、工厂、矿山以及相关的加工提炼场地、仓库和店铺、生产、传输和使用能源的场所、交通基础设施等进行旅游开发，是一种具有生态恢复、休闲旅游、文化教育、经济生产等功能的旅游类型。工业遗址旅游不仅仅包括工业遗产旅游和矿山公园，因为许多达不到“工业遗产”和“矿山公园”要求的工业遗址仍然具有旅游开发的潜力。

工业遗址还可以开发为风景旅游区。马鞍山和尚桥铁矿矿区以周末休闲游、水上娱乐游和矿区文化游为主题建立风景旅游区。在上海余山风景区中的矿业废弃地恢复中，结合风景区的旅游度假功能，利用矿坑的落差开发人工瀑布，建设蹦极、攀岩等时下深受年轻人喜爱的极限体育运动。江苏省盱眙县一处废弃地的旅游开发以矿业遗迹景观为主题，将工业废弃地建设成为融观光旅游、度假休闲、科学教育和文化娱乐为一体的场所，同时还是地质遗迹、矿业遗迹和地质环境的保护地，地质研究与地学、矿业开发的科普教育基地。

一些具有特殊意义的工业废弃地经过良好的保护可以形成工业遗产。工业遗产具有历史价值、社会价值、科技价值、美学价值、独特性价值和稀缺性价值。塔吉尔宪章是如此定义工业遗产的：“工业遗产是具有历史价值、技术价值、社会意义、建筑或科研价值的工业文化遗存。包括建筑物和机械、车间、磨坊、工厂、矿山以及相关的加工提炼场地、仓库和店铺、生产、传输和使用能源的场所、交通基础设施，除此之外，还有与工业生产相关的其它社会活动场所，如住房供给、宗教崇拜或者教育。工业遗产的社会价值在于它记载了芸芸众生的生活，是认同感的基础；它们在机械工程方面具有技术和科研价值，同时它们的设计和建造工艺也是美的源泉。”对于工业遗产来说，工业历史和文化揭示了当时的生产力水平，是人类进步的标志和社会发展的里程碑。工业遗产对城市历史、城市特征、城市性格是一个重要而独特的展示窗口。

将工业遗址改造为公园，不仅仅是改变一块土地的贫瘠与荒凉、保留部分工业景观的遗迹，也不仅仅是艺术、生态等处理手法的运用，最终目的是通过这些改造，为工业衰退所带来的社会与环境问题寻找出路。这些在旧工业区遗址上建设起来的公园，因为其独特的魅力和价值被重新纳入城市空间，成为城市公共绿地的一部分，对城市工业文明的传承、城市生态绿地的整合有着重要的贡献。一方面，可以展现工业文明，保存历史记忆；另一方面，可以提倡生态修复、循环利用，实现生态与经济的持续发展。因为，对于生态环境破坏殆尽的工业园来说，城市公园的建设，不仅能改善区域的生态环境，还可以将其与隔离的城市重新联系起来，使区域重获生机。

(4) 工业遗址改造的类型　国外工业遗址改造主要基于以下思想；以环境保护为主线，融环保、教育、文化、娱乐为一体。工业废弃地改造为旅游地在发达国家经历了相当长的时期，有许多成功的案例。国外重点改造的工业遗址主要有以下四种类型。

① 工业文化遗产保护　国际建筑展制定的“工业遗产旅游之路”将鲁尔工业区中废弃程度最为严重的埃姆歇地区作为旅游开发重点，该路线包含19个工业遗产旅游景点、6个国家级的工业技术和社会史博物馆、12个典型的工业聚落，以及9个利用废弃的工业设施改造而成的望塔，并规划了25条旅游线路。通过国际竞赛扩大工业遗产旅游宣传，以工业历史文化作为主要创新点，获得了极大地成功。该区域已经成为德国旅游的热点地区之一。

目前在国际上开展工业遗产保护比较早的国家，基本有以下几种保护和开发的形式：专业博物馆、主题文化公园、社区历史陈列馆、文化艺术创意中心、原生态保护。

② 废弃工厂改造　较为著名的有由废弃褐煤矿改造的“北极星公园”，由废弃钢铁企业改造的北杜伊斯堡景观公园和由废弃的煤气厂改造西雅图煤气公园。

德国著名景观设计师彼得·拉茨设计的北杜伊斯堡景观公园建在原钢铁厂与炼炉厂所在地，公园除了保存下来的鼓风炉炼钢厂和煤矿及钢铁工业以外，冶炼厂的烧结厂、铁和锰仓库以及属于公司的铁路的众多铁轨都座落在那里。彼得·拉茨的设计思想是要表现钢铁的制造加工过程，包括它的熔化、硬化状态。设计方法是重新诠释和改造，通过生态设计和视觉设计改变工业设施的功能和应用，让它转型而不是毁掉它们。公园中的各个系统独立存在，只在某些特定点利用视觉、功能或仅仅是象征性的要素将各层连接起来。顶层是结合高架散步道的铁路园，底层是低标高的水园。其它独立的系统包括田野、林地为主的使用区和与街道同一水平的散步道系统，其中散步道系统将长期破碎的城区重新连接起来。

③ 垃圾场改造　为了更好地利用有限的土地资源，促进纽约市良性生态循环，改善居民生活质量，同时也为缓解地区交通压力，从2003年开始，纽约市开始规划将弗莱士基尔斯垃圾填埋场建成纽约最大的游乐观景综合公园。根据规划，弗莱士基尔斯公园将占地2200英亩，全部完工需要30年。该项目以“生命景观＝活动项目＋栖息地＋循环”为构思将旅游开发结合进工业废弃地的改造，并融入了多种多样的游憩活动和体育活动。目前，生态公园已在斯戴特恩岛初露端倪，部分环岛参观线路已小范围开放，具有专业背景的园林管理人员也已到位，负责园林监管并向游客普及生态知识。

④ 滨水区和港埠改造　发达国家很早就开始了废弃埠港的旅游开发。较为著名的有威尼斯的军港、位于巴塞罗那市的一处旧港和萨尔布吕肯市港口岛公园，主要是利用独特的建筑文化重新恢复滨水区的活力。

(5) 工业遗址公园景观设计原则

① 因地制宜　工业遗址上的各类要素通过设计，因地制宜地加以改造利用，使之重新参与生态系统的生产与循环并且塑造新的景观，走“资源再利用”的途径，可以产生新的经济效益。通过设计，使矿井、迹地以及设施重新发挥其审美、生产和生境价值。

② 突出特色　考虑未来发展的多种可能性，采取多样性设计来满足功能的多样化和人的多选择性及不同层次需要。工业遗址的可持续利用应遵循这一原则，针对不同景观和用地的基础，采取不同的重建和利用方式，可以满足景观多样性的要求。

③ 显露自然　重建自然生态环境应在工业废弃地治理中优先考虑。利用自然过程，采取自然演替方法是重要的手段，包括采用乡土物种，恢复植被群落与演替，改善土壤质量，恢复自然河道与水的自然过程等，以提高自然生态系统生产力和稳定性。

④ 重视环境教育　景观环境重建应强调观者参与的重要性，考虑其场所环境的使用性质，使人可以产生震撼、凝聚情感、愉悦身心，从而使物质空间具有场所精神。工业废弃地景观重建应利用各种资源来提供给人以获得教育、锻炼和愉悦的机会。

⑤ 景观艺术的影响　景观艺术欣赏视角的转变无疑对工业废弃地的景观规划提供了思想源泉。人工堆山理水的“虚假”的景观被逐渐舍弃，而面对现实环境，保留了“丑陋”和“朴素”的废弃的但却是真实的景观受到景观设计师和公众的欣赏。将自然素材与人工素材恰当结合起来的“大地艺术”对工业废弃地的景观建设起到了桥梁的作用，粗犷的自然和巧妙构思的人工恰恰满足了现代公众对景观的新的视角。传统的美学观点认为，废弃地上的工业景观是丑陋可怕的，没有什么保留价值，于是在进行景观设计时，要么将那些工业景象消除殆尽，要么将那些“丑陋”的东西掩藏起来。而今天，艺术的概念已发生了相当大的变化，“美”不再是艺术的目的和评判艺术的唯一标准。在工业之后的景观设计中，生锈的高炉、废旧的工业厂房、生产设备、机械不再是肮脏的、丑陋的、破败的、消极的，相反，它们是人类历史上遗留的文化景观，是人类工业文明的见证。这些工业遗迹作为一种工业活动的结果，饱含着技术之美。工程技术建造所应用的材料，所造就的场地肌理，所塑造的结构形式与如画的风景一样能够打动人心。

(6) 工业遗址公园规划设计构思

① 以工业文化为主题　工业文化是大多数城市在发展进程中的一个历史符号，失去了它，就等于割断了城市的历史。通过挖掘、保护工业文化，不仅可以留下城市工业发展进程的轨迹，为城市留下丰厚的工业文化底蕴，也可以为未来城市发展留下启迪。

工业文化主题可以表现为：工业遗址公园是文化主题公园的一种表现形式，也是保护和传承城市工业历史及工业文明的一种方式，可以融合休闲公园、体育运动、音乐剧、歌舞剧和音乐会等；工业文化展馆可以成为集观光、休闲、体验、博览于一体的艺术创作与交流的文化艺术中心。工业文化主题以工业历史和文化为背景，形成区别于其它任何主题的特色。

② 生态显露性设计　生态显露性设计通过展示“生态”向公众传达生态与环保的思想。可以根据现有景观的“珍贵”程度和旅游开发的需要，可以采取原样保留、部分拆除部分更新和重组的方式。对符合工业遗产标准的景观应基本按照原样进行保留，起到展示的作用。对不符合工业遗产标准的景观可以根据重建的需要仅仅保留部分能够反映工业文化的标志性景观，将一些零散的工业片段通过景观设计手法重新组合，形成可以识别和记忆的景观，并根据重建的需要，增加基础设施、旅游设施等。

③ 景观设计技术应用

a. 覆土　在很多大面积裸露的矿石废弃地，依靠自然力量形成土壤是不切合实际的，这时需要客土，即在需要种植的地方换土以保证植物的正常生长。

b. 节水灌溉　建设节水灌溉设施，节约水资源，提高利用率。

c. 植物重建　筛选适合工业废弃地立地条件的植物种类进行植被重建。

d. 土壤肥力改良　施用生物有机肥改善土壤物理结构并增加养分，必要时也可以施用化学肥料。

e. 工程加固　采石场岩质边坡植被绿化技术本土飘台法、鱼鳞穴法、燕巢法、阶梯台阶法及钢筋砼框格悬梁技术外，尚有国外引进的客土喷播法、液压喷播法、三维网喷混植生法及喷混植生法等。

f. 材料再利用　废弃材料再利用应受到重视，废弃的铁轨、钢渣、旧厂房、船坞、龙门塔吊等都被以新的功能重新赋予场地以新的角色。

g. 水质改良　气浮法净水是一种高效的净水方法，值得推广。湿地植物强大的处理污水能力受到重视，芦苇、菖蒲、香蒲等植物的使用频率最高。

h. 地形利用　利用采坑注水形成丰富的水景，并开展水上活动。

i. 建筑利用上　有整体保护与保留和部分保护、保留，保留构件，建设工业博物馆，建设工业文化长廊，大跨型厂房改造，常规型厂房改造，特殊形态的构筑物改造等几种形式。

j. 动物多样性恢复　运用生物栅的技术，构造微生境；以及利用水生动物尤其是鱼类形成池塘生态系统；也可以重建植被营造适合鸟类生存的生境。

（7）工业遗址公园规划设计案例

① 杜伊斯堡　北杜伊斯堡景观公园（Duisburg North Landscape park）建在原钢铁厂与炼炉厂所在地，反映出景观和自然方面新思路的探讨，成为工业地更新与改造的经典设计案例。为德国著名景观设计师彼得·拉茨（Peter Latz）设计，已经成为著名的综合休闲娱乐公园。

国际建筑展埃姆舍公园位于德国鲁尔区，由西边的杜伊斯堡市到东边的贝格卡门市，长70km，从南到北约12km宽，面积达800km^2。埃姆舍河地区原为德国重要的工业基地，经过150年的工业发展，这一地区形成了以矿山开采及钢铁制造业为主要产业的工业区。纵横交错的铁路、公路、运河、高压输电线、矿山机械、高大的烟囱、堆料场等成为地区的典型景观。

由于整个地区被大量的高速公路，铁路、轻轨、污水排水渠、高压线等分隔，埃姆舍公园的规划非常复杂。当地政府希望“通过这个方案使该地区成为居住和办公区，并有就近休息的绿地，景观必须是生态的、功能的、美观的，工业历史的痕迹要看得出来，要有休憩和运动场。”

处于核心地位的埃姆舍公园，把这片广大的区域中的城市、工厂及其它单独的部分联系起来，同时为整个区域建立起新的城市建筑及景观上的秩序，成为周围城市群及250万居民的绿肺，园中有人行小径和自行车道系统。在埃姆舍公园中，又包括了众多景观独特的公园，杜伊斯堡风景公园是其中之一。

面积200hm^2的杜伊斯堡风景公园是拉茨的代表作品之一，公园坐落于杜伊斯堡市北部，这里曾经是有百年历史的A. G. Tyssen钢铁厂，尽管这座钢铁厂历史上曾辉煌一时，但它却无法抗拒产业的衰落，于1985年关闭了，无数的老工业厂房和构筑物很快淹没于野草之中。1989年，政府决定将工厂改造为公园，成为埃姆舍公园的组成部分。拉茨的事务所赢得了国际竞赛的一等奖，并承担设计任务。从1990年起，拉茨与夫人——景观设计师A·拉茨领导的小组开始规划设计工作。经过努力，1994年公园部分建成开放。

规划之初，小组面临的最关键问题是这些工厂遗留下来的东西，像庞大的建筑和货棚、矿渣堆、烟囱、鼓风炉、铁路、桥梁、沉淀池、水渠、起重机等，能否真正成为公园建造的基础，如果答案是肯定的，又怎样使这些已经无用的构筑物融入今天的生活和公园的景观之中。

拉茨的设计思想理性而清晰，他要用生态的手段处理这片破碎的地段。首先，上述工厂中的构筑物都予以保留，部分构筑物被赋予新的使用功能。高炉等工业设施可以让游人安全地攀登、眺望，废弃的高架铁路可改造成为公园中的游步道，并被处理为大地艺术的作品，工厂中的一些铁架可成为攀缘植物的支架，高高的混凝土墙体可成为攀岩训练场……公园的处理方法不是努力掩饰这些破碎的景观，而是寻求对这些旧有的景观结构和要素的重新解释。设计也从未掩饰历史，任何地方都让人们去看，去感受历史，建筑及工程构筑物都作为工业时代的纪念物保留下来，它们不再是丑陋难看的废墟，而是如同风景园中的点景物，供人们欣赏。其次，工厂中的植被均得以保留，荒草也任其自由生长。工厂中原有的废弃材料也得到尽可能地利用。红砖磨碎后可以用作红色混凝土的部分材料，厂区堆积的焦炭、矿渣可成为一些植物生长的介质或地面面层的材料，工厂遗留的大型铁板可成为广场的铺装材料。第三，水可以循环利用，污水被处理，雨水被收集，引至工厂中原有的冷却槽和沉淀池，经澄清过滤后，流入埃姆舍河。拉茨最大限度地保留了工厂的历史信息，利用原有的“废料”塑造公园的景观，从而最大限度地减少了对新材料的需求，减少了对生产材料所需的能源的索取。在一个理性的框架体系中，拉茨将上述要素分成四个景观层：以水渠和储水池构成的水园、散步道系统、使用区以及铁路公园结合高架步道。这些层自成系统，各自独立而连续地存在，只在某些特定点上用一些要素如坡道、台阶、平台和花园将它们连接起来，获得视觉、功能、象征上的联系。由于原有工厂设施复杂而庞大，为方便游人的使用与游览，公园用不同的色彩为不同的区域作了明确的标识：红色代表土地，灰色和锈色区域表示禁止进入的区域，蓝色表示为开放区。公园以大量不同的方式提供了娱乐、体育和文化设施。独特的设计思想为杜伊斯堡风景公园带来颇具震撼力的景观，在绿色成荫和原有钢铁厂设备的背景中，摇滚乐队在炉渣堆上的露天剧场中高歌，游客在高炉上眺望，登山爱好者在混凝土墙体上攀登，市民在庞大的煤气罐改造成的游泳馆内锻炼娱乐，儿童在铁架与墙体间游戏，夜晚五光十色的灯光将巨大的工业设备映照得如同节日的游乐场……我们从公园今天的生机与十年前厂区的破败景象对比中，感受到杜伊斯堡风景公园的魅力，它启发人们对公园的含义与作用重新思考。

② 拉·维莱特公园　拉·维莱特公园位于巴黎市东北角，面积约 $55hm^2$，该公园的环境十分复杂，东西向的乌尔克运河把公园分成南北两部分。公园在三个方向上与城市相连：西边是斯大林格勒广场，以运河风光与闲情逸致为特色；南边以艺术氛围为主题；北面展示科技和未来的景象。

设计者屈米通过一系列手法，把园内外的复杂环境有机地统一起来，并且满足了各种功能的需要。他的设计非常严谨，方案由点、线、面三层基本要素构成。点（Folie）是一个耀眼的红色建筑，分布于公园中以 120×120 为间距划分而成的 40 个交汇点上。运河南侧地一组 Folie 和公园西侧地一组 Folie 由一条长廊联系起来，它们构成了公园东西、南北两个方向的轴线。公园中的“线”的要素有这两条长廊、几条笔直的林荫路和一条贯穿全园主要部分的流线形的游览路。这条精心设计的游览路打破了由 Folie 构成的严谨的方格网所建立起来的秩序，同时也联系着公园中 10 个小主题小园，包括镜园恐怖童话园、风园、雾园、龙园、竹园等。这些主题园分别由不同的风景师或艺术家设计，形式上变化丰富。公园中的“面”的要素就是这 10 个主题园和其它场地、草坪以及树丛。

在拉·维莱特公园的设计中，屈米对传统意义上的秩序提出了质疑，他用分离与解构的方法同样有效处理了一块复杂的地段，他把公园的要素“点”、“线”、“面”来分解，各自组成完整的系统，然后又通过新的方式叠加起来。三层体系各自都以不同的几何秩序来布局，相互之间没有明显的关系，这样三者之间便形成了强烈的交叉与冲突，构成了矛盾。

拉·维莱特公园与城市之间没有明显的界线，它属于城市，融于城市之中。同时公园中随时都充满着各种年龄、各个层次的来自世界各地的游人。公园中充满了自然的气息与游人活动的生机。它证明了不按以往的构图原理和秩序原则进行设计也是可行的（图 9-23）。

六、建筑庭院绿化

公共事业庭院附属绿地包括行政机关、学校、科研院所、卫生医疗机构、文化体育设施、商业金融机构、社会团体机构、旅游娱乐设施等单位的庭院环境绿地。这类绿地主要为各类场所从事的办公、学习、科学研究、疗养健身、旅游购物、经营服务乃至生活居住提供良好的生态环境。

（一）规划布局的形式与手法

1. 布局形式

公共事业庭园规模大小、所处位置环境等各有不同，总体规划布局的形式也不尽一样，通常有规则式、自然式和混合式三种。公共庭园绿地规划布局的形式与总体规划基本一致，也分为规则式、自然式和混合式三种布局形式。

（1）规则式布局　规则式庭园环境，是以庭园建筑的形式及建筑空间布局作为庭园环境表现的主体，它与庭园总体规划布局关系密切，绿色植物造景围绕各种建筑户外空间规整布置。如庭园主体或大型建筑物周围的绿地布局多采用规则式，以几何块状图形为主要平面形状，规划使用大量草坪、模纹花坛、植篱、列植树、对植树以及各种植物造型景观等，整个庭园环境以道路两侧对称布置的行道树林阴带划分庭园大空间，以植篱来区划和组织小型绿地空间。

在规则式庭园绿地中，地形地势一般都经过人工改造。处于平原地区的公共庭园，其场地地形多为不同标高的平面或平缓的坡面，处于丘陵山区的庭园，多为阶梯式台地、坡地等，剖切线均为直线或折线。庭园水体轮廓多为几何形，并做整齐式驳岸处理，常用喷泉做水景主题，小型水景有整形水池、喷泉、壁泉、跌水等。种植设计多采用花坛、花台、花

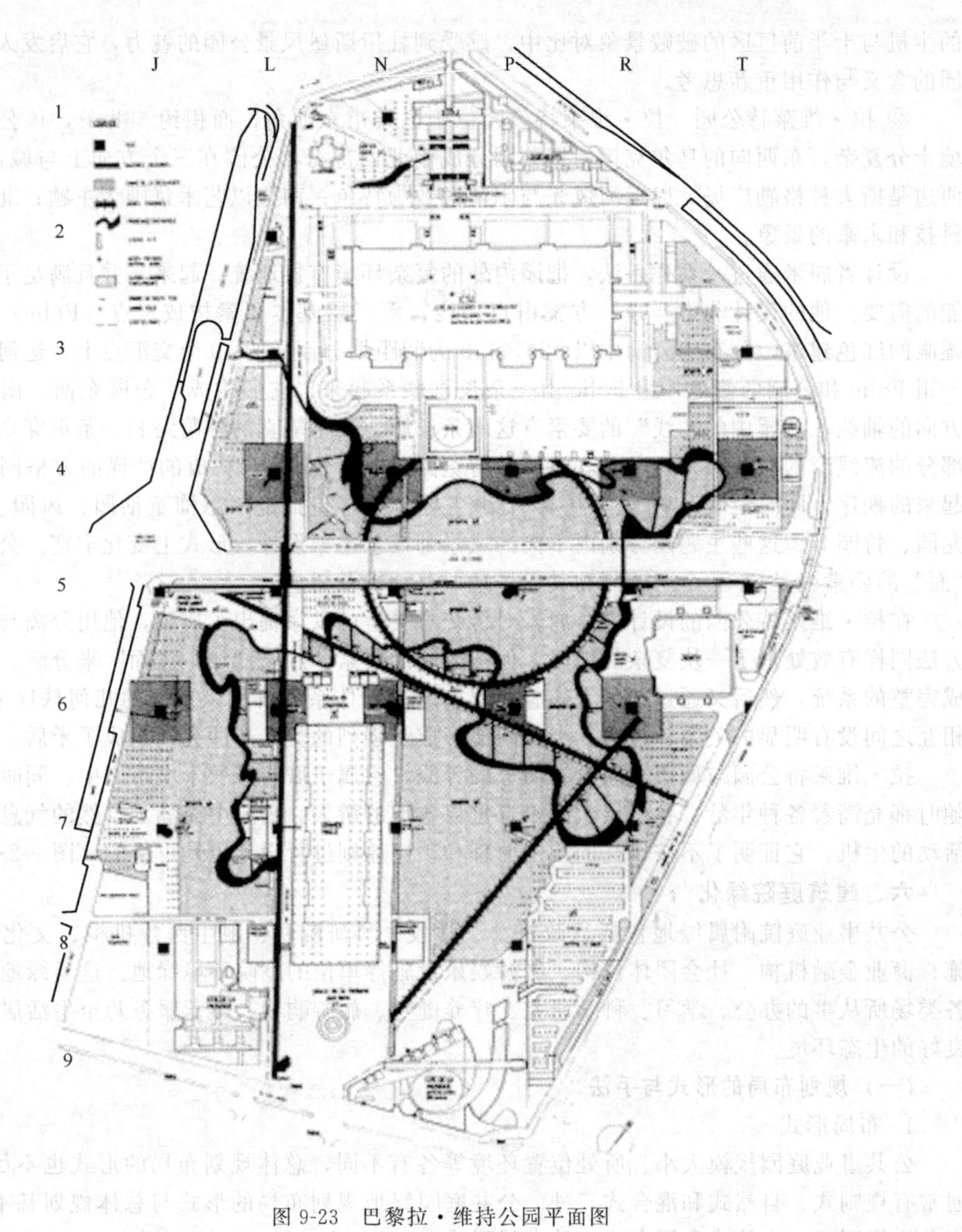

图 9-23 巴黎拉·维持公园平面图

境、规则林带以及各种花卉装饰小品和观赏装饰草坪等。

(2) 自然式布局 自然式的庭园环境绿地没有明显的对称轴线或对称中心，绿地外形轮廓或直或曲，变化自然，并以自然山水、植物为表现题材，各种园林要素自然布置，植物造景多模仿自然生态景观，具有灵活多变、自然优美的特点，是现代人向往自然、返璞归真、寻求自然美的具体体现。处于平原地区的公共庭园绿地，多为自然起伏的和缓地形，或将平地做人工微地形处理，使绿地地形具有一定的起伏变化，其剖切线为和缓的曲线。处于丘陵山区的庭园，则充分利用起伏多变的地形地势，创造丰富生动的绿色自然景观。除高差较大的道路外，一般不做人工阶梯式的地形改造，对原有破碎切割的地形，则可稍加人工整理，使其具有流畅的自然美。

自然式庭园绿地中的水体，外形轮廓为自然变化的曲线，水岸为各种自然曲折的斜坡，驳岸为自然山石驳岸或草坡护岸。以溪涧、河流、池沼、湖泊等为水景主体，园林小品采用不对称式均衡布局，错落有致。种植设计则反映自然界植物群落的自然美。花卉布置以花丛、花境为主，一般不采用模纹花坛造景；树木配植以孤植树、树丛、树群和树林为主，不用规则整齐修剪的植篱，并以自然式的树丛、树群或林带来划分和组织庭园绿地空间；草坪则多采用不规则的自然形状，边缘配植树丛，点缀花群，或设置孤植树景观等。

(3) 混合式布局　混合式是指在庭园绿地中，既有规则式的绿地，也有自然式的绿地，或者以一种形式为主，另一种形式为辅，或者两种形式并重。也可以将规则式与自然式完全融合，不分彼此，形成一种被称为"抽象式"的布局形式。这种"抽象式"既不同于规则式，也不同于完全的自然式，但从中可以明显地感受到规则式或自然式的景观特色。因此，它是规则式与自然式的巧妙结合，并将两种形式的特点融为一体，既有富于形式美的绿地形态，又有变化丰富的自然景观内容。事实上，绝对的自然式和规则式绿地布局在一般公共庭园中很少存在，大多数采用的布局形式为混合式。庭园主要道路以种植行道树为主，主体建筑环境、建筑密度较大的功能区以及特殊的人工艺术造景都采用规则式布局；而在远离建筑设施的较大面积的集中绿化地段，如小游园、小花园、湖泊、河流水际，则采用自然式布局，从庄重规整的建筑空间过渡到活泼轻松的自然环境，达到因地制宜、生态造景和经济美观的要求。

在公共事业庭园绿地规划中，场地地形平坦的，可结合庭园建筑设施布局，采用规则式或以规则式为主的混合式布局；场地地形起伏多变，地势高差较大的，则采用自然式布局或以自然式为主的布局形式。场地中自然植被资源较多的地段宜规划为自然式，大面积的绿地空间亦宜采用自然式布局；而小面积的建筑环境绿地，多采用规则式布局，建筑密度较大，规则布局的庭园绿地亦采用规则式。建筑为自然式布局，则庭园环境绿地宜规划为自然式。从现代庭园环境绿色生态造景的发展趋势和要求考虑，自然式的绿地布局更能体现自然美和环境生态功能。

2. 布局手法

较大规模的公共事业单位庭园绿地，常采用点、线、面相结合的布局手法，将整个庭园环境绿地连成一个统一的绿色自然空间体系，以充分发挥其净化空气、改善气候、美化环境的综合功能和作用，创造优美、稳定的良好生态环境。

(二) 公共事业庭园局部环境绿地设计

1. 大门环境绿地设计

公共事业庭园都有大小不同、造型各异的出入口建筑，即庭园大门。它不仅是人员进出和安全管理的建筑设施，也是一项重要的庭园环境景观，所以，一般大门都设在比较显露的位置，大门环境绿地景观也格外引人注目。

大门作为公共庭园前庭区的首要地段，具有"窗口"作用，其环境绿地景观效果如何，直接影响到一个单位的形象。因此，应重点规划和建设，绿地景观规划设计应全面考虑景观色彩和形态的视觉效果，在满足交通组织和安全管理功能的同时，取得最佳的景观视觉效果。

公共事业庭园大门，尤其是主要大门，往往面临城市主干道或街道，其环境绿化美化，既要创造本单位庭园绿化的特色，又要与街道景观相协调。大门内外，一般都留有较大的广场空间，以适应人员及各种车辆出入停留所需场地与活动空间的需要。外广场通常可设置花坛、路标等，广场外缘可设花台、花境，多配植花灌木和草本花卉，以观赏植物群体色彩美为主，创造热烈的氛围和活泼的精神面貌，给人以较强的视觉冲击力。门内广场多与通向庭园内部的主干道相结合，其间可布置花坛、水池、喷泉、雕塑、花台、花境、草坪、树坛或小型游憩绿地等。规划设计的形式与大门主体建筑相一致，多采用规则式，交通联系方便。绿地亦可对称布置，多为封闭式装饰观赏绿地，整齐美观，庄重大方。

停车场是大门环境常有的设施，为了减少硬地铺装面积而又满足功能要求，可设置植草砖停车场，亦可种植高大乔木，以利夏日遮阳，并能增加庭园绿化覆盖面积，提高环境绿化生态功能。

临街绿地还要考虑卫生防护功能，必要时需设置卫生隔离绿带，以阻滞灰尘，减低街道噪声对庭园大门环境的影响。

2. 行政办公环境绿地设计

行政办公区是公共事业单位庭园的一个重要环境，不仅是行政管理人员、教师和科研人员工作的场所，也是单位管理和社会活动集中之处，并成为对外交流与服务的一个重要窗口。因此，行政办公区环境绿地景观如何，直接关系到各公共事业单位在社会上的形象。

行政办公区的主体建筑一般为行政办公楼或综合楼等，其环境绿地规划设计要与主体建筑艺术相一致。若主体建筑为对称式，则其环境绿地也宜采用规则对称式布局。行政办公区绿地多采用规则式，以创造整洁而有理性的空间环境，使工作人员在自己的工作中也能达到心灵与环境的和谐，有利于培养严谨的工作作风和科学态度，并感受到一定约束性。植物种植设计除衬托主体建筑、丰富环境景观和发挥生态功能以外，还注重艺术造景效果，多设置盛花花坛、模纹花坛、花台、观赏草坪、花境、对植树、树列、植篱或树木造型景观等。在空间组织上多采用开朗空间，创造具有丰富景观内容和层次的大庭园空间，给人以明朗、舒畅的景观感受。

办公区的花坛一般设计成规则的几何形状，其面积根据主体建筑的体量大小和形式以及周围环境空间的具体尺度而定，并考虑一定面积的广场路面，以方便人流和车辆集散。花坛植物主要采用一二年生草本花卉和少量花灌木及宿根、球根花卉，多为盛花花坛，特别是节日期间要采用色彩鲜艳丰富的草花来创造欢快、热烈的气氛。花卉植物的总体色彩既要协调，也要有一定对比效果，如一般选用红色或红黄相间的色彩搭配，再适当布置一些白色花卉，既美丽，又柔和，既活泼热烈，又不乏沉稳与理性。花坛周围常以雀舌黄杨、瓜子黄杨等小灌木或麦冬、葱兰等多年生宿根花卉镶边、装饰，也可设置低矮的花式护栏等。花坛为封闭式，仅供观赏。花坛内也可栽植造型植物，如常绿灌木球或盆景树、吉祥动物造型等。

行政办公楼前如果空间较大，也可设置喷泉水池、雕塑或草坪广场等景观，水池、草坪宜为规则几何形状，一般不宜堆叠假山。如果行政办公区的环境绿地面积较小，可以简单地设计为行道树和草坪或地被植物景观。行道树树冠可覆盖整个路面和绿地地面，树下采用耐阴植物。办公楼东西两侧宜种植高大阔叶乔木，以遮挡夏季烈日照射。也可采用垂直绿化措施，在近建筑墙基处种植地锦、凌霄、薜荔等攀缘植物，进行墙面垂直绿化，同样具有较好的环境绿化美化效果和生态功能。

3. 教学环境绿地设计

教学区是学校，特别是高等院校公共庭园的一个重要功能区，是学校师生教学活动的主要场所。其环境要求安静、卫生、优美，同时还要能满足师生课间休息活动的需要，能够观赏到优美的植物景观，呼吸新鲜空气，调剂大脑，消除疲劳。

教学区环境以教学楼为主体建筑，环境绿地布局和种植设计的形式与大楼建筑艺术相协调。现代校园教学区环境多采用规则式布局，植物造景可采用规则式或混合式。教学楼周围的植物景观以树木为主，且常绿与落叶相结合，大楼入口两侧可种植对植树，如龙柏、雪松、桂花、龙爪槐等。夏季炎热地区，校园教学楼南侧宜种植高大落叶乔木，以取得夏日遮阳、降温、冬季树木落叶后采光取暖的环境生态调节作用，使教室内有冬暖夏凉之感，有利于改善学习环境，提高学习效率。在教学楼的北侧可选择具有一定耐荫性的常绿树木，近楼而植，既能使背荫的环境得到绿化美化，又可在冬季欣赏到生机勃勃的绿色景观，同时还可减弱寒冷的北风吹袭。乔木种植距离墙面 5m 以上，灌木距墙 2m 以上，最内侧的树木不要对窗而植，一般种植于两窗之间的墙段前，以不影响室内自然采光。楼前绿地空间较大的庭园，还可设置开阔的草坪，供学生课间休息活动，消除上课的紧张和疲劳。整个教学区环境以绿色植物造景为主，创造安静和空气清新的教学环境。同时也可点缀一些香花植物和观花树木或草花，如桂花、栀子花、广玉兰、腊梅、瑞香、白兰花、含笑、杜鹃、红花酢浆草、鸢尾、美人蕉等。香花植物开花时释放出使人感到心情舒畅的香气，使紧张的大脑得到清醒和放松，有利提高学习效率。观花植物则使绿色环境在色彩上产生变化，具有一定彩化和美化作用，但色彩鲜艳的植物景观应用不宜过多过繁，以免影响和改变教学区宁静、幽雅的环境氛围前，以不影响室内自然采光。

4. 生活环境绿地设计

具有一定规模的学校、科研院所及机关庭园常设有以生活居住为主要功能的庭园小区，其环境绿地设置主要为人们居住生活创造一个整洁、卫生、舒适、优美的环境空间。

高等学校校园还常分学生生活区和教职工生活区。学生生活区由于学生人数较多，来往频繁，活动集中，所以在进行环境绿地规划设计时，要充分考虑方便学生生活，采用合适的绿地类型。用地条件允许时通常规划设置小游园等较大面积的户外绿色空间，以满足学生课余学习和休息交往需要。学生宿舍由于住宿密度较大，室内空气流通和自然采光很重要，所以，在宿舍南北两侧近楼处不宜种植高大乔木，若结合道路绿化，种植高大行道树，也必须距离宿舍 6～8m 以上。学生宿舍楼与楼之间，一般都留有较宽敞的空间作晒场。其环境绿地多以草坪加铺装地面，并适当点缀花灌木和宿根花卉。路边也可采用植篱围护，留有出入口，草坪选择低矮和耐踩踏的草种，如结缕草、狗牙根等。教职工生活区环境绿地多采用规则式布局，与一般居住区环境绿化要求相似。宅旁绿地景观内容以花灌木、草坪和多年生草花及地被植物为主，楼间距较大时，又适当点缀乔木。住宅楼东西两侧，可结合道路绿化，种植枝叶繁茂的高大乔木作行道树，既作道路遮阳，又防止炎夏房屋东晒和西晒。教工生活区内常需要规划设置小游园或小花园等游憩绿地，供教职工业余社交、休息和健身活动需要。园内可设置花台、花坛、水池、花架、凉亭、坐凳等园林小品，并具有一定面积的铺装场地和儿童游戏场地。教职工生活区宅前常设有围墙、栅栏等庭园建筑设施，所以还可以充分利用攀缘植物进行垂直绿化和美化。机关、科研院所生活区环境绿地设计与学校教职工生活区基本相似，以创造高质量的生活居住环境为主要目标，注意多功能要求，绿地景观内容丰富多彩。

宾馆庭园是人们旅行生活的重要场所，其环境绿地规划设计应根据庭园用地条件，在创造庭园丰富空间景观的同时，也要满足人员与车辆频繁进出、停车、商务活动以及短期休憩等多功能要求。

5. 体育活动环境绿地设计

大型公共事业庭园，如高等学校，一般设有体育功能区，主要供广大青年学生、教职工开展各种体育健身活动。一般规划在远离教学区和行政管理区，而又靠近学生生活区的地方。一方面有利于学生就近进行体育活动，另一方面又避免体育活动噪声对其它功能区的影响。

体育活动区外围常用隔离绿带，将之与其它功能区分隔，减少相互干扰。体育活动区内包括田径运动场、各种球场、体育馆、训练房、游泳池以及其它供学生和职工从事体育健身活动的场地和设施，其环境绿地设计要充分考虑运动设施和周围环境的特点。田径场同时又是足球场，常选用耐踩踏的草种如狗牙根、结缕草等铺设运动场草坪。运动场周围跑道的外侧栽植高大乔木，以供运动间隙休息蔽荫。如配设看台，则必须将树木种植于看台或主席台后侧及左右两侧，以免影响观看比赛。

篮球场、排球场周围主要栽植高大挺拔、树冠整齐、分枝点高的落叶大乔木，以利夏季遮阳，创造休息林荫空间，不宜种植带有刺激性气味、易落花落果或种毛飞扬的树种。树木的种植距离以成年树冠不伸入球场上空为准，树下铺设草坪，草种要求能耐阴、耐踩踏。树下可设置低矮的坐凳，供运动员或观众休息、观看使用。如果球场规划在地势变化较大处，则可结合地形设计成阶梯式看台，台阶最上沿种植乔木。

网球场和排球场周围常设置金属围网，以防止球飞出场外，除在围网外侧绿地中种植乔灌木外，还可进行垂直绿化，如选择茑萝、牵牛花、木通、金银花等攀缘植物，进一步美化球场环境。

体育馆周围的绿地应布置得精细一些。在大门两侧可设置花台或花坛，种植树木和一二年生草花，以色彩鲜艳的花卉衬托体育运动的热烈气氛。绿地地被植物可选用麦冬、三叶草、红花酢浆草、常春藤、络石等或铺设草坪，绿地边缘常设置植篱。

游泳池周围的绿地种植以乔木为主，而且多选择常绿树木，防止落叶飘扬，影响游泳池的清洁卫生，也不能选用具有落花、落果、飞毛等污染环境的植物和有毒有刺的植物。常用树种有香樟、桂花、栀子花、广玉兰、月桂、松树、柏树、榕树、杜鹃、山茶、珊瑚树、竹等。在远离水池的地方也可适量采用石榴、金钟、瑞香、紫荆等落叶或半常绿花灌木，以进一步美化环境。游泳池外围可用树墙进行绿化隔离，也可用高大常绿乔木组成防护林带。近水池绿地宜铺设叶细柔软而又低矮的草坪，如矮生百慕大、剪股颖等。

各种运动场之间可用灌木进行空间分隔和相互隔离，减少相互之间的干扰。只要不影响体育活动的开展，就可以多栽一些树木，特别是体操活动场地、单双杠等场地可设在疏林边缘。另外，也要考虑体育活动对绿化植物的影响或伤害作用。如球类场地周围的植物经常遭到飞球撞击，应设计低矮的灌木或植篱，要求树种萌发力强，枝条柔韧性好，这样的植物具有一定耐机械损伤能力，即使遭到损伤后也易恢复生长，而不影响整个环境绿色景观，如确有必要，则可采用护栏，对环境绿地植物景观进行保护。

6. 医疗卫生环境绿地设计

医院、疗养院、保健所等医疗卫生单位，其庭园环境绿地规划设计，要注重卫生防护隔离，减弱噪声，阻滞烟尘，创造安静幽雅、整洁卫生、有益健康的户外绿色环境。

医院等单位绿地主要包括门诊部、住院部以及其它辅助医疗、行政管理等功能建筑环境绿地和游憩绿地等。门诊部是病人候诊问医的场所，人流量较多，应设置较大面积的缓冲绿地空间。前庭绿地设计以环境美化装饰为主，并疏植一些高大落叶乔木，其下可设坐凳供人休息。广场周边可设置草坪、花坛、花台、植篱等植物景观内容。住院部或疗养区通常设置于地势较高处，视野开阔，四周环境优美，有景可观。一般设置小游园供病人观赏、散步活动以及户外休息。园中道路要求较为平缓，不宜起伏太大，也不设台阶踏步。游园铺地中可设水池、喷泉、花坛、雕塑、凉亭、花架等景观小品。

病区与其它辅助医疗、行政管理等建筑环境应有绿化隔离，特别是晒衣场、厨房、锅炉房、太平间、解剖室等应独立设置，周围密植常绿乔灌木，形成完整的隔离绿带。手术室、化验室、放射科等环境绿地设计，避免选用有绒毛和花絮的植物，并防止东西晒，保证自然通风和采光。医院周围通常设置 10～15m 宽的乔灌木防护林带。儿童医院等一些专科医院，绿地设计应结合医院特点。如儿童医院环境绿地中，可适当设置一些装饰小品、儿童或动物小雕塑等景观小品；传染病医院的绿地面积应增大，周围防护绿带宽应在 30m 以上，不同病区之间也要用树丛或植篱进行隔离（图 9-24）。

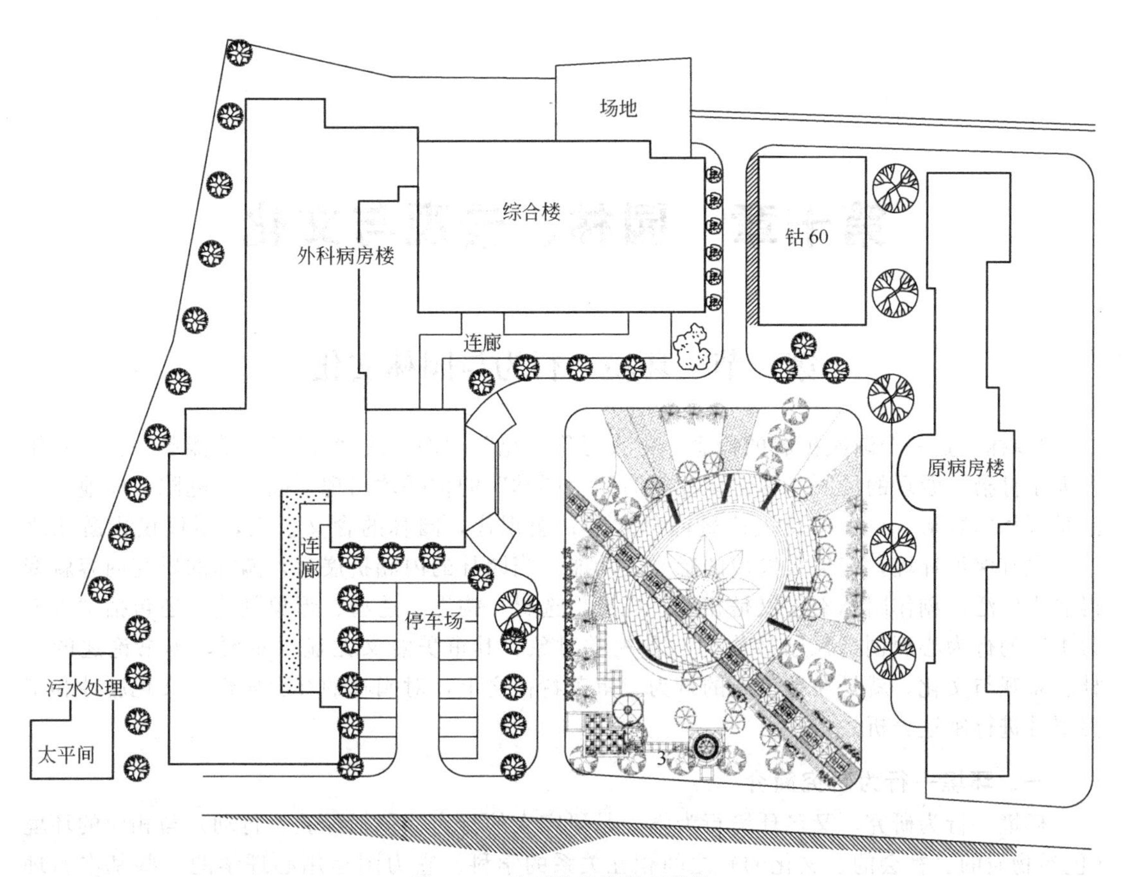

图 9-24　某医院环境景观设计

本章小结

随着城市建设的日益蓬勃发展，城市景观绿地在城市中起着愈来愈重要的作用，也愈来愈受到人们的重视。城市景观绿地是城市居民日常接触最多的一种绿地形式，其大小灵活、视野开阔、空间宜人，能够展示出一个城市的绿地形象。

城市绿地系统包括各种类型和规模的城市绿化用地，其整体应当是一个结构完整的系统，并承担城市的以下职能：改善城市生态环境、满足居民休闲娱乐要求、组织城市景观、美化环境和防灾避灾等。现在的绿地系统往往与城市开放空间（open space）的概念相结合，将城市的绿化用地、广场、道路系统、文物古迹、娱乐设施、风景名胜区和自然保护区等因素统一考虑。不同的系统结构会产生不同的系统功效，绿地系统的整体功效应当大于各个绿地功效之和，合理的城市绿地系统结构是相对稳定而长久的。

复习思考题

1. 城市景观的含义是什么以及其包含的要素有哪些？
2. 请简述城市景观规划设计的程序及原则。
3. 城市绿地类型有哪些？
4. 城市广场规划设计应注意哪些问题？
5. 工业遗址公园的设计原则有哪些？

第十章　园林、景观与文化

第一节　环境—行为与园林文化

“园林”是一个渐次扩展的概念，古人习称“苑”、“囿”或“园囿”，功能单一，是专供古天子打猎、游玩的场所。魏晋南北朝时期“园林”的称呼才出现，园亭、庭院、园池、山池是园林的雏形，更大有诗人广赞园林之美；至现代，园林的含义扩大，不仅仅指游憩之处，也有保护环境，带给人愉悦的感受之功能。当园林的内涵扩展后，园林的研究内容就变得非常广泛，创作园林不仅仅是相地、立意、选材、构思、造型、形象创造，还包括“以人为本”的行为心理创造。园林作为一种视觉对象，其审美意义尤显得重要，本书论述的园林、景观与文化，就是在基于人的行为、审美特征之上，对园林的社会属性、文化属性和审美属性进行阐述分析。

一、环境—行为研究简介

环境—行为研究，又名环境行为学，是研究人的行为（包括经验、行动）与相应的环境（包括物质的、社会的、文化的）之间相互关系的学科。它力图运用心理学的一些基本原理与方法来研究人在环境中的活动及人对空间环境的反应，由此反馈到园林设计中去，以改善人类的生存环境。环境行为学非常重视生活于人工环境中人们的心理倾向，把选择环境与创建环境相结合，其研究过程主要是通过对环境的认知、分析、寻求最佳刺激，再迎合心理需求，从而去调整改善周围的环境。将环境心理学和环境设计密切结合，用前者指导后者，有助于营造人工环境向着人性化的方向发展。

环境行为学有着广泛的研究领域，涉及社会地理学、环境社会学、环境心理学、人体工学、室内设计、建筑学、景观学、城市规划学、资源管理、环境研究、城市和应用人类学等，是一门综合性学科。

二、格式塔知觉理论与环境设计

（一）格式塔心理学（Gestalt Psychology）简介

1. 格式塔心理学派的建立

格式塔心理学（Gestalt Psychology）又称完形心理学，产生于20世纪初的德国，是当时的德国社会历史条件下的产物，其哲学渊源主要受康德的“先验论”、胡塞尔的“现象学”、怀特海的“新实在论”及摩尔根的“突创进化论”等理论的影响。其主要创始人是德国心理学家马克斯·惠太海默（MaxWertheimer，1880—1943）。1890年，德国心理学家爱伦费尔的论文《论格式塔性质》把整体所具有的性质称为“格式塔”（gestalt）；1910年，马克斯·惠特海默与其他人一起，以研究人对图形的知觉为契机，扩展研究领域，最终形成了格式塔心理学派。

2. 格式塔的含义

德语格式塔意即形式或图形，它还具有英语“Structure”的含义。由于“Structure”

一词已为其它心理学派所专用，因而英译为“Configuration”或“gestalt”；中译为“完形”或“格式塔”。

MaxWertheimer 等人首创的格式塔心理学认为：①一切心理现象的基本特征是其在意识经验中具有结构性、整体性，即格式塔性；以知觉为分析心理现象的基点，以直接经验为心理学的研究对象，认为直接经验就是个体直接观察所呈现的心理事实，是不能再分解还原成其它元素或部分的一个整体；②整体不是部分的简单相加，也不是由部分决定的，整体先于部分存在，并决定部分的性质和结构，因此人们在知觉时总会按照一定的形式把经验素材组织成有意义的整体。研究发现，人的大脑生来就有一些法则，对图形的组合有一套心理规律，即距离相近的各部分趋于组成整体；在某一方面相似的各部分趋于组成整体；彼此相属，构成封闭实体的各部分趋于组成整体；具有对称、规则、平滑的简单图形特征的各部分趋于组成整体。因此格式塔心理学又称完形法则。格式塔心理学把人的知觉看作是一个整体性的抽象过程。它一方面保持着图形的整体结构，另一方面还要对原型进行简化，它的图—底关系的原则实际上已包括了在整体的抽象中去寻求变化的含义。

3. 格式塔的审美意义

格式塔心理学的美学基本思想是：阿思海姆把格式塔心理学系统地具体运用于对艺术的审美知觉中，他认为审美视觉不是对图形各个元素的机械反映，而是通过大脑对视觉对象进行筛选，淘汰无效部分，对有意义的整体结构进行把握，然后创造性地完成审美过程。在这个过程中，部分的位置和作用是决定审美的要素。

（二）图形与背景

1. 图底之分及其一般规律

人们不能全部感知客观对象，而总是有选择地感知一定的对象。有些突显出来成为图形(figure)，有些则退居衬托地位而成为背景（ground），俗称图底之分。图形和背景关系一般具有下列规律：主体表现较明确，背景相对弱；主体相对于背景较小时，主体总被感知为与背景分离的单独实体；主体与背景相互围合或部分围合并且形状相似时，主体与背景可以互换。

2. 环境设计中强调图底之分的原因

环境设计中强调图底之分的原因在于真实环境中具有清晰程度不同的图底之分。形从背景中分离受到诸多条件的限制，而且底本身对艺术的表现具有重要的作用。一幅设计艺术品的底和形就是前景和背景的关系，背景不应被忽略，也不应与前景争夺视觉效应，前景和背景的安排需要经过设计加以调整。在环境设计中强调图底之分，不仅符合视知觉特点，而且有助于突出想要突出的景观和建筑主题，在随意和轻松的情境中以鲜明的图底之分第一眼就抓住观众。同时，环境设计中某一形态要素一旦被感知为图形，它就会取得对背景的支配地位，并使整个形态构图形成对比、主次和等级。

3. 构成良好图形的主要条件

① 面积小的部分比大的部分容易形成图形；亮的部分比暗的部分容易形成图形；同周围环境的亮度差，差别大的部分比差别小的部分容易形成图形（如图 10-1：1920 年，丹麦学者埃德加·鲁宾绘制了著名的——卢宾反转图形）。

② 对称的部分比带有非对称的部分容易形成图形。

③ 水平和垂直形态比斜向形态易成为图形。

④ 含有暖色色相的部分比冷色色相部分容易形成图形。

⑤ 单纯的几何形态易成为图形。

图 10-1 卢宾反转图形

⑥ 封闭形态比开放形态易成为图形。

⑦ 单个的凸出形态比凹入形态易成为图形。

⑧ 动的形态比静的形态易成为图形。

⑨ 整体性强的形态易成为图形。

⑩ 奇异的形态易成为图形。

(三) 格式塔心理学在环境设计中的应用

格式塔心理学的图底之分近年来主要体现在建筑设计中，相比之下，园林和景观对其应用更为广泛。

1. 涉及多种感觉

环境体验即使主要以视觉为主，也始终涉及听觉、触觉和嗅觉等其它感觉。因此环境设计中必须考虑不同感觉之间的相互影响。

(1) 相互削弱和破坏　视觉对象的美感很可能因为附近的恶臭、噪声、烟尘、狂风烈雨和焦油气味被完全破坏。优美的风景区四处是垃圾，汽车的鸣笛声会影响游客对风景的美感的向往。总的环境体验应该是多种感觉体验之和，任一种感觉体验不合格，如极丑、噪声极大、恶臭难忍、闷热难当，均会造成总的体验值下降。

(2) 相互加强或协同　简单的加强比较多见，身处名山，欣赏这清秀隽永的风景，耳畔边溪流潺潺，小鸟的月儿鸣声，顿感神清气爽，这就是多种视觉的加强作用。协同包含两层意思：一是某一环境所提供的多种感觉应与所在环境的性质相匹配；二是这些信息在质和量两方面应相互配合。只有当它们处于“最佳组合”时，才会产生良好的体验。

(3) 相互补偿或替代　倘若一个人因为生理或者心理的原因导致某一感官的功能受阻，相应的，其它某些感官的能力就会加强。譬如盲人，因为视觉器官功能受阻，于是环境中的声音，客体的外形、质感、气味等刺激对他们来说就显得至关重要。

园林景观大至风景区，小至庭院，其图形背景都涉及多种感觉。在环境设计中，充分重视和恰当运用上述原则，不仅能防止噪声、恶臭等不良后果的产生，而且有助于形成丰富多样和易识别的环境，从总体上改善人对环境的体验。

2. 视距和视点多种多样

观赏景观时，不仅视距会因景物远近而变化，而且视点高低也常随地形起伏而上下，如山有高远、平远、深远之分；对于处在俯视中的对象，如下沉式广场、小游园、湖泊等，特别要注意其平面形态的图形背景关系。

3. 具有多重层次

大致可分为两类：①向心多层次。同一或类似形态多层重复，因透视缩小而产生向心的会聚，多见于古城、民居和庭院的入口（图 10-2a）；②平行多层次。如远山的层次、晨雾中城市的建筑轮廓等（图 10-2b）。在多层次景观中，图底之分呈现复杂的转换关系：色调较浅层次中的图形在较深层次中往往淡化为另一图形的背景。

4. 关系错综复杂

建筑立面中的图底之分，如窗户与墙面、入口与立面等比较明确单纯，景观则不然，图形与背景往往犬牙交错，有时甚至显得凌乱（如商业街、自然景观），需要人为进行组织。同时，景观中图形的轮廓线往往曲折多变，有时显得淡化、模糊（如云彩、暮霭、远树等），因此图底之分可具有一系列尺度等级：从明确、较明确直到较模糊和模糊。在特定场合中，借助于云雾、烟雨、光影等自然因素，可以淡化或模糊图底之分，从而形成特殊的氛围和朦胧美。

5. 富于动态变化

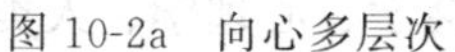

图 10-2a 向心多层次

图 10-2b 水平多层次

水景、云雾、光影等景观要素富于动态，易于形成多变的图形——背景关系，因而具有特殊的魅力（图 10-3）。

三、基本概念

（一）环境

通常可把环境理解为物理的环境、生物的环境、社会的环境、文化的环境、心理的环境等。环境在通常的意义上是被理解为物理的环境，即把环境看作是物理的存在，是物理的刺激。本书研究的环境属于心理环境的范畴。

图 10-3 动态背景关系

心理环境，就是被感知到的、被理解到的、被把握到的、被创造出的环境。心理环境是对人来说的最切近的环境。这种环境已经超出了物理、生物、社会、文化意义上的环境。就心理环境来说，它对人的影响是最切近的和最直接的。

（二）人的需要

A. Maslow 是美国人本主义心理学家和行为科学家。他通过对各种人物的观察和对不少重要人物传记的考查，把人类行为的动力从理论上和原则上作了系统的整理，提出了需要的层次学说，在西方具有较大影响。A. Maslow 认为人的需要基本上可分为下列六个层级：

① 生理的需要，如饥、渴、寒、暖等。

② 安全的需要，如安全感、领域感、私密性等。

③ 相属关系和爱的需要，如情感、归属某小团体、家庭、亲属友等。

④ 尊重的需要，如威信、自尊、受到人们的尊重等。

⑤ 自我实现的需要。

⑥ 学习与美学的需要。

这一需要层级理论联系到城市与建筑来看，第一、二两级需要是最基本的，即住者有其房，满足人的物质需要。城市与建筑的物质功能是第一性的，这是普通常识。

（三）行为

1951年，德裔美籍心理学家勒温提出一个著名的公式：B=F（P，E）。在此公式中，B表示行为（Behavior），F表示函数，P表示个体（Personality），E表示环境（Environment）。公式表明：人的行为是个体P与环境E的函数，即行为随着个体和环境这两个因素的变化而变化。人的行为是自身的个性特点和环境相互作用的结果。近代心理学家认为，心理现象看不见、摸不着，不同于自然现象，因此研究人的心理必须从人的行为，即从人对于刺激的反应着手。这些刺激可以来自外界环境（如见到熟人点头），也可以来自人体自身（如想起某件事笑出声来）。因此，有人提出行为是人的内在需要与外界环境的函数。另一些学者则强调行为的目的就是为了满足人的需求，这样就把行为与人的需求联系起来。

从生态学的角度来说，个体、行为与环境是一个完整的体系，行为是其中的一个特性。人则是环境中的一个客体，受环境的影响，同时也积极地改造环境，人与环境始终处于一个积极的相互作用的过程中。

（四）环境设计

泛指社会－物质环境设计，不仅涵盖有关的设计专业（室内设计、建筑学、风景园林规划设计、城市规划等），而且还包括社会学科（教育学、社会学、心理学、人类学等）；不仅涉及生活环境，而且涉及生活方式。

四、环境认知

（一）城市认知的要素

规划师林奇（K. Lynch）提出，组成城市认知的基本元素有路径（Paths）、边界（Edges）、区域（Districts）、节点（Nodes）、标志物（Landmark）。

1. 路径

路径是意象的主导元素，它可能是街道、机动车道、步行道、长途干线、隧道或是铁路线。凯文·林奇认为，路径具有连续性、方向性、端点明确性和可度量性等意象特征。人们正是通过在路径上移动的同时观察着城市，其它的环境元素也是沿着路径展开布局，因此人们是通过在路径上的所观所感认识城市意象的。

2. 边界

边界是线性要素，是两个部分的边界线，是连续过程中的线形中断，相互起侧面的参照作用。自然景观中如山、河、湖、海、沙漠、森林、沼泽、半岛等均能形成城市的边界线；人为景观如城墙、铁路、高速公路、港口、码头等，也能成为城市或地区的边界。边界的分隔作用较为明显，一条河流穿过一座城市，把城市划分为两个部分，又通过桥梁、隧道、轮渡把两岸又连成一个整体。这些边界元素虽然不像道路那么重要，但对许多人来说它在组织特征中具有重要作用，尤其是它能够把一些普通的区域连接起来，比如一个城市在水边或县城墙边的轮廓线。

心理学家德克·德·琼治提出边界效应理论，指出森林、海滩、树丛、林中空地等边缘都是人们喜欢的逗留区域，而开敞的旷野以及滩涂则无人光顾，除非边界已经人满为患。可见，人们的习惯行为是逃避众目睽睽一览无遗的地点，而是去寻找一些有依靠的边界。在设计中，有意识地创造人们喜欢的边界，也不失为一种好办法。

3. 区域

区域是城市中的一些地域，地域内的环境有某种共同的特征可被识别，是二维平面。人们可以在内部识别它，如果经过或向它移动时，区域偶尔也能充当外部的参照，如上海外滩、武汉汉正街等。

区域是观察者能够想象进入的相对大一些的城市范围，具有一些普遍意义的特征。在人们的经验中经常会获得这样的感知：你生活在城市的哪个区？城市作为一种结构性存在，必然要分为不同的功能区域，正因为有不同的功能，区域性的存在意象就是人们对城市感知的重要源泉。当人们走进某一区域时，会感受到强烈的“场域效应”，形成不同的城市意象。

在一定程度上，大多数人都是使用区域来组织自己的城市意象，不同之处在于他们是把道路还是把区域放在主导地位，这一点似乎因人而异，而且与特定的城市有关。

4. 中心和节点

中心经常是城市道路的汇聚点，是不同层次空间的焦点，也可能是交通的转换地，是城市中人类活动集中、人群集聚的地点，如广场、街道等。总之是这区域的焦点与象征，是人能够进入、并被吸引到这里来参与活动的地点。

节点是观察者可以进入的战略性焦点，典型的如交通线路连接点或某些特征的汇聚点；也可能是很大的广场，或是也可能呈稍微延伸的线条状；从更广阔的层面上观察城市时，它甚至可以是整个市中心区；当我们从整个国家或国际范围来考虑我们的环境时，整个城市自身也可以被看作是一个节点。

5. 标志物

按凯文·林奇的说法，标志是“物”而非空间，与“节点”不同，人不能进入其内部。它们是城市空间中的外部参考点。每一标志物均应有其自身在造型上的特点，让人一看就能识别。它帮助人们在城市中定向、定位，一看到这些标志物就大体意识到自己目前处在城市中的什么部位。比如建筑、标志、店铺或山峦，教堂塔尖、纪念碑、塔、牌楼、城门、雕塑、喷泉、大幅广告、霓虹灯，奇特的店面也都有这种作用。

标志物的作用不但帮助人们识别环境，对丰富城市艺术、城市景观也起重要作用，而且一般人在路途中，只要看到可识别的标志，找路、辨识方位的紧张心情就松弛平静下来了，因此标志物也被称为是“积极的城市建筑”，不可低估其作用。

（二）易识别性与环境设计

面对越来越庞大的景观体系及千城一面的混同形象，城市景观的易识别性被许多设计师默认为判断设计作品优劣的标准之一。易识别性是指人对环境空间模式和结构的理解方式和识别能力及其对所处环境形成认知地图或心理表征的容易程度。通常人们能够迅速找到自己所处的位置，并对周围的环境很熟悉，心理上则会带来安全感，那么这个城市景观的识别性较强；相反，如果人们置身在城市中某一处，因为不知道身处何处，心理上将会慌乱，则该城市的识别性较弱。如何提高城市的易识别性，本书从以下几个方面着手。

1. 环境的整体性是增强环境易识别性的关键

① 城市的结构模式　一般认为，具有固有结构模式的城市较易识别。岭南园林、北方园林和江南园林之所以能够被识别，就是因为它们存在着一种内在的固有的结构特征。如岭南园林的建筑轻盈通透，北方建筑却浑厚厚重，江南园林小巧玲珑，这些固有的特征，是识别它们的重要要素。

② 环境的层次性　人们日常在寻找一个目的地时，经常要依照从大到小的层次来进行。例如，人们决定在某一个场所寻找某物时，会选择从主要的入口进入，然后穿过前庭，中庭，再来到后庭院，直至找到目的物为止。

③ 保持区域景观的特色　加强区域景观的独特性，不仅可以提供丰富复杂的体验，而

且对环境的易识别性也有重要的影响。

④ 中心标志物　在环境中的适中位置设置中心标志物，对人的方位知觉有重要的意义。如我国某些城镇中心的地标建筑物，利用它独特的高度起到给人辨识方向、场景的作用，具有标志市中心的实际意义，这些中心标志物成为当地居民公共生活的中心，同时也加强了环境的易识别性。

2. 运用注意规律组织环境

从环境的整体性出发加强环境的易识别性稍显被动，毕竟客观的环境总是要通过人的主观意识去认知和反映的，环境的易识别性亦如此，熟知人们在空间环境中的行为规律，对识别性的创建更有体会。

① 运用注意规律组织环境　注意的广度（注意的范围），指在同一时间内能清楚地把握对象的数量。注意是贯穿于一切心理活动中的心理现象，在环境识别中，人的注意在形成认知地图中起着十分重要的作用。为了运用注意规律增强环境的易识别性，可以适当的突出标志物，人们在动态的流动过程中通过对标志物的关注达到导向的目的。不过，人们注意的对象，由于生理极限，是有一定的范围的，标志物的设置不能滥用，同一个地方设置繁多的标志物是无意义的。研究表明，人们记一系列数字时，往往以几个数字为一组，数字太多，反而记不住。

② 根据识记特点设计环境　环境的易识别性与人的空间行为中的识记特点紧密相连。在人工环境的设计中，为了提高环境的易识别性，必须遵循识记的以下特点：寓共性于个性；无意识记忆；必要的时候，可以借助地图。

五、空间行为

空间行为（Spatial Behavior）为环境（建筑）心理学八大研究领域之一。

（一）领域和领域性

1. 领域

领域（territory）：人占有和控制的特定空间范围，它与建筑学中传统的空间概念既有联系又有区别。阿尔托曼将领域分为以下三类：主要领域（primary temitories）、次要领域（seconday temitories）和公共领域（public temitories）。

① 主要领域　使用者使用时间最长、频率最高、控制感最强的场所，譬如家、办公室、学校等。主要领域为个人或群体独占和专用，并得到明确公认和法律的保护，外人未经允许闯入这一领域被认为是侵犯行为，会对使用者构成严重威胁，必要时用武力保卫也被认为是无可非议的。

② 次要领域　次要领域对使用者的生活不如主要领域那么重要，不归使用者专门占有，使用者对其控制也没有那么强，属半公共性质，是主要领域和公共领域之间的桥梁。次要领域包括夜总会、邻里酒吧、私宅前的街道、自助餐厅或休息室的就座区等。这些场所向各种不同使用者开放，其中可能有的个人或群体是这里的常客，他们在这里比其他人显得更具有控制感。还有一些类型的次要领域，如住宅楼的公用楼梯间，房前屋后的空地，如果被某些人长期占用，则可能变成半私密领域而被占用者控制。

③ 公共领域　可供任何人暂时和短期使用的场所，当然在使用中不能违反规章。公共领域场所一般包括电话亭、网球场、海滨、公园、图书馆及步行商业街座位等。这些领域对使用者不很重要，也不像主要领域和次要领域那样令使用者产生占有感和控制感，因此当使用者暂时离开时被他人占用，原使用者返回后一般不会作出什么反应。但如果公共领域频繁地被同一个人或同一个群体使用，最终它很可能变为次要领域。例如学生常常在教室选择同

一个座位，晨练的人群常常在公园中选择固定的场所，如果这一位置或场所被他人或其他群体占用，则会引起不愉快的反应。

2. 领域性

领域性（territoriality）：是与领域有关的行为，指个人或人群为满足某种合理需要，要求占有或控制某一特定空间中所有物的习性。领域性的内涵包括以下几种：①单一个体，成对或群组控制着一块领地；②领域是针对同种族的，其他种族可以自由进入；③有领域就有入侵，因此有防卫问题；④即使一个较弱的个体，在其领域内能强有力地唬住入侵者；⑤领域可能与生育有关，虽然控制领域只是控制地区，而非控制雌性；⑥保卫领域的另一方面就是入侵。

(二) 个人空间和人际距离

1. 个人空间

心理学家 R. Sommer 最早提出个人空间（Personal space）的概念。他认为，每个人身体周围都存在有一个既不可见又不可分的空间范围，对这一范围的侵犯或干扰，将会引起被侵犯者的焦虑和不安。概言之，个人空间是指以个体为中心的不容他人侵犯的有形或无形界限的空间。一般说来，个人空间前部较大，后部较小，两侧最小，即从侧面更容易靠近他人。个人空间受到侵犯时，被侵犯者会下意识地作出保护反应。

关乎个人空间，Edwad Hdl 说："如果这不是人的天性，也是植根于过去人类的生物性"，与性格学家们所谓的"个人间的距离"（individualdistglce）含义是一致的。

2. 人际距离

人类学家霍尔（E. Hall）研究了相互交往中人际间所保持的距离，并把它们归纳为四种（每一种又划分为近距离与远距离两种）。

① 密切距离（intimate distance）　一般在 45cm 以下。近距离在 0～15cm 内，处在此距离时，个人空间受到干扰。一般为男女间谈情说爱的距离，只有双方同意才能如此，有很大程度身体间的接触，视线是模糊的，声音保持在说悄悄话的水平上，能感觉到对方的呼吸、气味等；而在 15～45cm 的距离里，人们可以与对方接触握手。密切距离主要是在夫妻、情侣之间以及爱抚孩子、格斗时发生。在公共场合与陌生人处于这一距离时会使人感到严重不安。

② 个人距离（personal distance）　近距离 45～75cm，是能最好地欣赏对方面部细节与细微表情的距离；远距离 75～120cm，即达到个人空间之边沿，相互间的距离有一臂之隔，说话声音的响度是适度的，不再能闻到对方的气味，除非有人擦香水，人们可以清楚地看到细微表情的交谈。个人距离与个人空间的范围基本一致，一般用于亲属、师生、密友之间。

③ 社交距离（social distance）　近距离 120～210cm，接触的双方均不扰乱对方的个人空间，能看到对方身体的大部分。双方对视时，视线常在对方的眼睛、鼻子、嘴之间来回转，这往往是人们在一起工作社交时保持的距离；远距离 210～360cm，此时，对方的全身都能被看见，但面部细节被忽略，说话时声音要响些，但如觉声音太大，则双方的距离会自动缩短。社交距离一般用于处理工作事务，也包括演讲、听课等情况。

④ 公共距离（public distance）　近距离 360～760cm，此时说话声音比较大，讲话用词很正规，对人体的细节看不大清楚（甚至可以把人看成物体），这个距离在动物界大约相当于可以逃跑的距离；距离若在 760cm 以上，则全局公共场合，声音很大，且带夸张的腔调，需借助姿势和扩音器进行讲演。

(三) 私密性

1. 私密性和公共性的心理学含义

① 私密性（Privacy） 私密性可以概括为行为倾向和心理状态两个方面：退缩（withdrawal）和信息控制（control of information）。退缩包括个人独处，与其他人亲密相处，或隔绝来自环境的视觉和听觉干扰。信息控制包括匿名，即不愿别人对自己有任何了解；保留，即个人对某些事实加以隐瞒，如人们常说的隐私权，当然不包括对犯罪的隐瞒；不愿多交往，尤其不欢迎不速之客。

阿尔托曼对私密性提出以下定义：对接近自己或自己所在群体的选择性控制。从这一定义可以看出，私密性是个人或群体需要控制他人与自身的接近，即需要控制与他人交换信息的时间、方式和程度。这种对私密性的需要具有四种基本状态：孤独、亲密、匿名和保留。

私密性具有四种基本作用：它使人具有个人感，即可按照自己的想法支配自己的环境；在他人不在场的情况下充分表达自己的感情；使人进行自我评价、闭门自省其身；私密性具有隔绝外界干扰的作用，同时又能使人在需要时保持与他人的接触。

② 公共性（publicness） 人的心理具有社会性的一面，即需要参与公共活动和相互交往。关于人的公共性，心理学家提出了社会向心空间的概念来解释。社会向心空间，如休息室、咖啡馆、广场等总是倾向于促使人去追求丰富复杂的刺激，吸引人聚集和相互交往。

第二节 视觉形象与园林文化

一、视觉形象的识读层次

人置身于某一个特定环境时，由环境的花草树木自带的属性通过视觉将会让我们产生各种各样的感受和联想，最终影响我们的情绪、心境乃至志趣。当一个环境以园林景观的形式出现在我们眼前时，不用质疑，设计师这么做的目的必是为了取悦大众，是根据人们的心理行为特征对自然环境做了系列的改造。因此，可以这么说，园林景观是高层次的视觉心理感受内容，已经脱离了单纯的依赖视觉三要素，更多的掺杂了复杂的社会文化性，诸如感情、伦理性、宗教性、哲理和审美。概言之，景观、园林与文化是高层次的视觉心理感受内容。研究园林和景观，必定少不了了解人类的视觉心理感受内容。

（一）心理层次论

弗洛伊德将人的心理结构自下而上分为意识、前意识、潜意识三个层次。

① 意识 是人能认识自己和认识环境的心理部分，在人的注意集中点上的心理活动都属于意识层次。如人对外界环境各种刺激的感知力等。

② 前意识 是处于意识和潜意识之间的意识层次。在前意识层次中的心理活动是目前未被意识到，但在自己集中注意或经过他人的提醒下可以被带到意识区域的心理活动。

③ 潜意识 是人无法直接感知到的那部分心理活动，主要包括原始冲动和本能，以及一些不被社会标准、道德理智所接受的被人压抑着的欲望，或明显导致精神痛苦的过去的事件。潜意识在人类生活中具有重大作用，不仅是个体精神生活的实质、人格发展的根本动力，而且是人类社会形成的基础和社会发展的内在动力，决定着人的全部有意识的生活。

意识具有能动性，当人们在观赏景观的时候，将会产生一系列联想的心理活动，这些心理活动存在着由低到高的层次结构，即：生理的⟶感觉的⟶知觉的⟶记忆、表象、思维、判断⟶情感、意志、品操⟶哲学、美学、科学。高级心理活动以低级心理活动为基础；无意识和有意识相互渗透；感性和理性相互交织；艺术概念和情感相互融合，最终完成审美经验从量到质的飞跃。但是并不是每一个心理活动都推向高级，可能在某一个低级阶段就终止。而人对园林、景观的审美，就是这种复杂而多层次的审美心理活动，具有文化性的特征。

（二）形的视觉心态

形通常指能看到的物体特征的平面形和结构形，形是物体外形上最本质的特征，比如正方形、圆形、三角形、心形、锥形、楔形等。但是物体的形并不单纯等于物体的轮廓线，譬如一个雕塑的正面轮廓线可以表现为一个矩形，然而矩形显然不能表示雕塑的形状特征，它只是雕塑的抽象外化形式，雕塑的特征除了表现为矩形外，还与它的细微形态结构密不可分。因此，物体的真实形状是由它的基本空间特征所构成。由此可见，我们认知形状的过程并不是看到物体表面和轮廓的简单过程，而是对视觉空间特征进行提炼，然后再总结感知的过程。这种对形状的提炼和感知能力在我们很小的时候就已具备，譬如西方人和亚洲人五官轮廓大体相同，但是我们还是可以根据他们面部细微的变化区别出他们来。当然，对形状的感知也会受到经验和主观作用的影响，当我们看到不熟悉的形状，或对某个形状未辨认清楚时，就会按照我们的经验或当时的期望来理解我们看到的形状。

认识了形，仅仅停留在感觉层次，人的大脑会对形进行综合分析，通过筛选、选择获得形的特定信息，然后产生一系列相关的结论，此时便上升为知觉层次。从理论上说，视觉形象的审美特征是进步的。随着社会的进步，人的文化活动渐渐丰富起来，人对视对象的审美要求和表现能力也随之提高；由于文化的发展，人对视觉形象就产生了越来越多的审美心态；视觉心态所产生的心理现象，其本质还不是最高的审美层次；最高的审美层次，随着社会历史的发展，又把审美推向对这种语义的否定、升华，走向纯审美的，即形式美的方面。

（三）形的视觉高层次语义

人们对形的认知过程通常包含了从视觉印象到情感抒发的一个过程，情感是认知过程的一种升华，较为恒定。情感主要受景观的外界刺激，人体的心理感受的共同作用。当景观与人产生了情感的联系时，形便进入了视觉的高层次，具有文化性。对个人而言，形的视觉高层次含义不外乎四大类：即缘情之美、言志之美、比德之美、畅神之美。

① 缘情之美　以个人的经验为识读基础。一个人，因为有过去的经历，或者听过故事，见过电视，在面对与之相关的客观视觉对象时，难免将情思倾注入对象中，从而赋予视觉对象不同的情感特征。譬如西湖雷峰塔，每年吸引大批游客前往，也许不是雷峰塔的外观原型吸引着人们的到来，而是人们被《白蛇传》的故事感动，因此对雷峰塔充满好奇而欣然神往。

人是有感情的，景观创造的目的主要是表现感情。如果人和艺术都不从感情出发，也许都会没有生气，甚至没有生命了。

② 言志、比德之美　言志与比德，与社会文化内涵密不可分。山水比德，是儒家的美学思想。“仁者乐山，智者乐水”，山水是仁德的象征。如树的比德、言志符号，更明显地是人为的。周敦颐写道，“出淤泥而不染……只可远观而不可亵玩也！”赋予了莲花君子高洁之性，后人常用莲花形容君子高风亮节的情操。由此可见，植物的比得、言志之美，多是人为赋予，文化传承后一种约定俗成的习惯。

③ 畅神之美　美育的最高的、最典型的却在畅神之美。畅伸一词，原出自南朝画家宗炳，他在《画山水序》中说：“……峰瞄皖毙，云林森吵，圣贤陷于绝代，万趣融其神思，余复何为哉？畅神而已。神之所畅，孰有先焉！”畅神就是使精神得到畅快，不受社会宗教伦理的牵连，但又不同于由生理的满足所产生的快感，而是一种美感。

畅神性的景观空间，专指那类引起人们某种既惊惧又欣喜的景观（空间），这种情感并非来自景观本身，而是一种延伸性的感知。譬如人们登山探险，登山的乐趣不仅仅在于欣赏沿途的风景美，而是体验那一系列惊险，并获得美的感受，便是畅神之美。在风景园林中，如果我们排除思想性和文化性一面，只就景的形式使我们产生美感，则就是畅神之美。当然，单纯地只有畅神的形式美的景几乎很难找到，而单纯只有畅神的，不夹杂思想性和文化内涵的感受也几乎很难遇到。

畅神，是审美心态中的最高境界，它又排除了种种社会伦理习俗等文化层次，而跃到了一个新的审美境界。

（四）视觉形象的艺术文化心理

高层次的视觉心理活动，属文化性的，或者说是观念形态性的，所以有许多约定俗成的性质。这种视觉的语言（或者说视觉符号）基本上都是人为的，是后天教育的结果。涉及社会文化、社会习俗、社会观念等内容。欣赏一件艺术品，形式只是带给人们美的感受，但是似乎会引起人们更多的联想，则取决于这件艺术品本身的文化性。文化性愈强，联想面愈大，带给人的震撼力愈强。在景观园林中，当联想的内容涉及社会文化、社会习俗、社会观念等内容时，由视觉引起的联想则十分丰富多彩。因此，园林景观要激发游客的联想，增加游赏的情趣，注入文化要素。无论是地域文化还是外来文化，大凡自身修养有一定基础的人，在看到这样的景点后，就会联想翩翩，收获远大于视觉带来的美感。

（五）地域文化范畴下的视觉形象识读

不同的地域，由于自然条件不同，政治、经济、历史等条件不同，因而形成不同的地域文化，地域文化是形成景观识别性的主要因素。所谓地域文化，是这一地域的社会历史和现实的外化。地域文化蕴含在园林景观中，通过视觉形象而外化。例如风水古城阆中，其建筑的布局遵循风水原理，融入三国文化，将地域特色表达出来，令游人欣然向往（如图 10-4）。

图 10-4　阆中古城三国文化（来自百度）

这种地域文化反映在人们的心理活动中，就是地域文化心理。地域文化心理主要有两种表现形式，一种是以乡土观念（地域观念）为基础的亲缘心理，另一种是以地域文化为基础的依从心理。地域愈小，地域文化心理则愈强，这种心理在当时当地可能察觉不出来，一旦到了异地，感触颇深。人的美感不仅来源于直接的感官感受，还来自潜在的深层文化体验，人们对熟悉的环境，通过意识、感知、联想而建立起一种温馨的隶属于家的修正分子，再形成一系列在精神和心理上的美的感受。人的美感经验受制于人的文化修养和社会经历，熟悉的环境在另一个地方再现出来同样可以产生强烈的回归感，因此，园林中不乏以家为理念，描绘家乡的风土人情的优秀艺术作品。研究地域文化心理，有助于我们在环境改造时、作出能够引起人们心理共鸣的好作品。因此，城市景观的规划应该在传承文化的基础上，寻求变通的统一。

（六）历史文化范畴下的视觉形象识读

文化的历史性，根源于民族的、宗教的以及伦理的意识，是一个过程的集合体，以时间量为参考指数。中国园林的发展史是一部绚丽的史书。古时候，人们对自然界的崇拜，对日月、山河、动物植物的敬仰，源于一种宗教心理，因自身的心智不成熟而产生的一种敬慕；之后，园林开始出现，随着诗词歌赋的繁荣，园林走向文人写意时期，那时候的园林是文化的沉淀；明代江南私家园林继承宋朝写意山水画的艺术经验，规模更倾向于小型化；现代，随着科技的发展，人们对自然的足够认识，唤起了人们操纵自然的欲望，于是软件在园林中开始利用，人工环境愈来愈常见，这个时候，园林是科技发展的象征。江南园林，岭南园林，川西寺庙园林都有自己的发展历程，横跨一个时间过程，是历史遗迹的象征。这种精神文化因子在园林中的传承不但可以带给人强烈的自我认同感和对城市的悠久历史产生由衷的敬意，而且通过合理的保护让人了解场地的历史过程，增加场地蕴含的深厚意境。现代都市人生活在绚烂旖旎的高楼大厦中，然而失落感却从来没有弥补，人们向往自然的城市，仿古的城市，以及近自然的公园，设计师对古城的建设建立在保护传承的宗旨上，对街道、文物(图 10-5a、图 10-5b、图 10-5c、图 10-5d)、风俗习惯、建筑的修葺保护，是历史文化在园林中得到合理运用的前提，它们的存在，极易激发起游客强烈的民族情感，某一种程度上，当面对外来文化的入侵的时候，它们备受人们的保护。

图 10-5a　清代文物（二）

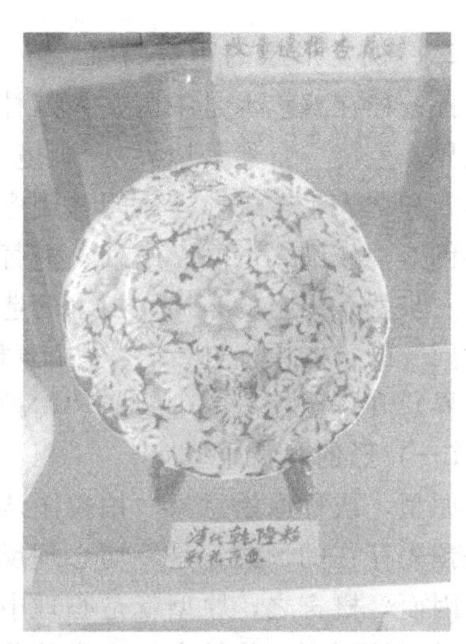

图 10-5b　清代文物（一）

图 10-5c　阆中古城文化

图 10-5d　清代石刻

（七）形式美的心理分析

美，对景观来说，其最高的最主要的存在形式就是视觉形象的形式美。所谓形式美，是指存在于自然、社会以及艺术、科学领域中审美客体形式因素及其有规律的组合，即一定色彩、线条、形状、声音、节奏、旋律的组合安排等。形式美作为审美存在系统，具有相对独立的审美特性和价值，是美的形式的升华，是一种“有意味的形式”(克莱夫·贝尔语)。

作为独立审美价值的形式美，其构成法则具有单纯整齐律、对称均衡、调和对比、比例匀称、韵律节奏、主从协调、多样统一等特点，其中，“多样统一”是形式美的最高法则，它制约着形式美的其它许多具体原则。在“统一”过程中，无论侧重于什么，都要根据反映对象的具体特点与创作主体的个性风格，作出慎重的选择。同时，形式美的一切要素的种种组合，都应当“和而不同，不同而和”，是一个活泼而有序的整体。这就是形式美所追求的一种自由和谐的高级境界。形式美的构成法则决定其审美特征具有观赏性、恒久性和意味性。

形式美是审美心理中的最高层次的美感，但需要具有审美修养，审美修养是审美能力的基础，人人都有审美能力，但有高低之分。任何艺术品都有褒贬之分，那便是不同审美修养的具体体现，要提高人的审美修养有两个途径：一是风景园林的实践，即多欣赏、多品味；二是艺术的实践，即多接触各种门类的艺术，书法、雕塑、建筑、诗词、音乐，乃至舞蹈、戏剧等。

二、视觉形象的审美特征

孙筱祥在《艺术是中国文人园林的美学主题》一文中讲到了园林创作三个递进的美学序列境界：生境（自然美境界）、画境（形象美境界）和意境（心灵美境界）。生境，即从“大自然”和“人生”中，搜索园林创意造景的“艺术原形”。画境，即用画家的眼睛对原型进行再创造，使纳入空间、序列、演替等园林空间、时间布局之中。特别指出了文人园林造园的第一步就是山水的布局，山水的造景手法必须遵照《山水画论》中所说的“山要环抱，水须萦回”的构图原理进行，“季相演替”是考虑的重点。最后则是从第二个美学境界（形象美境界）升华至浪漫的理想的“精神净化”的境界。

（一）形的视觉原型

原型，或称原始意象。柏拉图认为原型乃事物的理念本质；荣格认为，原型从字面上讲就是预先存在的形式，是一切心理反映的普遍一致的先天经验形式。这里的形式是指心理形式。因而，概言之，原型就是心理中预先存在的形式。

景观的原型，就是人们看见的共同的形式，当景观以形存在于我们的视觉中，形的丰富多样性，又带给人不同的心理感受。景观的型多种多样，但是主要是以以下三种型作为存在形式：直立形、横向水平形和纵向水平形。

直立形的视对象，具有庄严、雄伟、神奇之感。如巍峨高山，令人产生宏伟壮观、高不可攀的心理；风景园林中，特别是纪念性广场、纪念碑、人物雕塑通过基座延伸纵向高度，令人睹物思人、思事，对场地产生庄严肃穆敬重的心理（图 10-6a）。

横向的水平形能令人产生愉悦之感，如波光粼粼的湖面，人置身其中，烦躁的心情顿时平静下来，反而涌出一股愉悦之感。造景时，路面的波纹形铺装、各色花卉、灌木塑造的彩带形花坛，以及造型奇异的停车棚、建筑屋顶，都是利用横向水平形带给人们轻快之感（图 10-6b）。

纵向的水平形则是缘情的。一条道路，一条狭长形河流，远眺不到头，给人无限遐想的空间，或者思念，或者惆怅。造景时，不妨拉长视距，或者设置高台提供居高临下的意境，增加景的缘情意境，给人无限想象的空间（图 10-6c）。

（二）形象与形式感

形象与形式感，宛如书法的形质与神采。“神采”依托“形质”存在，没有可见的

图 10-6a　直立形

图 10-6b　横向水平形

图 10-6c　纵向水平形

“形”，便无可感的“神采”。“形质”是以视觉把握的物质形态，“神采”却是物质形态所展露的精神气象。在中国绘画美学上，也有“形”与“神”的概念，有“以形写神”之说，以“神形兼备”为美，似有与书法所讲的“形质”与“神采”相同的意思。其“形”、“神”的有与无、美与丑，以绘画所反映的客观对象为依据，要求绘画不仅得客观对象之“形”，而且更要得其精神，做到“形神兼备”。东晋时代南派书法的开山祖钟繇的楷书，字体古雅，历代书法家都称赞其“高古淳朴，超妙入神。”书圣王羲之的《兰亭集序》刚健婀娜，字字珠圆玉润，风姿俊秀（图 10-7）。由此可见，书法的形神兼备，是古人审美的一个标准，形态万千，神韵缤纷，正所谓百花齐放。

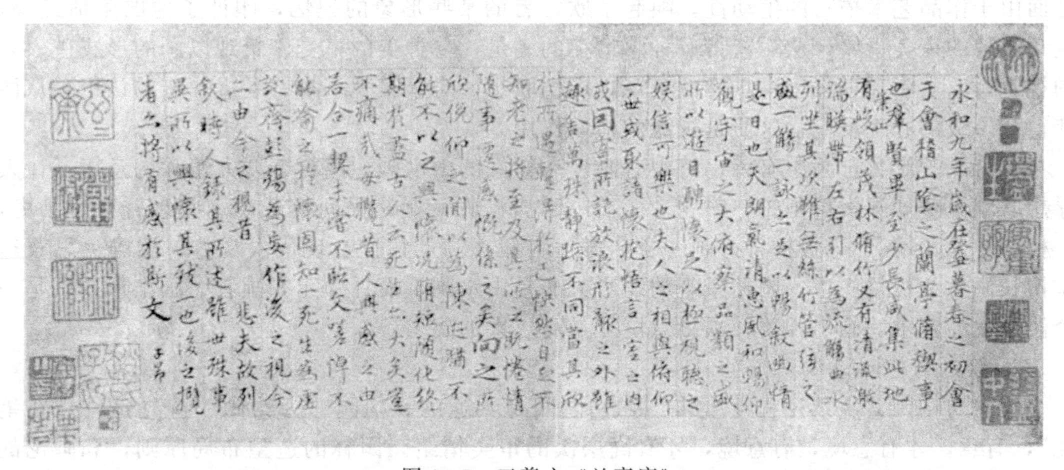

图 10-7　王羲之《兰亭序》

景观园林的形象和形式感，与书法的形神有异曲同工之妙。景观与园林中的形，是其外在表现形式；神，则可以分为文化约定的和审美形式的两种。形的文化约定语义并非视觉原型语义，它是人们附加的，但又是人之共同的东西。如黄山迎客松，这种“迎客”的形象不是直观象形，而是要靠人去意会（意象），但是每个人意会的含义不约而同；形的审美层次的最高一层，便是形式美。

（三）距离、尺度的感知与审美

形，除了它本身的视觉概念外，对审美主体与形之间的关系来说，还有距离、尺度和方位这些属性。这些属性的意义虽然不及形本身来得直接和显现，但却也参与着审美感受。

距离、空间尺度大小对人的感情行为等有巨大影响。研究表明，空间距离愈短亲切感愈强，距离愈长愈远；除了距离外，实物的高度和距离比例不同，也给人不同的视觉感受。美国建筑师 Camilio Ssitte 提出广场宽度 D 和周围建筑高度 H 之比应该在 1∶2 之间为最佳尺度，这时给人的领域感最强。当这个比例小于 1 时，广场周围的建筑显得比较拥挤，相互干扰，影响广场的开阔性和交往的公共性；当这个比例大于 2 时，广场周围的建筑显得过分矮小和分散，起不到聚合作用，会给人产生空间离散感。人们对距离尺度的感知是一种模糊的，不可测的印象，犹如一个人走路一般，走了多少米？走的愈短估计就愈接近真实数字，相反，走得太远了，误差就愈来愈大。

（四）视觉形象的横向作用——美术

1. 园林与绘画的关系

中国古典园林多出自文人、画家与匠工之手，一方面他们参与园林的设计规划、品评；另一方面他们的不朽之作也影响着园林发展的方向。园林鼎盛时期的明清时代就是最好的证明，明代画家流派众多，擅画花木竹石图，而这些作品成为当时园林小品构图的重要范本；许多建筑上描以彩绘，或人物、花鸟、兽类，象征着吉祥如意、万事通达的意思；地砖上刻绘竹、兰、菊或其它图案，用以比德，增加场地的意境；甚至在建筑上描绘三国水浒等系列传奇人物；古典园林三苏祠内便有系列的壁画，用人物花鸟植物表现一种怡然自得的生活情趣（图 10-8）。可以这么说，中国山水园林是山水诗、山水画的物化形态，是名画荟萃的集中宝地。

2. 中国画与园林美

常言道，风景如画。观景宛如观赏一幅图画。图画美不美，能不能引起观者的共鸣，进而产生一系列的联想，与画本身的意境和观赏者自身的修养有密切关系。所谓美术欣赏，一方面由于作品艺术描写的生动性，唤起了欣赏者的某些形象的记忆，印证了他的生活经验，调动了他的审美情绪，从而获得一种感情上的满足，一种美的享受。景观以画的形式进入人的视觉，欣赏者通过环境中具体的景观，产生联想，对于客观事物有了进一步的认识，从而获得高一级的心理反应，这便是视觉的横向作用。

古诗人王维言：画中有诗，诗中有画。一幅好的山水画，蕴含着博大精深的意境，让人浮想联翩。譬如郑板桥画竹，曾题“衙斋卧听潇潇竹，疑是民间疾苦声。些小吾曹州县吏，一枝一叶总关情。”郑板桥将诗画融合，表达自我孤高的情操。现代人观竹，总难免思及这位擅长画竹的板桥先生。园林景观的缩影无非是山水画，设计师宛如画者，画出形式只是一个浅层次的要求，画出神韵、画出意境才是高层次的要求。

3. 绘画与构园

绘画与构园，从某种程度上讲，它们之间是共通的。构园即为绘画。首先是“意在笔先”，有意，才有意境，有意境，才有高层次的审美情绪。园林的造型布局原则，和画论的“经营位置，空间构图”等山水布局艺术原则一致，找对构图中心，找准最佳视角，方能获得好画。园林设计之初，是以画的形式展现出来的，然后用施工在现实场景中还原画的本色，故画画和构园，是具有共通性的。

图 10-8　三苏祠：壁画

（五）视觉形象的横向作用——音乐

音乐不同于绘画，绘画是对对象的模拟描写，利用光影、形态、色彩达到一种近似的再现作用；而音乐是抽象的听觉形象，它的审美心理由听觉形象（信息）激发出来。作曲家、歌唱家通过为音乐取一个生动的名字，诸如《在希望的田野上》、《维也纳森林的故事》等；或者在音乐中模拟自然界的泉咚声、鸟语声，让人通过听觉产生联想的再现作用，达到审美的目的。概言之，美感，无论是听觉形象还是视觉形象，或者是视听兼有的形象，其审美判断是一样的。因此，造园布景，从审美修养来说，不只是视觉的，也还有听觉的。

景的画面性容易被人理解和感受，但往往是浅层的直觉心态，所以几乎任何人都能体会到“风景如画”这句话。而景的音乐性则不易被人们接受、联想；可是一旦联想，则意境深远，是深层的知觉心态。

譬如，当我们听到华彦钧的《二泉映月》时，美妙的乐曲仿佛把我们带入了山水秀丽的江苏无锡：在我们的眼前，仿佛展现出惠山“天下第二泉”那美丽的景色。伴着泉水的涌动，这支婉转的乐曲又仿佛在向我们讲述着一个不平凡的故事。当我们听到贝多芬的《田园交响曲》，便会联想起欧洲的那些田园牧歌式的景观。由音乐产生的联想必须有两个条件：一是对这首歌曲本身有所领悟，二是对歌曲所涉及的画面有一定的感知。若无此二条件，是不可能有真的感受的。

（六）视觉形象的横向作用——文学

关于文人园林的研究内容包括文人思想、文人园林的起源、发展、立意与布局、文人园林意境的审美观念等，这些内容涵盖面宽且有较好的深度研究。其中文人思想主要从文人园林的社会背景、哲学思辨和伦理观念等几个方面作为论述的源头，发掘出儒家、道家思想和禅宗思想对于文人园林写意山水画式风景的塑造作用，进而形成了中国园林特有的“以画入园”的美学现象，并营造出“天人合一”的意境。继承古典园林的特色，现代风景园林与诗词关系更密切，有人说，不会赏诗就不会造园。诗情画意是风景园林的美之所在。

1. 园林与小说

小说中，不乏有人物、环境的大量描写，这其中，往往涉及园林。清代曹雪芹的巨著《红楼梦》中，对大观园的塑造描写渗融着造园的艺术，从园林的设计原则、总体布局、院落划分、空间对比、植物栽培、景点点缀以及显示大小、曲直对比、虚实相容、藏与漏借用人物的对话加以品评，实则是对造园的一大领悟；明末秀才李渔在《闲情偶寄》中对园林建筑颇具卓见，其《居室部》中对房舍、窗栏、墙壁、联匾、山石的构造、布局论述甚详，意境深远。小说除了品评园林的外化形式外，更重要的是通过园林寄托某种情操，介意烘托人物事件的意境。譬如《红楼梦》潇湘馆借用梨花，湘妃竹烘托林黛玉多愁善感的性格，这就是景物与人合一的最高境界。

2. 园林与诗词

中国古典园林，蕴含着极大的诗情画意性，骚人墨客对园林的喜爱，作诗颂咏者不少。如周敦颐的《爱莲说》将园林水景之莲花描绘得栩栩如生，更是添上无穷的意境，令人对莲花的君子高洁只可远观不可亵玩；周维权的《中国古典园林史》从文人园林的起源、发展到成熟各阶段的成就和特色，与当时之文化、思想、政治、经济、技术的关系，特别是与诗、画之间的相互影响。文人园林的出现，往往与诗词歌赋、楹联、碑刻、书条石、匾额相联系，从某种程度上来讲，那是文学在园林中的运用和体现。成都浣花溪公园内设诗歌大道，将文人雅士的诗词雕刻于地上，当游人游步其中时，一边赏景赏诗，一边获得身心的陶冶（图 10-9）。

图 10-9 浣花溪文化走廊

3. 园林与戏剧

中国戏剧有越剧、川剧、京剧、锡剧、昆曲等种类。越剧的故乡绍兴，这里的山山水水和越剧唱腔也许称得上互补。江苏无锡有锡剧，才子佳人，充满着人情味，是这里人们的感情映射；而无锡太湖风光，则又与这种唱腔协同着。皖西南、鄂东一带，流行着一种美丽的地方剧种，即黄梅戏。那种柔和清丽、宛约多情的唱腔，不仅为当地人们所喜爱，而且已经遍及全国，与绍兴的越剧相媲美。古人将赏戏听曲视为风流雅事，园林中为了迎合人们的这一心理便有了许多戏台的出现，诸如颐和园的‘德和园’，豫园的‘点春台’，留园的‘东山丝竹’。许多戏曲，甚至以雕刻的形式进驻园林，壁画、石碑、条石等描绘了戏曲后，给建筑增加了艺术意境，有画龙点睛之妙（图 10-10）。

4. 文学与园林美

黑格尔说：“艺术内容在某种意义上最终是从感性事物，从自然取来的；或者说，纵使内容是心灵性的，这种心灵性的东西也必须借助外在现实中的形象，才能掌握得到，才能表现出来。”这即是说，文学的情感美和哲思美都离不开表现方面的形式美。美学家有个命题叫“美在形式而不即是形式”，说明形式与内容的和谐统一才能铸成艺术的美，其关系犹如服饰与人体，相得益彰，才能称之为美。

图 10-10　苏小妹三难新郎

（七）视觉形象的横向作用—书法

1. 书法与园林

中国历代书法家的各种书体，都以各种形式留存在园林中，园林也是中国书法的集萃之地，书法以碑志塔铭、法帖、书条石的形式存在于园林中，或通过镌刻、拓本广为流传。一些名家的书法墨宝，存于纪念性园林中的博物馆供后人瞻仰，让后人一睹为快，遐想分呈。如图 10-11，将书法描绘在石材上，可以作为景观的入口景观，给人眼睛一亮，与众不同的感觉。

(a)　(b)　(c)

(d)　(e)　(f)

图 10-11　书法在园林中的形式

2. 书法与园林美

书法本身风格迥异，或遒劲，或娟秀，或隽永，形式感强；书法内容意境深厚，为书法本身添上无穷美境。鲁迅在《汉文学史纲要》中指出汉字具有三美：意美以感心，音美以感耳，形美以感目。书法是抽象的艺术，是笔墨的点划勾动态变化的组合，书法的笔画之美就是形之美。书法以丛帖碑刻楹联的形式点缀园林，具有古典之美。如避暑山庄的绿毯八韵碑，李渔在《闲情偶寄》中提到的蕉叶联、秋叶匾，韵味十足。

三、视场空间的构成与审美

（一）空间视觉基础

人们观赏景物时，从视对象到人之间，是空的部分，如果把这许多空的部分集合起来，则就是人存在的空间，即视场空间。视场空间依靠实体限定出来，限定一个空间可以从两个方面出发，一是水平方向的限定，二是垂直方向的限定。前者可以归纳为围、设立；后者有覆盖、凸出、凹入、架起和肌理变化等。

1. 围

围是空间限定最典型的形式。围将空间划分为内外两部分，一般来讲，内空间具有明确的使用功能。围的高低不同对人们水平的行动方向有不同的障碍感。围合度愈高，封闭感愈强，障碍感愈大（图 10-12）。

图 10-12 围

2. 设立

设立是一个物体设在中间，是实心的，空间的水平占有范围甚小，因此它所限定的空间是在“设立物”的四周。这样，不但空间的形成较为含蓄，而且空间的“界”是不稳定的，时大时小的。这种空间的范围随设立物本身的大小和强弱而定，也随人的心理感受而定。

设立是空间限定最简单的形式，设立仅仅是视觉和心理上的限定，不能够确定具体肯定的空间，因而设立所形成的空间没有明确的形状和尺度。设立形成的空间具有强烈的聚合力，因此设立往往是一种中心的限定。如思源广场上的青铜宝鼎能引导人们向此集中（图 10-13）。而当设立的构件呈横向延伸时，这种聚合力也会顺势产生导向的作用。

图 10-13 设立广安思源广场青铜宝鼎

图 10-14 覆盖

（来源于：baidu）

3. 覆盖

这种空间给人含蓄、暧昧之感，因为它只有顶界面，人可以自由地出入其间。这种空间的存在，一半要靠人的想象构成，所以许多园林中往往采用这种空间形式。从心理学上说，人的行为基本上以横向为主，那么这种水平方向的自由性，正符合审美的自在、随机特征。这种行为需求的满足，就升华为美的形象，成为一种审美符号。

覆盖是形成内部空间感的重要手段之一。覆盖使内部空间获得庇荫，因此在空间上、功能上和场所中都是一种重要的限定方式。建筑、构筑、植被、设施等都可以成为覆盖。覆盖与“灰空间”的产生有着重要关系（图 10-14）。

4. 凸出

凸起的那一部分平面，被限定出一个空间，这种空间同样是行为的一种想象，因为人水平行走时，到边界处须上下向行动。这种空间对于人的行为和情态来说，具有显现性（图 10-15）。

图 10-15　凸出

5. 凹入

凹进的那一部分平面，被限定出一个空间，这种空间的存在，也同样有想象的成分。不过，凹入与凸出二者在情态上是不同的，凹入空间往往比较隐蔽、含蓄，两者正好一露一藏。这两种空间的限定度，随着凸起与凹进的高度而变。凸出（或凹入）越甚，越感到空间的被限定（图 10-16）。

图 10-16　凹入

6. 架起

利用水平构件将空间纵向分割，而架起的空间位于上部，凸起于周围的空间，同时在架起空间的下方形成一个覆盖形式的副空间。架起的空间限定范围明确肯定，实际操作时应注意架起空间与下方副空间的流通关系和连接关系。

这种空间的限定，与凸起相似。它又可以视为把凸起空间的下部解放出来。因此，从“人的活动空间”来说，被解放的下部空间，必须达到人能在其中活动的高度，也就是说，架起部分的限定度往往比较强烈；而其下部空间往往感觉不到被上部空间覆盖着。上部的架起空间在审美上往往产生活泼多变的感觉，为一些游乐性的空间所应用。譬如亭廊花架的组合景观（图 10-17）。

7. 肌理

肌理是指形象的表面纹理。在我们的自然界中存在着各种肌理现象，如石材的光面、糙面、拉面、荔枝面等各种生动有趣的肌理给人产生粗糙、软与硬、平滑等各种感觉。园林中通常利用地面上的肌理变化来限定空间。园林铺装中应用不同的铺装材料来划分的空间，空间的限定度极弱，这种限定是靠人的心理感受来完成的，因此这种限定几乎没有实用的界定功能，仅起到抽象的空间提示作用（图 10-18）。

（二）景观空间的情态

景观空间是指人所存在的空间，旨在为人的欣赏景观、审美而言的空间。它不仅代表三

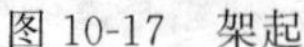

图 10-17 架起

图 10-18 道路铺装肌理

维的几何空间，还是场所的概念，包括人—地及人—人之间的各种关系。从主体角度讲，景观空间代表着实用与审美的双重关系，既是物质的，又是精神的。广义上讲，城市景观空间是人工与自然相交融的综合体，既包括由城市中的建筑物、构筑物、道路、广场、小品设施、河流、绿化、山体等人工与自然的物质要素组成的一种全景空间，也包括形成空间的实体本身。城市景观空间首先表现为可视的物质空间，同时，作为承纳社会活动（居住、交往、运动、工作、购物、游憩等）的载体，景观空间又是一种以人为主体的社会空间。最后，景观空间作为场所，对主体产生了潜移默化的文化及心理上的影响。在主体一方，对空间的体验产生了亲密或疏离、认同或陌生、接纳或拒绝、融洽或孤立、舒展或局促等不同的心理感受。在客体一方，空间随时间演化的动态性和使用方式上的变化性使景观空间突破物质的局限性而表现出丰富的内涵，产生特定的文化意义，从而满足相应的社会文化心理需求。因此，从景观研究的角度上讲，对物质空间、社会空间、心理空间的综合感受构成了城市的景观空间。

（三）景观空间的形式感：虚实

1. 虚实的具体手法

空间的虚，就是“无”；空间的实，就是“有”，就是实体（solid）。山为实，水为虚；山峦为实，沟壑为虚；框景、漏景为虚；太湖石的瘦、露、透为虚。不过这仅仅是概念，我们要关心的更在于空间的虚实所产生的审美心理效应。从审美上说，空间也不一定越虚越美，而是要视不同场合、不同处理手法。实有的景物，通过空间阻隔、光影调和、烟云渲染、晨雾笼罩，由显而隐、若明若暗，应物成影，著上了一层情韵，显得顾盼有情、摇曳多姿。中国园林重视朝晖、夕照、夜月、薄雾等天时气象因素在空间中的运用，它们和景观物象结合在一起，使物有定相的实有景观，在朝暮时景的流程中转瞬即逝，变幻万千，呈现出一种可变性和虚幻感。古典园林往往用水来活化主题，无论是网师园、寄畅园、留园、狮子林；还是现代园林，几乎都可见到水在园林中的运用。或是小溪、喷泉、水池；或是以其它形式出现，因为水的虚，与人工构筑的实对比，便产生了和谐的美感（图 10-19）。所谓虚实并举，或者说虚中有实、实中有虚。中国古代哲学对虚实十分讲究，（《老子》第十六章）谓“致虚极、守静笃。”虚乃是最高境界，这也是园林中所强调的。

园林，常用含蓄、暧昧和渗透的虚实手法来写意。如镜中虚像、水中倒影、树叶斑驳、实墙与月洞门、雕花窗等，是古典园林虚实对比的最佳体现。而这些虚的形象，在园林造景中常用来作为实的衬托，通常情况下，园林可用含蓄手法、暧昧手法和渗透手法来表达空间

图 10-19　虚实相映

（图片来源：ABBS 景观与环境论坛）

的虚实。

① 含蓄手法　含蓄对空间来说就是藏露问题，也就是说，景观空间往往不让人全部识读，“犹抱琵琶半遮面”。因此，景观空间总是使空间遮去一些，或者含糊一些（图 10-21），通过围墙，将景致划分为内外两部分，而里面的景色并非完全隔离，通过在围墙上开的月洞门，可以依稀看到里面的一角景色，给人藏与露的新奇感，吸引人走进去一探究竟（图 10-20）。

图 10-20　含蓄

（来自百度：苏州园林）

图 10-21 暧昧

② 暧昧手法 通常暧昧手法造成的虚实空间给人一种判断上的困难。一个空间，被"围"限定，但围而不密，有一小半是开着的，这就给人一种判断上的困难（图10-21）。

③ 渗透手法 利用水面的渗透、雕花漏空的渗透以及树干叶片、软枝的渗透等，使空间有不尽之意（图 10-22）。

2. 空间的虚实，与"知、情、意"这三种审美层次有关

知、情、意就是心理过程的三个方面，即认识过程、情感过程和意志过程的简称。

"知"的审美心理，从审美来说，知是人人都具有的一种愿望，人要求不断地"知"，直至无穷。这种"知"的过程也会升华为美感。人从长期的生存经验中，下意识地积淀出这种属于审美意识的求"知"性。那么，空间的含蓄、藏露、虚实，也就从"知"之无穷中显现出它的美。

"情"的审美心理，空间之情，对于虚实来说，在于关系。但许多空间情态，是靠限定物来表述的。

"意"的审美心理，意高于情，完全是形式的美。如果一个空间能够认知出它的一定结构关系，就产生一种形式感，美亦在其中。

（四）景观空间的形式感：层次

景观空间是一种虚实结合的山水画卷式园林空间。中国山水画有"六远"之说，郭熙在《林泉高致》中说平远、深远、高远；韩拙在《山水纯全集》中提出迷远、阔远、幽远即为视觉层次。中国山水画的空间层次，石涛在《画谱》中总结为："三叠两段"，"三叠者：一层地、二层树、三层山"，"两段者，景在下，山在上，俗以云在中，分明隔为两段"。这里的三叠、两段均意指层次。"山重叠复压，咫尺重深，以近次远，或由下增叠，分布相辅，以卑次尊，各有顺序"，这里的"顺序"也可以理解为"复压"、"增叠"的层次秩序，形成"以近次远"的空间。同时，"咫尺重深"更是进一步揭示了层次与景深的密切关系，虽然画面、空间有限，但空间层次的合理组织可以营造出深远的意境。可见景观空间要营造归

图 10-22　渗透

属感，给人自然的亲切感，则要呈现给人们自然山水的画面，即空间层峦叠嶂的层次组织要明晰。

人们欣赏景观空间美的多样性要求空间具有丰富的层次性。首先，空间竖向的变化不但使空间形态多样，利于空间划分，同时还丰富了人们的视觉领域。空间的多层次还表现在空间内外视线的相互渗透，相互补充。这样的景观空间中，原来明确的边界消失了，代之以空间内外的交融、延续。

景观空间的层次组织有多种手法，竖向变化是丰富层次的一个主要方面，可以通过地形的起伏、植物的围合来完成。其中，地形的起伏为人们提供了不同的视点、视域和视线，以满足人们居“高”临下的视觉习惯。无论仰视、俯视都可以获得空间层次旷、奥效果。而地形的变化创造出来的都是实体空间，植物的围合为视线提供了一定的渗透性，使空间虚实有度。具有山水画空间感的静观空间层次与空间界面有直接联系，视觉感受到的空间界面不一定是可触边界，可以是可视空间的边界，包括单元空间以外的视线渗透。在“似离而合”的重叠、咬合、穿插关系中，视线层层渗透，空间伸展、时间绵延，给人无限的想象空间。除此以外，园林塑造景观空间层次的具体手法有虚隔与实隔、墙窗、园中园、障景、借景、远景中景近景等（图 10-23）。

（五）景观空间的形式感：轴线

轴线是组织景观空间的一种基本的方式，它是由实际造园要素组合而成的。空间中的两点必然暗示它们之间存在一条无形的连线，其中一点是人所在的位置，而另一点则是空间画

图 10-23 山的层次

面中的视线焦点，视轴由此产生。可见，景观空间中的视觉轴线不一定由真实物体构成的，是连接视点与视线焦点或更多空间节点的线性规划要素。它是空间视线的组织者，它控制了空间要素围绕着它进行有序、和谐的排列与组合。

轴线在园林中的作用，在于指引游览的方向，造成景点主次的顺序，突出景点，表现景点的氛围等作用。在国外，轴线作为传统构图法则，在历史上占据着重要位置，法国古典主义建筑把轴线奉为至尊，它更是欧洲几何式园林中最主要的设计手法。轴线是勒·诺特尔式园林的灵魂，是展现“伟大风格”的最佳手段，反映了艺术追求构图的统一性，反映了绝对君权的政治理想，其代表作品凡尔赛宫将轴线的运用达到栩栩如生的境界。在国内，轴线对称构图也是古代建筑（宗教、陵墓、宫殿等建筑类型）的优良传统之一，陈志华著《外国造园艺术》简要地叙述了因政治理想、审美情趣之不同，中法两国古典园林轴线运用的差异；孙筱祥著《园林艺术及园林设计》从园林的构图手法分析了中轴线在规则式和混合式园林中突出主景的作用，提出了“绝对对称”和“拟对称”的观点以及从“绝对对称”到“拟对称”再到完全不对称布局的过渡规律。

（六）景观空间的实体形象

景观空间由边界和主题构成，主题便是包容在空间内实体形象。在风景园林中，实体形象可以分为四类：人工形象，如建筑、路、桥、台、石级等；生物对象，如树、花、草等；自然形象，如石、山、水、土等；以及人和交通工具。实体形象除了本身具有审美价值以外，通过它限定的空间形象更是意境深远。因此，实体形象除了本身作为视觉感受对象外，还起到空间感受（对象）的要素。

（七）时间参量

景观作为视觉对象，不是个静止、凝固的对象，而是随时间而变动的四维时空对象。我们观景，不论是较快的走马观花，还是边看边坐的细赏，整个游赏过程都是一个随时间运动的过程。从时间和运动的角度看，以空间形式存在的园林风景是一种延续的物质。对游赏者来说，园林艺术就是山水、花木、建筑等构园物质顺时间的客观显现；它的空间结构也转化为时间进程上风景形象的连续和衔接。因此，游赏园林必定受到时间的制约。时间对于景观形象来说，应当是个重要的参量，或者说是景观的一个审美要素。

高速公路的绿化，要遵循同一性和多样性的原理，就是因为人们坐在客车上观赏两边景观时，景观随着时间的变化跟着发生变化；游览一座名山，随着旅游路线的变化，游客可以观赏到不同的景点，步移景异。景观的配置，因为时间流速的快慢而有节奏地展现在人们眼前。

时间参量是随着时代的发展而兴起的一种景观理论，因为当今的时代，一是交通工具速度越来越快，二是人的时间概念越来越被重视，时间分配越来越需要。作为专业设计工作者，不能不重视景观的时间参量。

本章小结

园林景观是形式与功能的统一体，好的园林应该遵循“功能第一、形式辅助功能”的原则。对于园林而言，其功能的服务对象是游走在场地的人类，设计出人性化的园林，应从人们的心理角度出发；控制园林空间的尺度；尊重场地的历史，传承和发扬古老的人文景观文化传统方为上策。

复习思考题

1. 简述图底之分在环境设计中的应用？
2. 什么是个人空间？个人空间受哪些因素的影响？
3. 论述园林文化在环境设计中的体现？
4. 阐述空间构成与审美的关系？

参 考 文 献

[1] 孙筱祥. 风景园林（LANDSCAPE ARCHITECTURE）从造园术、造园艺术、风景造园——到风景园林、地球表层规划 [J]. 中国园林，2002 (4)：7-12.

[2] 陈波，包志毅. 景观概念的误用 [J]. 新建筑，2004 (6)：35-36.

[3] 俞孔坚，李迪华. 景观设计专业学科与教育 [M]. 北京：中国建筑工业出版社，2003.

[4] 王向荣，林菁. 西方现代景观设计的理论与实践 [M]. 北京：中国建筑工业出版社，2001.

[5] 张毅川，乔丽芳，陈亮明等. 景观设计中教育功能的类型及体现 [J]. 浙江林学院学报，2005：22 (1)：98-103.

[6] 骆天庆. 近现代西方景园生态设计思想的发展 [J]. 中国园林，2000 (3)：81-83.

[7] 范雪. 苏州博物馆新馆 [J]. 建筑学报，2007 (2)：36-43.

[8] 张毅川，乔丽芳，姚连芳. 城市绿地景观的节约设计探讨 [J]. 西北林学院学报，2006：21 (4)：139-142.

[9] 陈淑光. 论公共设施与人性化设计 [J]. 设计艺术（山东工艺美术学院学报），2005 (3)：72-73.

[10] 凯瑟琳·布尔. 历史与现代的对话——当代澳大利亚景观设计 [M]. 北京：中国建筑工业出版社，2003.

[11] 陈波，包志毅. 生态恢复设计在城市景观规划中的应用 [J]. 中国园林，2003 (7)：44-47.

[12] 王宇欣，王宏丽. 现代农业建筑学 [M]. 北京：化学工业出版社，2006.

[13] 付美云. 园林艺术 [M]. 北京：化学工业出版社，2009.

[14] 田中. 立体花坛的主要类型及其在城市绿化中的作用 [J]. 南方农业，2009：3 (6).

[15] 金龙，赵兴隆. 浅谈园林绿地的构图 [J]. 国土绿化，2008：(7)：51-52.

[16] 朱建宁. 户外的厅堂——意大利传统园林艺术 [M]. 昆明：云南大学出版社，2001.

[17] 朱建宁. 永久的光荣——法国传统园林艺术 [M]. 昆明：云南大学出版社，2001.

[18] 刘晓明，吴宇江. 梦中的天地——中国传统园林艺术 [M]. 昆明：云南大学出版社，2001.

[19] 王向荣，林菁. 欧洲新景观 [M]. 南京：东南大学出版社，2003.

[20] 格兰特·W·里德，美国风景园林设计师协会著，陈建业，赵寅译. 园林景观设计从概念到形式 [M]. 北京：中国建筑工业出版社，2004.

[21] 约翰·O·西蒙兹. 景观设计学——场地规划与设计手册 [M]. 北京：中国建筑工业出版社，2000.

[22] 王晓俊. 风景园林设计 [M]. 南京：江苏科学技术出版社，2000.

[23] 陈从周. 唯有园林. 天津：百花文艺出版社，2007.

[24] 李开然. 景观设计基础 [M]. 上海：上海人民美术出版社，2006.

[25] 中国建筑装饰协会编. 景观设计师培训考试教材 [M]. 北京：中国建筑工业出版社，2006.

[26] 钱健，宋雷. 建筑外环境设计 [M]. 上海：同济大学出版社，2001.

[27] 谭巍. 公共设施设计 [M]. 北京：知识产权出版社，2008.

[28] 赵春山，周涛. 园林设计基础 [M]. 北京：中国林业出版社，2006.

[29] 谷康，李晓颖，朱春艳. 园林设计初步 [M]. 南京：东南大学出版社，2003.

[30] 王汝诚. 园林规划设计 [M]. 北京：中国建筑出版社，1999.

[31] 刘福智. 景园规划与设计 [M]. 北京：机械工业出版社，2003.

[32] 李铮生. 城市园林绿地系统规划与设计. 北京：中国建筑工业出版社，2005.

[33] 刘滨谊，王敏. 城市道路景观规划设计的系统整 [J]. 新建筑，2005 (2)：6-9.

[34] 唐奕. 论文化广场设计 [J]. 中外建筑，2000 (2)：16-17.